competence center finanz- und bankmanagement

Herausgeber: Prof. Dr. Arnd Wiedemann

ccfb

competence center
finanz- und bankmanagement

Finanzkommunikation von deutschen KMU

Eine Analyse des Status quo und Operationalisierung im Lichte der Risk Governance

Natalie Schmücker

Bibliografische Information der Deutschen Nationalbibliothek
Die Deutsche Nationalbibliothek verzeichnet diese Publikation in der Deutschen Nationalbibliografie; detaillierte bibliografische Daten sind im Internet über http://dnb.d-nb.de abrufbar.
1. Aufl. - Göttingen: Cuvillier, 2018

Nonnenstieg 8, 37075 Göttingen
Telefon: 0551-54724-0
Telefax: 0551-54724-21
www.cuvillier.de

1. Auflage, 2018
Gedruckt auf umweltfreundlichem, säurefreiem Papier
aus nachhaltiger Forstwirtschaft.

ISBN 978-3-7369-9756-1
eISBN 978-3-7369-8756-2

Geleitwort

Für Großunternehmen und insbesondere börsennotierte Unternehmen existieren mit der Kapitalmarktkommunikation und den Investor Relations etablierte Ansätze in Theorie und Praxis. Sowohl die Anspruchsgruppen, die Ziele und die Instrumente lassen sich klar definieren und sind umfassend erforscht. Auch hat der Gesetzgeber bereits eindeutige Vorgaben für diese Unternehmen festgelegt.

Blickt man hingegen zu den kleinen und mittleren und nicht börsennotierten Unternehmen, so sieht die Welt völlig anders aus. Einen den Investor Relations vergleichbaren Ansatz sucht man vergebens. Auch basiert die Fremdfinanzierung deutscher KMU nach wie vor stark auf dem Hausbankprinzip. Hinzu kommt, dass in den typischen Größenordnungen deutscher KMU kaum gesetzliche Vorschriften zu diesem Thema existieren. Auch ist die von den Eigentümern vorgelebte Unternehmenskultur eher auf Verschwiegenheit und Zurückhaltung denn auf Transparenz und Offenheit ausgerichtet.

Allerdings sind erste Ansätze für ein Umdenken resp. die Notwendigkeit für ein Umdenken erkennbar. Dass es sich hierbei allerdings zurzeit noch um ein zartes Pflänzchen handelt, spiegelt sich im aktuellen Stand der Forschung zu diesem Thema wider. Sowohl national als auch international gibt es nur wenige Beiträge, die sich dem Thema Finanzkommunikation in KMU widmen. Natalie Schmücker hat daher ein noch weißes Feld auf der Forschungslandkarte identifiziert. Der Zeitpunkt der Arbeit ist günstig gewählt, denn zum einen ändern sich die Marktgegebenheiten für KMU. Auch ergreift der Trend zu einer verstärkten Finanzkommunikation, wie er bei Großunternehmen schon Einzug gehalten hat, nun auch die KMU. Und mit dem Konzept der Risk Governance steht seit jüngstem auch ein methodischer Ansatz zur Verfügung, der in Lage ist, die Wünsche und Anforderungen der Stakeholder (auch und gerade von KMU) zu identifizieren und mit dessen Hilfe ein Unternehmen systematisch mit einer stakeholderorientierten Risikosteuerung aus strategischer Sicht durchdrungen werden kann.

Mit ihrer Dissertation legt Natalie Schmücker die erste grundlegende Untersuchung zur Finanzkommunikation vor, die deutlich über das Maß der bis jetzt lediglich existierenden Zeitschriftenaufsätze hinausgeht. Erstmalig in der Literatur wird von ihr das Thema ganzheitlich und umfassend analysiert und aufbereitet. Ich wünsche der Arbeit daher eine weite Verbreitung in Theorie und Praxis.

Siegen, im März 2018 *Arnd Wiedemann*

Vorwort

Finanzkommunikation ist ein Thema, welches sich durch die aktuellen und vergangenen Entwicklungen nach der Finanzkrise, etabliert und an Bedeutung gewonnen hat. Dass die Auswirkungen der verstärkten Regulierung von Kreditinstituten und die erhöhten Anforderungen von Stakeholdern vor allem KMU betreffen, wurde in einem Forschungsprojekt der Universität Siegen in Zusammenarbeit mit mittelständischen Unternehmen aus der Region Südwestfalen deutlich.

Auch in der Forschung zeigte sich eine Lücke bezüglich Finanzkommunikation für nicht börsennotierte Unternehmen. Diese wird mit dieser Dissertation angegangen vereint mit dem Forschungsschwerpunkt des Lehrstuhls für Finanz- und Bankmanagement, der Risk Governance. Diese Symbiose bietet sich an, da Risk Governance ohne Kommunikation nicht auskommt und Finanzkommunikation wiederum eine Basis beruhend auf Transparenz und Dynamik benötigt, die mittels der Risk Governance geschaffen werden kann. Ziel der Untersuchung ist es den aktuellen Stand von Finanzkommunikation in KMU in Deutschland in Theorie und Praxis, erweitert um eine empirische Studie, aufzuzeigen und ein Konzept zur Etablierung der Finanzkommunikation darzustellen.

An dieser Stelle möchte ich mich herzlich bei meinem Doktorvater Prof. Dr. Arnd Wiedemann bedanken, der mich stets unterstützt, gefordert und gefördert hat. Sowohl fachlich wie auch persönlich konnte ich mich während meiner Promotion erheblich weiterentwickeln. Herrn Prof. Dr. Volker Stein als Zweitgutachter und Herrn Prof. Dr. Andreas Dutzi als Vorsitzenden der Promotionskommission danke ich ebenfalls für ihre Bereitschaft.

Ein weiterer Dank geht an Herrn Jan Krückemeyer der Krückemeyer GmbH in Wilnsdorf, die im Jahre 2014 den Preis für die beste Finanzkommunikation im Mittelstand erhalten hat. Herr Krückemeyer hat als Praxispartner stets interessante Anregungen mit eingebracht.

Des Weiteren erhielt ich von meinen ehemaligen und aktuellen Kollegen Thomas Demmer, Fabian Leonhardt, Helena Gerding, Jan-Hendrik Wilhelms, Julian Quast und Vanessa Hille am Lehrstuhl eine große Unterstützung und Rückhalt.

Zuletzt möchte ich meiner Familie von ganzem Herzen danken, insbesondere meinen Eltern, die trotz ihres Alters und eigenen Hilfsbedürftigkeit ihre Ansprüche stets zurück gehalten haben um mich zu unterstützten. Ein wichtiger Partner war auch immer mein Pferd, welches stets gut gelaunt alle Sorgen und Erzählungen ertragen hat und es mit seiner gutmütigen Art immer geschafft hat mich zum Lächeln zu bringen.

Siegen, im März 2018 *Natalie Schmücker*

Inhaltsübersicht

Inhaltsverzeichnis

Abkürzungsverzeichnis

AG	Aktiengesellschaft
AktG	Aktiengesetz
BaFin	Bundesanstalt für Finanzdienstleistungsaufsicht
BDI	Bundesverband der Deutschen Industrie
BGB	Bürgerliches Gesetzbuch
BilMoG	Bilanzrechtsmodernisierungsgesetz
BilReG	Bilanzrechtsreformgesetz
BIZ	Bank für Internationalen Zahlungsausgleich
BP	British Petroleum
bspw.	beispielsweise
bzgl.	bezüglich
bzw.	beziehungsweise
ca.	circa
CFO	Chief Financial Officer
CGK	Creditreform Geschäftsklimaindex
COSO	Committee of Sponsoring Organizations of the Treadway Commission
CRD	Capital Requirements Directive
CrefoZert	Creditreform Bonitätszertifikat
CRM	Customer Relationship Management
CRO	Chief Risk Officer
CRR	Capital Requirements Regulation
CSR	Corporate Social Responsibility
DCGK	Deutscher Corporate Governance Kodex
Destatis	Statistisches Bundesamt
d. h.	das heißt
DIRK	Deutscher Investor Relations Verband
eBAnz	elektronischer Bundesanzeiger
EBIT	Earnings Before Interest and Taxes

EBT	Earnings Before Taxes
ECAI	External Credit Assessment Institution
e. G.	eingetragene Genossenschaft
EHUG	Gesetz über elektronische Handelsregister und Genossenschaftsregister sowie das Unternehmensregister
e. K.	eingetragener Kaufmann
ERM	Enterprise Risk Management
et al.	et alii/et aliae/et alia (und andere)
Eurostat	Statistisches Amt der Europäischen Union
evtl.	eventuell
f.	folgende
ff.	fortfolgende
FSB	Financial Stability Board
GbR	Gesellschaft bürgerlichen Rechts
GenG	Genossenschaftsgesetz
ggf.	gegebenenfalls
GKFU	Governance Kodex für Familienunternehmen
GmbH	Gesellschaft mit beschränkter Haftung
GuV	Gewinn- und Verlustrechnung
HGB	Handelsgesetzbuch
IfM	Institut für Mittelstandsforschung
IKB	Deutsche Industriebank
IKS	Internes Kontrollsystem
IRB	Internal Rating Based Approach
IRGC	International Risk Governance Council
Kap.	Kapitel
KfW	Kreditanstalt für Wiederaufbau
KG	Kommanditgesellschaft
KGaA	Kommanditgesellschaft auf Aktien
KMU	Kleine und mittlere Unternehmen

KonTraG	Gesetz zur Kontrolle und Transparenz im Unternehmensbereich
KPI	Key Performance Indicators
KSA	Kreditrisiko-Standardansatz
KWG	Kreditwesengesetz
LCR	Liquidity Coverage Ratio
M&A	Mergers & Acquisitions
MaRisk	Mindestanforderungen an das Risikomanagement
MicroBilG	Kleinstkapitalgesellschaften-Bilanzrechtsänderungsgesetz
Mio.	Million/Millionen
Mrd.	Milliarde/ Milliarden
NPO	Non-Profit-Organisation
NSFR	Net Stable Funding Ratio
OECD	Organisation for Economic Co-operation and Development
OHG	Offene Handelsgesellschaft
o. J.	ohne Jahr
PD	Probability of Default
PublG	Publizitätsgesetz
resp.	respektive
ROE	Return On Equity
S.	Seite
SE	Societas Europaea
SME	Small and Medium Enterprises
SolvV	Solvabilitätsverordnung
SRM	Supplier-Relationship-Management
TransPuG	Transparenz- und Publizitätsgesetz
u. a.	unter anderem
UstG	Umsatzsteuergesetz
UWG	Gesetz gegen den unlauteren Wettbewerb
usw.	und so weiter
vgl.	vergleiche

VorstOG	Vorstandsvergütungs-Offenlegungsgesetz
WpHG	Wertpapierhandelsgesetz
z. B.	zum Beispiel
z. T.	zum Teil

Abbildungsverzeichnis

Tabellenverzeichnis

1 Einleitung und Motivation

Seit vielen Jahren bieten die Kapitalmarktkommunikation und Investor Relations etablierte Ansätze in Theorie und Praxis. Anspruchsgruppen, Ziele, Instrumente und Wirkungen sind klar definiert und umfassend erforscht.[1] Dies gilt jedoch nur für Großunternehmen resp. börsennotierte Unternehmen und deren Kommunikation mit Investoren bzw. der financial community.[2] Auch gesetzlich sind eindeutige Rahmenbedingungen für diese Unternehmen vorhanden.

Für Unternehmen, die nicht börsennotiert sind, und daher weitestgehend mit Kreditinstituten kommunizieren, gibt es kaum vergleichbare Ansätze zu den Investor Relations. Dies sind insbesondere kleine und mittlere sowie mittelständische Unternehmen, die meist nicht über den Kapitalmarkt finanziert sind. Für diese Unternehmen wird der Zugang zu (Fremd-) Kapital klassischerweise durch Hausbanken mit Unternehmenskrediten gewährleistet.[3] Seit der Finanz- und Weltwirtschaftskrise beginnend im Jahr 2007 ist diese Art der Kapitalbeschaffung jedoch zunehmend schwieriger geworden und an höhere Anforderungen und Regularien geknüpft.[4] Es muss daher ein adäquates Äquivalent in Form einer Finanzkommunikation zu den Investor Relations für nicht börsennotierte Unternehmen gefunden werden, da die Konzepte für börsennotierte Unternehmen nicht unmittelbar auf nicht börsennotierte übertragen werden können.[5]

In der Forschung gibt es bisher nur einige wenige Beiträge, die das Thema Finanzkommunikation für nicht börsennotierte Unternehmen betrachten.[6] Vorwiegend handelt es sich dabei um Studien, die die Offenlegung von nicht börsennotierten Unternehmen analysieren. Ein Teil der Finanzkommunikation ist gesetzlich fixiert und Jahresabschlüsse müssen je nach Unternehmensgröße und Rechtsform publiziert werden. Die Einhaltung der Publizitäts- und Offenlegungspflichten als Rahmenbedingung der Finanzkommunikation sowie darüber hinaus der Umfang der freiwilligen Informationsbereitstellung wird in einigen Studien betrachtet.[7] Eine eigene Theorie der Finanzkommunikation gibt es nicht,[8] und ein theoretisches Grundkonstrukt für Finanzkommunikation ist in wenigen Aufsätzen, z. B. von

1 Vgl. z. B. Kirchhoff/Piwinger (2009).
2 Vgl. Kirchhoff/Piwinger (2014), S. 1080.
3 Vgl. Jonen/Lingnau (2004), S. 15 f.
4 Vgl. Paul/Stein (2013), S. 82 ff.
5 Vgl. Paul/Prystav/Stein (2011), S. 747.
6 Vgl. Paul/Prystav/Stein (2011), S. 745 f.
7 Vgl. Blümle/Kreipl/Panzer (2013), S. 271.
8 Vgl. Köhler (2015), S. 38.

Paul/Prystav/Stein,[9] zu finden. Es handelt sich dabei um verschiedene wissenschaftstheoretische Ansätze und Einzelthematiken, die gemeinsam das theoretische Grundkonzept der Finanzkommunikation bilden.

Ausgehend davon, dass Unternehmen Kooperationen eingehen müssen um an benötigte Ressourcen, wie Rohstoffe, Kapital und Personal zu gelangen,[10] gestalten sie ein Beziehungsmanagement. Dieses zielt darauf ab, relevante Anspruchsgruppen abzubilden und zu befriedigen und dauerhafte Geschäftsbeziehungen sowie ein stabiles Unternehmensnetzwerk zu gestalten. Davon betroffen sind sowohl Großunternehmen, wie auch kleine, mittlere und mittelständische Unternehmen aller Branchen und Wirtschaftszweige.[11]

Kleine, mittlere und mittelständische Unternehmen machen einen Großteil der Unternehmen in Deutschland aus[12] und stehen oftmals im Netzwerk von Großunternehmen. Auf diese wirken somit ebenfalls Anforderungen verschiedener Stakeholder, insbesondere im Bereich der Kapitalbeschaffung und des nachhaltigen Wirtschaftens. Um das Beziehungsmanagement zu gestalten und mit den Anspruchsgruppen in Verbindung zu treten, werden zunächst mittels einer Stakeholder-Analyse die für das Unternehmen relevanten Anspruchsgruppen bestimmt. Anschließend kann die Unternehmenskommunikation zum Aufbau von Vertrauen genutzt werden.[13] Diese reduziert die Informationsasymmetrien, die in Form von Prinzipal-Agent-Problematiken, mit den verschiedenen Anspruchsgruppen auftreten.

Finanzkommunikation verallgemeinert also den Begriff von Investor Relations und schließt als integrierte Kommunikation ein breiteres Spektrum an Anspruchsgruppen, Zielen und Instrumenten als Investor Relations ein und bildet ein Konglomerat aus den verschiedenen Varianten der Unternehmenskommunikation.[14] Dies ermöglicht nicht nur die Kommunikation mit einer Vielzahl von Kapitalgebern, sondern entspricht auch den gestiegenen Umweltanforderungen. Globalisierung, Digitalisierung und Vernetzung betrifft besonders kleine, mittlere und mittelständische Unternehmen.[15]

---

9 Vgl. Paul/Prystav/Stein (2011).
10 Vgl. Schreyögg/Geiger (2016), S. 243.
11 Vgl. Pfeffer/Salancik (2003), S. 2.
12 Vgl. IfM Bonn (2015).
13 Vgl. Hubig (2014), S. 358 ff.
14 Anlehnend an das Konzept für die Kommunikation mit Investoren in Rolke (2000), S. 21.
15 Vgl. Wegmann (2006), S. 3.

Im Fokus steht dabei die Online-Kommunikation, die zu einer starken Vernetzung weltweit und einer rasanten Informationsverbreitung führt. Dies führt dazu, dass Stakeholder informierter und somit auch anspruchsvoller werden. Unternehmen, welche online nicht präsent sind, erfahren Nachteile gegenüber solchen, die einen Internetauftritt vorweisen können. Daher soll auch die Finanzkommunikation online agieren, ergänzt durch den persönlichen Kontakt, der besonders effektiv zur Beziehungspflege beiträgt.[16]

Auch das Konzept der Risk Governance[17] fordert die Einbeziehung der Stakeholder[18] und des Unternehmensnetzwerkes und kann daher zur operativen Umsetzung und Etablierung von Finanzkommunikation im Unternehmen genutzt werden. Die Implementierung der Philosophie der Risk Governance im Unternehmen etabliert ein Frühwarnsystem, welches proaktiv auf Umwelteinflüsse, Unternehmensrisiken und die Bedürfnisse der Stakeholder eingeht. Damit schafft Risk Governance die Basis und nötige Transparenz für Finanzkommunikation. Sie gestaltet Unternehmen offen, lernend und dynamisch. Diese Basis ist besonders wichtig für kleine, mittlere und mittelständische Unternehmen, da diese in der Vergangenheit besonders aber auch heute noch häufig eine verschwiegene Unternehmenskultur aufweisen und der Preisgabe von unternehmensinternen Informationen kritisch gegenüberstehen.[19] Ein Kulturwandel, der die Risk Governance aufnimmt, bringt für diese Unternehmen viele Chancen mit sich.

Die Notwendigkeit von Finanzkommunikation für nicht börsennotierte Unternehmen in der Praxis zeigt sich durch eine bestehende Kreditangebotslücke besonders bei kleinen Unternehmen.[20] Dies verdeutlicht die erschwerte Kapitalbeschaffung seit der angepassten Regulierung von Kreditinstituten unter Basel III und damit einhergehend die Wichtigkeit des Beziehungsmanagements mit Kapitalgebern. Bei der Kreditvergabe ist die Offenheit bezüglich der finanziellen und wirtschaftlichen Lage genauso wichtig wie die Bonität und vorhandene Sicherheiten des Unternehmens. Die Finanzkommunikation mit Kreditinstituten und anderen Kapitalgebern gewinnt daher zunehmend an Bedeutung. Auch bei der Nutzung von Finanzierungsalternativen, die kleine, mittlere und mittelständische Unternehmen in Zukunft vermehrt einsetzen möchten,[21] ist eine Kommunikation und Beziehungspflege mit potenziellen Investoren resp. Kapitalgebern ausschlaggebend. Unterstützt wird die

[16] Vgl. Zülch et al. (2016), S. 2067.
[17] Vgl. Stein/Wiedemann (2016b) und Wiedemann/Stein/Quast (2016).
[18] Vgl. RiskNET Online (2017b).
[19] Vgl. Mey/Schnier (2013), S. 237.
[20] Vgl. KfW Research (2016), S. 16.
[21] Vgl. Kaserer/Lenz (2009), S. 73.

Kommunikation nicht börsennotierter Unternehmen mit Kapitalgebern durch die Verleihung des Preises für die beste Finanzkommunikation im Mittelstand durch die Euler Hermes Rating AG in Zusammenarbeit mit dem Bundesverband der Deutschen Industrie (BDI) und der Ruhr-Universität Bochum[22] sowie zahlreichen Angeboten von Kreditinstituten und Beratungen zu diesem Thema.[23]

Eine weitere Notwendigkeit für Finanzkommunikation in der Unternehmenspraxis kommt aus den gestiegenen Ansprüchen der Stakeholder durch die Forderung nach ethisch und moralisch korrektem Verhalten und der Gestaltung der Unternehmenswerte.[24] Kaufentscheidungen basieren nicht mehr nur auf Preisaspekten, sondern werden häufig nach ethischen und ökologischen Aspekten getroffen. Gerade auch weil Großunternehmen gesetzlichen Anforderungen zur Corporate Social Responsibility nachkommen müssen, färbt dies auf nicht börsennotierte Unternehmen ab. Dies ist ein Teil des Reputationsmanagements, welches vor allem in familiengeführten Unternehmen in Zusammenhang mit dem Familiennamen von hoher Bedeutung ist.[25] Für den Aufbau einer positiven Reputation ist u. a. eine Nachhaltigkeitsberichterstattung erforderlich. Diese wird jedoch gerade von kleinen Unternehmen vernachlässigt.[26] Mittels Finanzkommunikation können in Form von soft facts Aspekte der Corporate Social Responsibility kommuniziert und damit die Anforderungen der Stakeholder erfüllt werden.

Diese Dissertation soll neben der grundlegenden, wissenschaftstheoretischen Einordnung der Finanzkommunikation ebenfalls die Positionierung im Unternehmen und die Eingliederung in die Unternehmenskultur darstellen. Die praktische Notwendigkeit des Themas wird anhand des Reputationsmanagements und der Finanzierungssituation von kleinen und mittleren Unternehmen aufgezeigt. Der aktuelle Status quo bezüglich der Finanzkommunikation kann mit dem bisherigen Forschungsstand, ergänzt durch eine empirische Auswertung von Unternehmen, die ein Bonitätszertifikat erlangt haben, aufgezeigt werden.

Zur Implementierung der Finanzkommunikation auf operativer Ebene wird das Konzept der Risk Governance eingesetzt, welches ideal den Gegebenheiten aber auch Bedürfnissen und Möglichkeiten kleiner und mittlerer sowie mittelständischer

---

22 Vgl. Euler Hermes Kreditversicherungs-AG (2014).
23 Vgl. z. B. Bayrische Landesbank (2013).
24 Vgl. Wüst (2012), S. 6.
25 Vgl. Chen et al. (2010), S. 54.
26 Vgl. Pollhammer/Meixner (2017), S. 39 f.

Unternehmen entspricht. Abb. 1 zeigt die Gestaltung des Aufbaus der Arbeit in drei Hauptkapiteln.

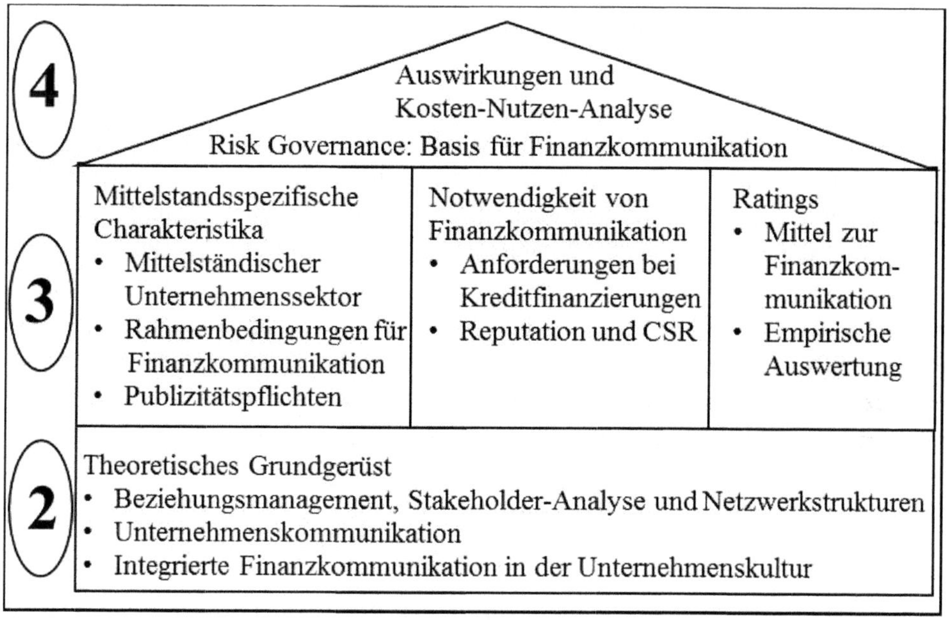

Abb. 1: Aufbau der Arbeit

Die Arbeit beginnt im zweiten Kapitel mit dem Fundament für die theoretische Basis der Finanzkommunikation. Dazu werden die Akquise, der Aufbau, die Pflege und die Entwicklung von Beziehungen im unternehmerischen Netzwerk betrachtet. Wichtige Elemente des Beziehungsmanagements werden dabei thematisiert. Angefangen bei der Notwendigkeit der Ressourcenbeschaffung, die es zwingend notwendig macht, Austauschverhältnisse einzugehen, wird anschließend der Stakeholder-Ansatz, also die Beziehungen zu verschiedenen Anspruchsgruppen, thematisiert. Sind die für ein Unternehmen relevanten Stakeholder bestimmt, können anschließend mit Hilfe des Relationship Marketings die Geschäftsbeziehungen gestaltet werden. Angestrebt werden dabei möglichst langfristige Beziehungen.[27]

Bei allen Beziehungen mit Stakeholdern existiert das Problem der Informationsasymmetrie: Prinzipal-Agent-Problematiken treten in verschiedenen Konstellationen auf. Um diese Asymmetrien zu minimieren, wird Kommunikation benötigt. Im unternehmerischen Kontext gelingt dies mittels der Unternehmenskommunikation,

[27] Vgl. Diller/Kusterer (1988), S. 211.

die in die Sparten interne Kommunikation, Marktkommunikation und Public Relations aufgegliedert werden kann.[28] Im Fokus der Kanäle der Kommunikation steht die Online- und Social-Media-Kommunikation, die eine zeitgemäße Informationsverbreitung und Verbindung mit den Stakeholdern darstellt.

Anschließend kann eine eigene Definition von Finanzkommunikation erarbeitet und in das theoretische Grundgerüst eingefügt werden. Alle Stakeholder, die für die Finanzkommunikation relevant sind, werden anhand der klassischen Wertkette nach Porter abgeleitet.[29] Abschließend erfolgt in Kapitel zwei eine Einordnung der Finanzkommunikation in die Unternehmenskultur.

Kapitel drei beschreibt die Rahmenbedingungen für Finanzkommunikation. Es erfolgt eine Darstellung des mittelständischen Unternehmenssektors in Deutschland und dessen Einordnung in die Unternehmenslandschaft. Neben den speziellen Charakteristika kleiner, mittlerer und mittelständischer Unternehmen werden die Herausforderungen in Bezug auf das Reputationsmanagement und Nachhaltigkeit (Corporate Social Responsibility) sowie die Finanzierung mittelständischer Unternehmen aufgezeigt.

Weiter werden die gesetzlichen Rahmenbedingungen durch Publizitätsvorschriften abgebildet, die beginnend mit einem Überblick über die aktuelle Forschung zu Finanzkommunikation die Regelungen für Mindestveröffentlichungen darstellen. Es werden damit umfassend die Rahmenbedingungen sowie die Notwendigkeit für Finanzkommunikation für nicht börsennotierte Unternehmen dargestellt. Die Ausführungen werden abgerundet durch eine empirische Studie mit 107 kleinen und mittleren Unternehmen, die über eine besonders gute Bonität verfügen. Es kann festgestellt werden, dass das Rating eine zentrale Kennzahl für die Finanzkommunikation darstellt. Ein Großteil der mittelständischen Unternehmen wurde jedoch bisher nicht extern geratet und selbst bonitätsstarke Unternehmen veröffentlichen kaum ihr Rating. Damit kann neben der theoretischen und praktischen Notwendigkeit von Finanzkommunikation ein aktueller Stand der Thematik aufgezeigt werden.

In Kapitel vier wird die operative Umsetzung von Finanzkommunikation in Unternehmen, unter Berücksichtigung der Erkenntnisse der vorangegangenen Kapitel, betrachtet. Zu diesem Zweck wird die Philosophie der Risk Governance thematisiert. Diese hilft Unternehmen transparenter und dynamischer zu werden und integriert die Stakeholder in die Unternehmensstrategie und die -entscheidungen. Die

---

28 Vgl. Zerfaß (2010), S. 289.
29 Vgl. Porter (2014), S. 64.

operative Umsetzung von Risk Governance, die die Finanzkommunikation inkludiert, erfolgt durch die Geschäftsführung in Zusammenarbeit mit den Führungskräften, allen Mitarbeitern und dem Netzwerk des Unternehmens. Dies geschieht unter Berücksichtigung mittelstandsspezifischer Anforderungen, wie eingeschränkter personeller und finanzieller Ressourcen. Abschließend werden mögliche Auswirkungen einer guten Finanzkommunikation diskutiert und in einer Kosten-Nutzen-Rechnung gegeneinander abgewogen.

Die Arbeit schließt mit einer Schlussbetrachtung unter Kapitel fünf, die alle erarbeiteten Ergebnisse und Implikationen nochmals zusammenfasst und einen Ausblick für zukünftige Forschungsansätze in der Finanzkommunikation und Risk Governance gibt.

2 Finanzkommunikation als Ansatzpunkt von unternehmerischen Beziehungen

2.1 Beziehungsmanagement in der Ökonomie

2.1.1 Unternehmerische Beziehungen

Das Aufbauen, Führen, Intensivieren und Verstetigen von Beziehungen unterschiedlicher Art greift in viele Bereiche des täglichen Lebens ein. Von rein produkt- und vertriebsorientierten Ansätzen, insbesondere im Marketing, hat sich die Forschung seit den 1980er Jahren verstärkt zu Beziehungs- und Netzwerkstrukturen entwickelt.[30] Im Zuge neuerer Entwicklungen wie der Globalisierung, Zuwanderung und Ausweitung der Online-Community rücken Forschungserkenntnisse zu Beziehungen und Netzwerken stärker in den Fokus.

Beziehungen werden definiert über gemeinsame Transaktionen und Interaktionen[31] zwischen zwei oder mehreren Akteuren in der Vergangenheit sowie einer gewissen Erwartung bezüglich gemeinsamer, zukünftiger Interaktionen.[32] Soll die Beziehung längerfristig geführt werden, kommt der Qualität der gemeinsamen Interaktionen eine besondere Rolle zu. Diese wird in unternehmerischen Beziehungen als Beitrag zum Unternehmenserfolg gesehen[33] und daher aktiv gesteuert. Dazu besteht eine ökonomische Notwendigkeit, da Unternehmen[34] in ein großes Netzwerk mit verschiedenen Beziehungen eingebettet sind.[35] Im unternehmerischen Kontext sind die Geschäfts- und Kundenbeziehungen besonders hervorzuheben.

Um Beziehungen aktiv gestalten zu können, ist ein Beziehungsmanagement notwendig. Das **Beziehungsmanagement** (Partner Relationship Management) beschreibt sämtliche Maßnahmen, die in Zusammenhang mit unternehmerischen Beziehungen stehen. Dazu gehören die Initiierung, Stabilisierung, Planung und auch

---

30 Vgl. Bruhn (2016b), S. 2.

31 Transaktionen gehen zunächst von einem Akteur aus, während Interaktionen von zwei oder mehr Partnern gestaltet werden. Oftmals erfolgen zunächst Transaktionen, die dann in Interaktionen und eine Beziehung münden.

32 Vgl. Riemer (2005), S. 25.

33 Vgl. Riemer (2005), S. 379.

34 Entgegen der einschlägigen Literatur wird über die gesamte Arbeit hinweg „Unternehmen“ anstatt „Organisation“ verwendet. Organisationen umfassen zusätzlich zu Unternehmen ebenfalls Verbände, öffentliche Einrichtungen, usw. Das Unternehmen soll bewusst von Parteien, Schulen, Krankenhäusern, Universitäten usw. abgegrenzt werden, vgl. Kette (2012), S. 23. Diese sind nicht Bestandteil der Arbeit. Es wird davon ausgegangen, dass Sachverhalte, die für Organisationen gelten, auf Unternehmen übertragbar sind, da Unternehmen eine Unterkategorie von Organisationen darstellen. Zur Definition von Unternehmen siehe Kap. 3.1.1, S. 66.

35 Vgl. Rößl (2012), S. 15.

die Beendigung einer Beziehung. Dabei werden maßgeblich *unternehmensexterne* Beziehungen betrachtet.[36] Somit werden Personen, Unternehmen und Organisationen außerhalb des Unternehmens mit dem Beziehungsmanagement angesprochen. Dazu gehören Kunden,[37] Lieferanten, Kreditinstitute, Mitbewerber und viele weitere Anspruchsgruppen. Das Beziehungsmanagement selbst wird der Disziplin des Marketings zugeordnet.

Da sich Unternehmen in einem großen Konstrukt aus verschiedenen Anspruchsgruppen befinden, kann das Beziehungsmanagement als ein Teil des **Netzwerkmanagements** angesehen werden. In Unternehmensnetzwerken sind horizontale und vertikale Verflechtungen von Prozessen möglich, die es zu koordinieren und organisieren gilt. Diese können entlang von Materialketten oder -flüssen verfolgt werden. Daher wird das Beziehungsmanagement häufig als ein Prozess entlang der Wertkette oder Wertschöpfungskette beschrieben.[38]

Eine **Wertkette** (Value Chain) beschreibt alle im Unternehmen vorzufindenden Aktivitäten und Tätigkeiten, die bspw. nötig sind, um ein Produkt zu fertigen. Sie spiegelt damit den wirtschaftlichen Grundprozess der Tätigkeiten, aber auch die Strategie und unternehmerische Umsetzung dieser wider.[39] Daraus wiederum lassen sich Anspruchsgruppen und Teilgebiete des Beziehungsmanagements ableiten. Wertketten eignen sich dazu besonders gut, da sie für jedes Unternehmen individuell gestaltet sind und unternehmensspezifische Besonderheiten abbilden. So können auch Unternehmen gleicher Branchen über unterschiedliche Wertketten verfügen.[40]

Eine herausragende Stellung im Unternehmen hat die Wertkette und damit das Management entlang des Produktions-, Material- oder Dienstleistungsflusses (Supply Chain Management).[41] Daher ist ein großer Teilbereich des Beziehungsmanagements die Verbindung zu Lieferanten (Supplier Relationship Management, SRM) und auf der gegenüberliegenden Seite das Kundenbeziehungsmanagement (Customer Relationship Management, CRM). Da sich jedes Unternehmen in Kundenbeziehungen befindet,[42] von deren Qualität der Unternehmenserfolg abhängt und die

---

36 Vgl. Riemer (2008), S. 7.

37 Im Folgenden wird aus Gründen der besseren Lesbarkeit ausschließlich die männliche Form von Kunde, Lieferant, Mitarbeiter usw. verwendet. Es können dabei aber sowohl männliche als auch weibliche Personen gemeint sein.

38 Vgl. Riemer (2008), S. 4.

39 Vgl. Porter (2014), S. 65.

40 Vgl. Porter (2014), S. 65 f.

41 Vgl. Riemer (2005), S. 30.

42 Vgl. Jammernegg/Kischka (2001), S. 10.

sich komplexer als die Beziehung zu Lieferanten gestaltet, kommt diesem Teilbereich auch eine hohe Wichtigkeit und ein großer Anteil in der Forschung zu.

Für die Finanzkommunikation kann speziell keine Wertkette für das Gut *Geld* oder die Kapitalbeschaffung gebildet werden, da sich Wertketten auf den Gütererstellungsprozess beziehen.[43] Ausgehend von der Wertkette im Unternehmen können jedoch die bestehenden und potenziellen Beziehungen auch zu finanziellen Anspruchsgruppen und anschließend deren Relevanz für die Finanzkommunikation abgeleitet werden.

Die Anspruchsgruppen und die Notwendigkeit der Beziehungen wird mit Hilfe des Beziehungsmanagements erarbeitet. Es gibt viele Unterkategorien des Beziehungsmanagements, welche sich nicht abschließend aufzählen lassen. Die in Kap. 2.1.2 bis Kap. 2.1.4 beschriebenen Theorien sind Teilgebiete des Beziehungsmanagements. Zwei grundlegende Ziele werden mit einem aktiven Beziehungsmanagement immer verfolgt: Zum einen die Clusterung und Segmentierung von Anspruchsgruppen, um zu identifizieren, welche Anspruchsgruppen strategisch am wichtigsten für das Unternehmen sind,[44] und zum anderen die Beziehungsbildung selbst, die wiederum auf die vorher gebildeten Segmente abgestimmt werden muss.

Für eine intensive Auseinandersetzung und Verankerung der Finanzkommunikation kann zunächst die Theorie des Beziehungsmanagements in der Ökonomie genutzt werden.[45] Wie bereits beschrieben, handelt es sich dabei allerdings nicht um ein abschließendes theoretisches Konstrukt, sondern um eine Vielzahl von Bauteilen, die zusammengesetzt werden. So können speziell für die Finanzkommunikation verschiedene Theorien als Grundstein genutzt werden. Diese behandeln Aufbau, Pflege und Verankerung von Kunden- und Geschäftsbeziehungen in verschiedenen Richtungen.

Da sowohl kleine Unternehmen wie auch Großunternehmen in das Geflecht des Beziehungsmanagements integriert sind, wird zunächst keine Unterscheidung bezüglich verschiedener Unternehmensformen vorgenommen. Im Fokus der Dissertation stehen allerdings kleine, mittlere und mittelständische Unternehmen, weshalb insbesondere in Kap. 2.3 verstärkt Literatur aus diesem Bereich herangezogen wird.

---

[43] Vgl. Porter (2014), S. 65 f.
[44] Vgl. Riemer (2008), S. 10 f.
[45] Vgl. Paul/Prystav/Stein (2011), S. 749.

2.1.2 Ressourcentheorie

Um zu verstehen, wie unternehmerische Beziehungen zustande kommen, können verschiedene, theoretische Konstrukte betrachtet werden. Am Anfang steht dabei die Ressourcentheorie. Da Unternehmen zwingend Zugang zu verschiedenen Ressourcen benötigen, müssen sie (Aus-) Tauschverhältnisse eingehen.[46] Die Überlebensfähigkeit von Unternehmen hängt letztlich von der Akquise und Verarbeitung von Ressourcen ab. Dies bedeutet für Unternehmen die Notwendigkeit des Eingehens, des Aufbaus und der Pflege von Beziehungen. Betroffen sind dabei Unternehmen über alle Branchen und Wirtschaftszweige.[47] Unter **Ressourcen** (aus dem lateinischen von „Mittel" oder „Quelle") kann in diesem Zusammenhang zwischen materiellen, immateriellen und Humanressourcen unterschieden werden, die *Inputfaktoren* darstellen. Rohstoffe als materielle Ressource zählen im produzierenden Sektor zu der grundlegenden Basis im Unternehmen. Kapital[48]gehört ebenfalls zu den materiellen Ressourcen. Technologie, Patente, die Unternehmenskultur und das Image eines Unternehmens gehören zu den immateriellen Ressourcen. Auch bestimmte Fähigkeiten, Know-How oder Charaktereigenschaften zählen zu den Ressourcen eines Unternehmens und werden den Humanressourcen zugeordnet.[49] Weiter kann sogar das Unternehmensnetzwerk als eine organisationale Ressource angesehen werden.[50] Allgemein kann als Ressource bezeichnet werden, was dem Unternehmen einen (Mehr-) Wert bringt oder eine Stärke für das Unternehmen darstellt.

Die Ressourcentheorie geht davon aus, dass Ressourcen knapp verteilt und nicht für jedes Unternehmen gleichermaßen zugänglich sind. Somit spielt in der (strategischen) Ausrichtung von Unternehmen die Gewinnung und Verteilung von Ressourcen eine zentrale Rolle. Dabei wird stets das Ziel des Überlebens und der Erfolg des Unternehmens verfolgt. Die meisten Varianten der Ressourcentheorie verfolgen das Ziel, den Output des Unternehmens aus den anfänglich zur Verfügung stehenden Ressourcen zu maximieren.[51] Jedoch auch Beschaffung und Akquise von

---

46 Vgl. Schreyögg/Geiger (2016), S. 243.

47 Vgl. Pfeffer/Salancik (2003), S. 2.

48 Auch wenn Kapital als Ressource bezeichnet wird, orientiert sich der Begriff des Kapitals an der betriebswirtschaftlichen Definition, die die Sach- und Finanzmittel eines Unternehmens beschreibt, vgl. Schierenbeck/Wöhle (2016), S, 367. Dies ist abzugrenzen von der volkswirtschaftlichen Darstellung des Kapitals als Produktionsfaktor und der Soziologie, die Kapital als eine allgemeine Ressource versteht, die zur Erreichung von Zielen dient.

49 Vgl. Grant/Nippa (2006), S. 183 ff.

50 Vgl. Bamberger/Wrona (1996), S. 134.

51 Vgl. Pfeffer/Salancik (2003), S. 3.

Ressourcen stellen wichtige Aspekte in der Ressourcentheorie und Organisationslehre dar. Diese können in eine externe und eine interne Sichtweise unterteilt werden. Bei beiden Standpunkten steht das Unternehmen an sich im Mittelpunkt.[52]

Die **Resource-Dependence-Theorie** bildet die externe Sichtweise ab. Diese Theorie ist ein machttheoretischer Ansatz und beschäftigt sich nicht mit unternehmensinternen Ressourcen (wie der Resource-Based-View) und Transaktionskosten,[53] sondern bildet Austauschverhältnisse ab, die dazu dienen, Ressourcen zu gewinnen.[54]

Die Resource-Dependence-Theorie geht auf die Beziehung zu verschiedenen Anspruchsgruppen ein. Somit gilt dieser Ansatz auch als ein theoretischer Baustein für das Beziehungsmanagement. Die interne Sichtweise wird durch den Resource-Based-View dargestellt und konzentriert sich auf die Verwendung von Ressourcen im Unternehmen und daraus entstehenden Wettbewerbsvorteilen. Dieser Ansatz zeigt die Individualität und damit den Erfolg des Unternehmens anhand der Nutzung bestimmter Ressourcen auf.[55] In Zusammenhang mit dem Beziehungsmanagement wird weiter die externe Sichtweise, also die Resource-Dependence-Theorie, genutzt.

Die drei Grundbausteine des Resource-Dependence-Ansatzes sind *Macht*, *Abhängigkeit* und *Wichtigkeit*. Unter der Annahme, dass Ressourcen nicht für jedes Unternehmen gleich zugänglich sind und den Gesichtspunkten von Angebot und Nachfrage, hat ein Unternehmen, das über gewisse Ressourcen verfügt, mehr Macht als andere Unternehmen, die ebenfalls dieses Gut benötigen. Der Begriff Macht wird als ein Merkmal sozialer Beziehungen definiert. Es kann dabei grundsätzlich bestimmt werden, wer Macht über wen hat. Somit ist Macht keine Eigenschaft einer Person.[56]

Die Gegenüberstellung von Macht und Gegenmacht aufgrund der Verfügbarkeit von Ressourcen wird vor allem in Verhandlungen zwischen zwei oder mehr Akteuren deutlich. Die Macht, die einem Unternehmen zufällt, hängt dabei von der Abhängigkeit anderer Akteure von den Ressourcen des Unternehmens mit viel

52 Vgl. Bruhn (2016b), S. 48.
53 Vgl. Gretzinger (2008), S. 4.
54 Vgl. Wittig (2005), S. 69.
55 Vgl. Freiling (2001), S. 12.
56 Vgl. Emerson (1962), S. 32.

Macht ab. In der relativen **Machttheorie** können drei Wirkzusammenhänge beschrieben werden:

1. Je größer die Abhängigkeit eines Unternehmens oder Akteurs A von einem anderen Unternehmen oder Akteur B ist, desto größer ist die Macht von B über A.
2. Die Abhängigkeit wiederum des A von B ist größer, wenn B über Ressourcen verfügt, die für A wichtig sind.
3. Die Abhängigkeit des A von B ist außerdem größer, je weniger A die Möglichkeit hat, die benötigten Ressourcen von anderen Akteuren außer B zu erlangen.[57]

Diese drei Prinzipien spiegeln auch das Konstrukt der Wichtigkeit wider. Je nachdem wie wichtig A und B eine Ressource für sich und andere erachten, kommt es zu unterschiedlichen Ausprägungen von Machtverhältnissen. Die Machtstellung ist maximal, wenn ein Akteur (B) die Stellung eines Monopols innehat.

Die Ressource Kapital, die im Mittelpunkt von Finanzkommunikation steht, ist für ein Unternehmen überlebenswichtig,[58] weshalb Unternehmen und Akteure, die über Kapital verfügen, eine große Macht innehaben. Dies können u. a. Kreditinstitute und Eigenkapitalgeber sein.

In der Machttheorie gibt es für Akteur A verschiedene Mittel, die Abhängigkeit von B zu reduzieren. A kann Maßnahmen ergreifen, die direkt auf B oder die gesamte Umwelt wirken. Beispielsweise kann A die angestrebten Ressourcen abwerten und sie weniger wichtig erscheinen lassen. B kann im Gegenzug versuchen, andere Ressourcenquellen für A versiegen zu lassen, um die Abhängigkeit wieder herzustellen.

Neben den Maßnahmen der Akteure A und B wird in der neueren Forschung stärker auf das Netzwerk und das Beziehungskonstrukt, indem sich die Akteure befinden, eingegangen. In diesem Rahmen können Abhängigkeitsverhältnisse (Dependences) laut Pfeffer/Salancik durch vier Ansätze beeinflusst werden:

1. Aktives Management von Umweltbeziehungen,
2. Veränderungen der Abhängigkeitsverhältnisse des Unternehmens,[59]

---

57 Vgl. Emerson (1962), S. 32.
58 Vgl. Paul/Prystav/Stein (2011), S. 751.
59 Vgl. Pfeffer/Salancik (2003), S. 113 ff.

3. Verhandlungen mit der organisationalen Umwelt/anderen Unternehmen,[60]
4. Lobbyismus.[61]

Im Resource-Dependence-Ansatz stehen Umwelt und Unternehmen in einem Wechselspiel zueinander und es ist somit eine gegenseitige Beeinflussung möglich. Die Beziehungen werden eingegangen um das zentrale Ziel, die Fortführung und den Erfolg des Unternehmens, zu sichern. Es müssen in der Konsequenz daraus alle Anspruchsgruppen befriedigt werden, die über die benötigten Ressourcen verfügen. Hierzu gehören bspw. Kapitalgeber, Kunden und Lieferanten. Dies bringt besonders der erste Ansatz zum Ausdruck und stellt ein übergeordnetes Unternehmensziel in Form der Befriedigung der Bedürfnisse aller Stakeholder dar.[62]

Neben Abhängigkeiten und Machtkonstellationen stellt der dritte Ansatz eine Maßnahme zur Beeinflussung des Beziehungsgeflechts des Unternehmens dar und gibt damit einen wichtigen Hinweis für die Finanzkommunikation. Sollte das Unternehmen die benötigten Ressourcen nicht durch Expansion oder Fusion gewinnen können, ist es zu Kooperationen und Verhandlungen mit anderen Unternehmen und Akteuren im Netzwerk gezwungen. Es kommt sowohl zur Bildung von Austausch- und Geschäftsbeziehungen als auch zu einem Informationsaustausch.

Dies entspricht der Netzwerktheorie, die die Gemeinschaft von Unternehmen und Stakeholdern in den Vordergrund stellt, anstatt einzelne Unternehmen zu betrachten.[63] Die Aggregation von Beziehungen führt zu einem **Netzwerk**.[64] Die Verbindungen von Unternehmen sorgen für mehr Stabilität und eine höhere Widerstandsfähigkeit gegenüber veränderten Umweltbedingungen. Außerdem können Unsicherheiten in Unternehmen reduziert werden.[65]

Um die nach dem Resource-Dependence-Ansatz vorhandenen (symbiotischen) Abhängigkeiten zu überwinden, eignet sich die Netzwerktheorie, die einen Kooperationsansatz mit verschiedenen Anspruchsgruppen propagiert.[66] Dieser Ansatz identifiziert zunächst die Anspruchsgruppen eines Unternehmens und prüft die *Beziehungsfähigkeit* zu Kunden, Lieferanten, Kreditinstituten usw.[67] Dies bedeutet, dass der Status der Beziehung analysiert und mögliche Kooperationsmaßnahmen, z. B.

[60] Vgl. Pfeffer/Salancik (2003), S. 145.
[61] Vgl. Pfeffer/Salancik (2003), S. 188 ff.
[62] Vgl. Felden/Hack (2014), S. 65.
[63] Vgl. Easton (2016), S. 5.
[64] Vgl. Easton (2016), S. 8.
[65] Vgl. Pfeffer/Salancik (2003), S. 145.
[66] Vgl. Pfeffer (1982), S. 198.
[67] Vgl. Bruhn (2016b), S. 108

via Kommunikation, geprüft werden. Kooperationen sind das zentrale Element in (unternehmerischen) Netzwerken.[68] Hervorgegangen ist die Netzwerktheorie aus der Koalitionstheorie,[69] die davon ausgeht, dass Unternehmen aus Zusammenschlüssen von Personen und Gruppen bestehen. Diese verfolgen zwar grundsätzlich gleiche, übergeordnete Ziele (wie die Überlebensfähigkeit des Unternehmens), verfügen aber ansonsten über individuelle Interessen.[70] Der Netzwerkansatz führt dieses Konzept fort. Kooperationen helfen, die Interessen der einzelnen Beteiligten zu harmonisieren.

2.1.3 Stakeholder-Ansatz

Als Weiterführung des Resource-Dependence-Ansatzes und Teil der Netzwerktheorie bzw. des Kooperationsansatzes geht der Stakeholder-Ansatz hervor. Dieser beschäftigt sich mit der Identifizierung der Anspruchsgruppen von Unternehmen und deren Relevanz für das Unternehmen. Der Stakeholder-Ansatz wird dem Strategiemanagement und der Organisationslehre zugeordnet und wurde vor allem von R. Edward Freeman geprägt. Ausgehend von der Identifizierung und Bedeutung der Anspruchsgruppen kann das Stakeholdermanagement (Stakeholder Relationship Management) gestaltet werden.

Der Begriff **Stakeholder** kann mit „Teilhaber“ oder „Anspruchsgruppe“[71] übersetzt werden und wird im deutschen Sprachgebrauch häufig nicht übersetzt verwendet. Dabei bedeutet die Bezeichnung „stake“, dass etwas auf dem Spiel steht („at the stake“). Ein Stakeholder wird als eine Einzelperson oder Gruppe definiert,[72] die die Erreichung der Ziele eines Unternehmens beeinflusst oder von diesem selbst beeinflusst wird.[73] Um Einfluss zu nehmen bzw. beeinflusst zu werden, stehen die Stakeholder in einer Beziehung mit dem Unternehmen. Diese Definition ist sehr weit gefasst, passt aber in den Kontext der Arbeit am besten. Sie enthält außerdem die enge Definition des Stakeholder-Begriffs, die sich aus der Übersetzung des Begriffs ableitet und eine Verbindung mit dem Eingehen von Risiken herstellt. In der engen Definition gehen Stakeholder Risiken ein, indem sie in das Unternehmen in Form von Kapital oder anderen Ressourcen investieren oder sie erfahren Risiken indirekt

---

[68] Vgl. Bruhn (2016b), S. 39.
[69] Basierend auf Cyert/March (1963).
[70] Vgl. Cyert/March (2006), S. 31 ff.
[71] Stakeholder und Anspruchsgruppe werden in dieser Arbeit synonym verwendet.
[72] Die Definitionen zum Begriff des Stakeholders wurden im Zeitablauf häufig verändert und erweitert, vgl. Freeman et al. (2010), S. 26. Eine chronologische Auflistung von Stakeholder-Definitionen von 1963–1997 findet sich in Mitchell/Agle/Wood (1997), S. 858.
[73] Vgl. Freeman (2010), S. 46.

durch Auswirkungen von Aktivitäten des Unternehmens.[74] Eine wechselseitige oder bi-direktionale Beeinflussung muss jedoch nicht vorliegen. Prinzipiell genügt für den Stakeholder-Begriff schon eine einseitige Beeinflussung bzw. Betroffenheit.[75] Da in der Arbeit eine weite Stakeholder-Definition genutzt wird, muss keine bi-direktionale Beziehung vorliegen, sondern es genügt eine einseitige Beeinflussung oder Betroffenheit.

Ebenfalls umfasst die weite Stakeholder-Definition sowohl potenzielle[76] (in gewisser Weise „latente“[77]) Anspruchsgruppen, die noch nicht in einer (Geschäfts-) Beziehung mit dem Unternehmen stehen als auch Anspruchsgruppen, mit denen bereits eine Beziehung besteht.[78] Für diese Anspruchsgruppen gilt meist nur die einseitige und nicht bi-direktionale Beziehung. Es werden somit z. B. neben den aktuellen Kunden eines Unternehmens auch die potenziellen Kunden mit berücksichtigt. Dies sind bspw. Bekannte, Familienmitglieder oder Geschäftspartner aktueller Kunden.[79]

Das Grundkonzept des Stakeholder-Ansatzes besteht darin, ein Unternehmen als ein Geflecht von Beziehungen zu beschreiben. Die Aktivitäten der Akteure in diesem Netzwerk machen das Unternehmen aus, sie erschaffen gemeinsam Werte und tragen somit zum Erfolg des Unternehmens bei. Dies geschieht jedoch nur, wenn die Beziehungen erfolgreich interagieren. Die Wertschöpfung gilt in beide Richtungen: Wenn ein Unternehmen erfolgreich wirtschaftet, generiert es auch einen Mehrwert für seine Anspruchsgruppen. Um zu verstehen, wie das Unternehmen funktioniert muss man somit die Beziehungen untereinander verstehen. Dies ist auf die Akteure bezogen, besonders eine Aufgabe für Gründer von Unternehmen und die Geschäftsführung,[80] die aktiv die Beziehungen steuern.[81]

---

74 Vgl. Clarkson (1994), S. 5.

75 Vgl. Mitchell/Agle/Wood (1997), S. 859.

76 Obwohl aktuelle und potenzielle Stakeholder in der Stakeholder-Definition enthalten sind, werden diese oftmals explizit getrennt voneinander angesprochen, da sie unterschiedlich von Unternehmen im Rahmen der Finanzkommunikation berücksichtigt werden.

77 Vgl. Mitchell/Agle/Wood (1997), S. 859.

78 Vgl. Mitchell/Agle/Wood (1997), S. 859.

79 Vgl. Starik (1994), S. 90 f.

80 Die Geschäftsführung bezeichnet die Personen auf der hierarchisch obersten Ebene im Unternehmen, die die Leitung des Unternehmens innehaben. Dieser Begriff wird synonym zu Management verwendet. Für börsennotierte Unternehmen wird der Begriff *Vorstand* genutzt. Der Begriff der Unternehmensführung, der ebenfalls den Personenkreis, der ein Unternehmen leitet, bezeichnen kann, wird hingegen für die Prozesse der Leitung und Führung verwendet. Der Geschäftsführung untergeordnet sind Führungskräfte, die auf ihrer Ebene (z. B. Abteilungen) ebenfalls Personen leiten und führen.

81 Vgl. Freeman et al. (2010), S. 24.

Abzugrenzen ist dieses Konstrukt von dem Shareholder-Ansatz, der lediglich die Anspruchsgruppe der Eigenkapitalgeber bzw. Aktionäre betrachtet.[82] Auch wenn dies in der Literatur nicht explizit diskutiert wird, findet die Theorie des Shareholder-Ansatzes meist Anwendung für börsennotierte Unternehmen.[83] Sie beschreibt das primäre Ziel der Unternehmenswertsteigerung (Shareholder-Value) in Form steigender Aktienkurse. In dieser Arbeit wird der Shareholder-Ansatz nicht verwendet, da die Anspruchsgruppen zu stark eingegrenzt würden und die im Weiteren näher betrachteten kleinen, mittleren und mittelständischen Unternehmen meist nicht börsennotiert sind (vgl. Kap. 3.2.3, S. 122).

Um die Stakeholder eines Unternehmens zu identifizieren und deren Bedeutung für das Unternehmen zu bestimmen, eignen sich im Besonderen zwei Ansätze, die im Folgenden thematisiert werden. Speziell sollen diese genutzt werden, um für die Finanzkommunikation wichtige Anspruchsgruppen abzuleiten.

In der Theorie von Freeman werden Stakeholder in primäre (Stakeholder im engeren Sinne) und sekundäre Stakeholder (Stakeholder im weiteren Sinne) unterteilt. Abb. 2 zeigt die Unterscheidung in primäre Stakeholder (hellgrauer, innerer Ring) und sekundäre Stakeholder (weißer, äußerer Ring).

Die **primären Stakeholder** sind direkt von den Unternehmensaktivitäten betroffen und können diese wiederum auch direkt beeinflussen.[84] Dazu gehören die auch in der Ressourcentheorie wichtigen Anspruchsgruppen der Kunden und Lieferanten, sowie die Gesellschaft an sich. Ebenfalls gehören Kapitalgeber zu den primären Stakeholdern, was wegweisend für die Gestaltung der Finanzkommunikation ist. Dass die Mitarbeiter zu den primären Stakeholdern gehören ist ein wichtiges Signal, das Beziehungsmanagement nicht nur auf das Netzwerk unternehmensextern sondern insbesondere auch intern zu gestalten. Primäre Stakeholder sind bei allen Unternehmen von Bedeutung und gehören somit zwingend dem Netzwerk jedes Unternehmens an. Diese werden auch als marktliche Gruppen bezeichnet. Der Begriff „marktlich“ bezeichnet dabei das Wirken der Akteure auf Märkten zusammen mit dem Unternehmen.[85]

---

82 Vgl. Jones/Bouncken (2008), S. 86.
83 Vgl. Wortmann (2013), S. 1.
84 Vgl. Freeman/Harrison/Wicks (2007), S. 6.
85 Vgl. Schuppisser (2002), S. 3.

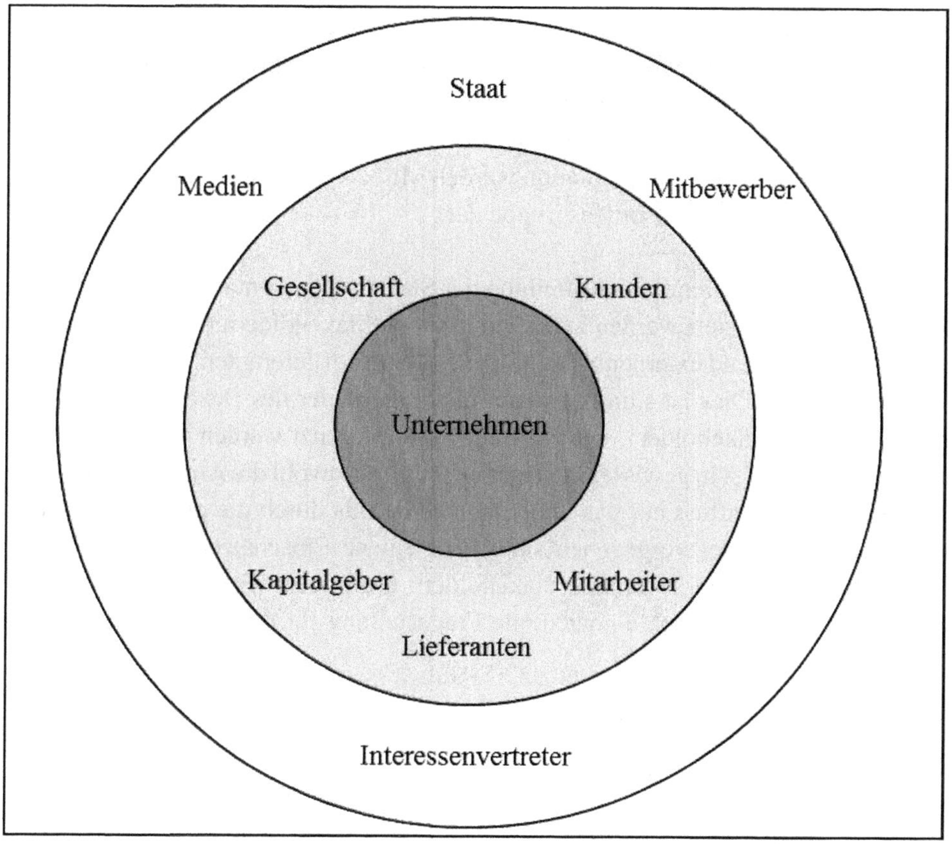

Abb. 2: Primäre und sekundäre Stakeholder nach Freeman[86]

Die **sekundären Stakeholder** beeinflussen ein Unternehmen nur indirekt und sind auch nicht direkt von den Handlungen des Unternehmens betroffen. Dazu gehören der Staat, Interessenvertreter, Presse und Medien. Diese Gruppen werden auch als nichtmarktliche Anspruchsgruppen bezeichnet. Der Begriff „nichtmarktlich" bezeichnet dabei, dass das Wirtschaften dieser Stakeholder nicht ökonomisch motiviert ist.[87] Das heißt, dass bei diesen Stakeholdern gesellschaftliche Interessen und nicht die Gewinnerzielung als unternehmerisches Ziel im Vordergrund stehen.[88]

Die Rolle der Mitbewerber wird in der Theorie kontrovers diskutiert und ihr Platz befindet sich gewissermaßen zwischen dem inneren und dem äußeren Ring. Mitbewerber beeinflussen ein Unternehmen nicht direkt, sondern indirekt über den Markt. Freeman ordnet daher die Mitbewerber in den sekundären Ring ein (vgl.

[86] Eigene Darstellung in Anlehnung an Freeman/Harrison/Wicks (2007), S. 7.
[87] Vgl. Schuppisser (2002), S. 3.
[88] Vgl. Schuppisser (2002), S. 92.

Abb. 2), da keine direkte, gegenseitige Beeinflussung mit dem Unternehmen stattfindet. Jedoch sind die Mitbewerber in den Zielen des Unternehmens fixiert, welches erfolgreicher als diese wirtschaften und einen hohen Marktanteil haben möchte. Dies kann die Mitbewerber zu einer sehr wichtigen Anspruchsgruppe machen.[89] Für die Finanzkommunikation werden Mitbewerber zwar thematisiert, stellen aber keine zentrale Anspruchsgruppe dar.

Die in Abb. 2 vorgenommene Aufteilung der Stakeholder ist nur eine mögliche. Es kann auch differenziert werden zwischen internen Stakeholdern (Mitarbeitern, Eigentümern, usw.) und externen Stakeholdern (Kunden, Lieferanten, Staat, usw.) des Unternehmens.[90] Dies ist sinnvoll, wenn die Stakeholder des Beziehungsmanagements (externe Stakeholder) von den Internen abgegrenzt werden sollen. Der Ansatz von Freeman ist in gewisser Hinsicht einfach, da sowohl die Anspruchsgruppen wie auch deren Einfluss auf das Unternehmen bereits durch die primären und sekundären Stakeholder vorgegeben sind. Eine eigene Einschätzung wie stark das Unternehmen von den jeweiligen Stakeholdern beeinflusst wird und diese wiederum beeinflusst, ist jedoch eine zentrale Fragestellung für die Finanzkommunikation.

Um eine Segmentierung der Stakeholder nach Abhängigkeiten vorzunehmen, sollten zwei Fragen gestellt werden:

1. Von wem hängt das Unternehmen ab und wer beeinflusst dieses (positiv wie auch negativ)?
2. Wen beeinflusst das Unternehmen (positiv oder negativ) und wie weit reicht dabei der Einfluss des Unternehmens?

Die Beantwortung dieser Fragen kann mit Hilfe einer Segmentierung der Stakeholder erfolgen. Eine Möglichkeit ist, die verschiedenen Anspruchsgruppen in Matrizen einzusortieren, die Macht/Interessen-Kombinationen widerspiegeln.[91] Auch eine Einordnung nach *Unterstützung* und *Bedrohung* für ein Unternehmen wird in der Theorie dargestellt. Ein weit verbreitetes, neueres Modell in der Stakeholder-Analyse ist das Modell nach Mitchell/Agle/Wood, welches auch im Folgenden genutzt werden soll. Das Modell nutzt drei Merkmale zur Bewertung von Stakeholdern:

---

[89] Vgl. Mitroff (1983), S. 6.
[90] Vgl. Jones/Bouncken (2008), S. 85 ff.
[91] Vgl. Price Waterhouse (1995), S. 48 ff.

1. Macht,
2. Legitimität und
3. Dringlichkeit.[92]

Der Begriff der Macht wurde bereits im Rahmen der Machttheorie definiert und wird häufig in Zusammenhang mit unternehmerischen Beziehungen verwendet. Macht ist keine permanente Eigenschaft, sondern kann durch Umwelteinflüsse und Veränderungen in der Beziehung gewonnen und ebenfalls wieder verloren werden.[93] So können sich Machtverhältnisse schnell ändern, oder sogar umkehren.

Das Ausmaß der vorhandenen Macht einer Anspruchsgruppe kann anhand verschiedener Eigenschaften beziffert werden. Zunächst wird betrachtet, über welche Ressource(n) der Stakeholder verfügt, die ihm Macht verleiht. Entsprechend der Ressourcentheorie (vgl. Kap. 2.1.2) können dies Kapital, Rohstoffe, Patente, Rechte usw. sein. Auch Know-how kann als Basis für Macht stehen. Von der Art der zur Verfügung stehenden Mittel ist die Stärke der Macht abhängig, die von einem Stakeholder ausgeht. Je wertvoller die Mittel für das Unternehmen sind und je leichter der Stakeholder andere Akteure beeinflussen kann, desto stärker ist seine Macht.[94] Nicht nur die Mittel, die einem Stakeholder Macht verleihen, sondern auch der Grad der damit verbundenen Einflussnahme auf ein Unternehmen erzeugen mehr oder weniger Macht. Die Art und die Anzahl der Bereiche, die ein Stakeholder beeinflussen kann, und auch die Anzahl der Personen, auf die er Einfluss hat, geben ihm mehr oder weniger Macht.

Legitimität bezeichnet die Angemessenheit und Richtigkeit einer Handlung. Diese Eigenschaft weisen Stakeholder auf, deren Handlungen auf unumstrittener Basis erfolgen und gesellschaftlich anerkannt sind. Dabei hängt die Legitimität an sich auch von Macht ab, da Legitimitätsmerkmale von machtvollen Anspruchsgruppen gebildet und verändert werden können.[95] Stakeholdern mit einer direkten Beziehung zum Unternehmen wird mehr Legitimität zugesprochen als Stakeholdern, die keine enge Beziehung zu dem Unternehmen haben (z. B. sekundäre Stakeholder).

Die Komponente der Dringlichkeit bringt eine Verbindung zwischen den Stakeholdern und dem Management des Unternehmens mit ein. Werden nur die Komponenten Macht und Legitimität betrachtet, betreffen diese nur die Stakeholder und lassen

[92] Vgl. Mitchell/Agle/Wood (1997), S. 865 ff.
[93] Vgl. Mitchell/Agle/Wood (1997), S. 865 f.
[94] Vgl. Savage et al. (1991), S. 63.
[95] Vgl. Mitchell/Agle/Wood (1997), S. 866.

das Unternehmen an sich außen vor. Mit dem dritten Merkmal der Dringlichkeit bekommt das Modell eine Dynamik in das Unternehmen hinein. Die Dringlichkeit spiegelt die Wichtigkeit der Handlungen und Forderungen an das Unternehmen wider. Damit zusammen hängt die benötigte Aufmerksamkeit, die das Management dieser Anspruchsgruppe widmen sollte. Es kommt somit eine Komponente für die Interaktion hinzu, die von einer statischen Betrachtungsweise der Stakeholder zu einem dynamischen Gesamtmodell führt.[96] Dringlichkeit lässt sich anhand von zwei Eigenschaften festmachen: Zum einen an der zeitlichen Komponente, die misst, mit welcher Verzögerung das Management auf die Forderungen der Stakeholder eingehen kann ohne die Beziehung zu gefährden. Zum anderen, wie entscheidend die Beziehung zu den Stakeholdern und die Forderungen der Stakeholder für das Unternehmen sind.[97] Mit der zeitlichen Komponente der Dringlichkeit kommt auch ein Erklärungsansatz für Transformationsprozesse im Unternehmen bezüglich neu hinzukommender Stakeholder hinzu.

Aus diesen drei Merkmalen lassen sich sieben Gruppen verschiedener Stakeholder konstruieren (vgl. Abb. 3). Die Merkmale Macht, Legitimität und Dringlichkeit sind bei der Zuordnung eine notwendige Bedingung. Trifft auf eine Anspruchsgruppe keines der drei Merkmale in Bezug auf ein Unternehmen zu, handelt es sich nicht um Stakeholder (8) des Unternehmens.[98] Somit lassen sich mit dem Modell Stakeholder und keine Stakeholder eindeutig ausmachen. Außerdem kann die Bedeutung der Stakeholder für das Unternehmen (Stakeholder Salience) anhand der drei Kriterien ermittelt werden.

Im Modell von Mitchell/Agle/Wood gibt es drei Stakeholder-Gruppen, die lediglich ein Merkmal aufweisen (latente oder ruhende Stakeholder), drei Gruppen, die zwei Merkmale aufweisen (erwartungsvolle Stakeholder) und eine Gruppe, die alle Merkmale aufweist (definitive Stakeholder).[99]

---

96 Vgl. Mitchell/Agle/Wood (1997), S. 867.
97 Vgl. Mitchell/Agle/Wood (1997), S. 867 in Anlehnung an Jones (1991).
98 Vgl. Mitchell/Agle/Wood (1997), S. 873.
99 Vgl. Mitchell/Agle/Wood (1997), S. 873.

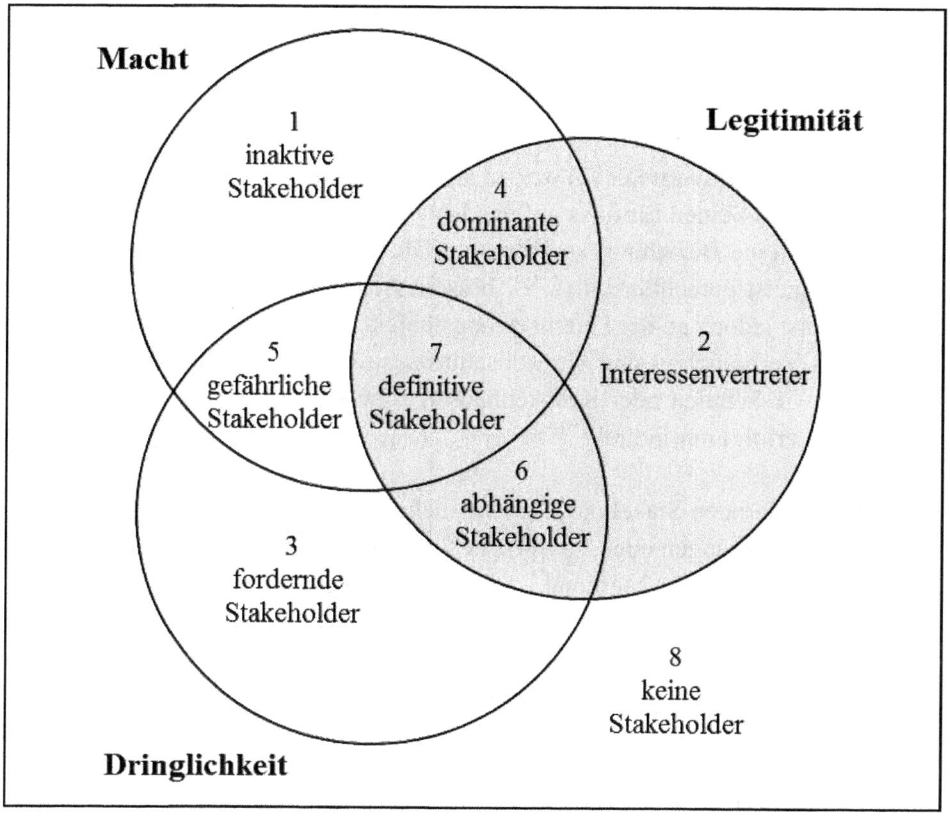

Abb. 3: Stakeholder-Gruppen nach Mitchell/Agle/Wood[100]

Die Stakeholder-Gruppen, die lediglich ein Merkmal aufweisen, haben den geringsten Einfluss auf ein Unternehmen und bekommen somit auch von der Geschäftsführung am wenigsten Aufmerksamkeit.[101] Dies sind die fordernden und inaktiven Stakeholder sowie die Interessenvertreter (vgl. Abb. 3). Ganz unbeachtet sollten diese Gruppen jedoch nicht bleiben, da sie durch Hinzugewinn eines weiteren Merkmals schnell höheren Einfluss bekommen können:

- Inaktive Stakeholder (1) sind Stakeholder, die als einziges Merkmal über Macht verfügen. Sie stehen mit dem Unternehmen jedoch kaum oder gar nicht in Verbindung. Ein Beispiel können Personen darstellen, die über eine hohe Finanzkraft verfügen. Ihre Forderungen sind weder dringlich noch gerechtfertigt. Inaktive Stakeholder sollten von der Geschäftsführung nicht ignoriert werden, da sie bei Erlangen eines weiteren Merkmals zunehmend

[100] Eigene Darstellung in Anlehnung an Mitchell/Agle/Wood (1997), S. 874.
[101] Vgl. Mitchell/Agle/Wood (1997), S. 874.

wichtiger für das Unternehmen werden. Außerdem können sie durch ihre Finanzkraft oder z. B. durch ihren Einfluss auf Medien eine Bedrohung für das Unternehmen darstellen.[102]

- Die Interessenvertreter (2) weisen als einziges Merkmal die Legitimität auf. Sie haben keinen Einfluss auf das Unternehmen und die Geschäftsführung strebt keine Beziehung zu ihnen an. Die Forderungen dieser Stakeholder sind meist gerechtfertigt (z. B. bessere Arbeitsbedingungen), es fehlt der Gruppe jedoch an der Durchsetzungsfähigkeit. Interessenvertreter sind oftmals Verbraucher- und Umweltschützer sowie gemeinnützige Einrichtungen wie Schulen oder Krankenhäuser. Eine Beeinflussung des Unternehmens erfolgt nur indirekt.[103]

- Die fordernden Stakeholder (3) versuchen, das Unternehmen durch drastische Forderungen oder Aussprüche zu einer Reaktion zu bewegen. Ihr einziges vorhandenes Merkmal ist die Dringlichkeit. Ohne Hinzugewinn eines weiteren Merkmals verpuffen die Forderungen jedoch ohne große Beeinflussung des Unternehmens. Ein Beispiel für fordernde Stakeholder sind Protestierende, die das Unternehmen an den Pranger, z. B. für Umweltkatastrophen, stellen.[104]

Als Nächstes folgen die Stakeholder, die zwei Merkmale innehaben. Während die bisherigen Gruppen passiv agieren und nur indirekt auf das Unternehmen Einfluss nehmen, gestalten die Stakeholder-Gruppen mit zwei Merkmalen den Werdegang des Unternehmens aktiv mit:

- Dominante Stakeholder (4) verfügen über Macht und Legitimität und erwarten ein hohes Maß an Aufmerksamkeit vom Management, da sie direkt auf das Unternehmen und den Unternehmenswert wirken können. Zu den dominanten Stakeholdern gehören (Eigen-) Kapitalgeber, Mitarbeiter, Kunden, Lieferanten und in gewissem Maße auch die Gesellschaft und der Staat. Dies entspricht den primären Stakeholdern nach Freeman (vgl. Abb. 2), weshalb die dominanten Stakeholder oft als die einzigen Anspruchsgruppen des Unternehmens angesehen werden.[105]

---

102 Vgl. Mitchell/Agle/Wood (1997), S. 874 f.
103 Vgl. Mitchell/Agle/Wood (1997), S. 875.
104 Vgl. Mitchell/Agle/Wood (1997), S. 875 f.
105 Vgl. Mitchell/Agle/Wood (1997), S. 877.

- Die gefährlichen Stakeholder (5) besitzen die Merkmale Macht und Dringlichkeit. Von ihnen geht die größte Bedrohung für ein Unternehmen aus. Ein Beispiel für gefährliche Stakeholder sind Gewerkschaften. Diese stellen Forderungen an das Unternehmen, von denen insofern eine große Macht und Dringlichkeit ausgeht, da bei Ignorieren dieser Stakeholder bspw. Streiks und damit Betriebsunterbrechungen drohen.[106]

- Abhängige Stakeholder (6) weisen die Merkmale Dringlichkeit und Legitimität auf, besitzen jedoch keine Macht. Sie müssen sich mit anderen Stakeholdern verbünden, um ihre Forderungen durchzusetzen oder auf eine für sie positive Entscheidung des Managements hoffen. Ein Beispiel für abhängige Stakeholder können Betroffene einer Umweltkatastrophe sein, die durch ein Unternehmen ausgelöst wurde. Ihre Forderungen können sie nur mittels des Rechtssystems durchsetzen.[107]

Die wichtigste Anspruchsgruppe für das Unternehmen sind die definitiven Stakeholder (7). Sie vereinen kumulativ alle drei dargestellten Merkmale und befinden sich somit im Mittelpunkt der drei Kreise aus Macht, Legitimität und Dringlichkeit (vgl. Abb. 3). Diesen Stakeholdern wird von Seiten des Managements die größte Aufmerksamkeit geschenkt und sie können auch direkt das Unternehmen beeinflussen. Beispiele für definitive Stakeholder sind Kreditinstitute und Aufsichtsbehörden wie z. B. die Bundesanstalt für Finanzdienstleistungsaufsicht (BaFin), die bei einem akuten Verstoß des Unternehmens Macht und Legitimität besitzt, direkte Maßnahmen und Sanktionen einzuleiten.[108] Die Komponente der Dringlichkeit bringen bspw. Kreditinstitute durch Termine für Zins- und Tilgungszahlungen mit sich.[109]

Bezogen auf die Finanzkommunikation treten die dominanten und definitiven Stakeholder hervor, die den größten Einfluss auf das Unternehmen haben und somit auch an dessen Überlebensfähigkeit und Finanzstatus interessiert sind bzw. auf diesen Einfluss nehmen können.

Das Modell von Mitchell/Agle/Wood analysiert mit Hilfe der drei Kriterien vor allem Stakeholder, die bereits direkt oder indirekt in Verbindung mit dem Unternehmen stehen. Potenzielle Stakeholder werden über die latenten Anspruchsgruppen

[106] Vgl. Mitchell/Agle/Wood (1997), S. 877 f.
[107] Vgl. Mitchell/Agle/Wood (1997), S. 877.
[108] Vgl. Mitchell/Agle/Wood (1997), S. 874 ff.
[109] Vgl. Paul/Prystav/Stein (2011), S. 750.

abgebildet, die nur über ein Merkmal verfügen. Potenzielle Kunden, potenzielle Bewerber, potenzielle Kapitalgeber usw. verfügen lediglich über das Merkmal der Legitimität oder können sogar in die Gruppe keine Stakeholder (8) fallen, da sie in Bezug auf das Unternehmen über kein Merkmal verfügen.[110] Für die Finanzkommunikation sind die **potenziellen Anspruchsgruppen** jedoch ebenfalls relevant und daher bereits in der Stakeholder-Definition integriert. Prinzipiell kann auch für potenzielle Stakeholder bestimmt werden, wie viel Macht, Legitimität und Dringlichkeit sie gegenüber dem Unternehmen besitzen würden.

Sind die Stakeholder und deren Einfluss auf das Unternehmen identifiziert, gilt es im nächsten Schritt, die Beziehungsbildung an sich zu betrachteten.

2.1.4 Relationship Marketing

Ein aktueller Ansatz im Beziehungsmanagement stellt das **Relationship Marketing** dar. Das Relationship Marketing wird zur Darstellung von Kunden- und Geschäftsbeziehungen genutzt.[111] Vom Sprachgebrauch her scheint es sich zunächst um einen Teilbereich des Marketings, also der Vermarktung von Waren und Dienstleistungen, zu handeln. Dies ist jedoch für das Relationship Marketing deutlich zu eng gefasst. Es handelt sich um eine Weiterentwicklung des klassischen Konsumgütermarketings und passt sich an die gestiegenen Umweltanforderungen über alle Warensegmente an, indem das Relationsship Marketing die (Kunden-) Beziehung als zentralen Ausgangspunkt wählt.[112] Relationship Marketing und Beziehungsmanagement werden in der Literatur teilweise als Synonyme verwendet und weisen zahlreiche, gemeinsame Schnittstellen auf. Relationship Marketing kann ebenfalls als eine Unterkategorie vom Beziehungsmanagement aufgefasst werden[113] und stellt auch in dieser Arbeit eine Unterkategorie dar.

Die wissenschaftstheoretischen Grundlagen für das Relationship Marketing bilden ebenfalls zahlreiche Einzeltheorien, unter anderem auch die Ressourcentheorie. Weitere Ansätze kommen aus der neoinstitutionellen, psychologischen und sozialpsychologischen Sicht.[114]

---

110 Vgl. Mitchell/Agle/Wood (1997), S. 873.
111 Vgl. Paul/Prystav/Stein (2011), S. 749.
112 Vgl. Bruhn (2016b), S. V.
113 Vgl. Diller (1995), S. 442.
114 Eine Übersicht aller theoretischen Grundlagen des Relationship Marketings findet sich in Bruhn (2016), S. 54 ff.

Relationship Marketing im **weiteren Sinne** bezeichnet die Beziehungen eines Unternehmens zu sämtlichen Anspruchsgruppen.[115] Im Gegensatz zum Beziehungsmanagement setzt Relationship Management voraus, dass Kundenbeziehungen nur dann erfolgreich sein können, wenn die Beziehungen des Unternehmens zu allen, nicht nur den externen, Anspruchsgruppen vorhanden und von hoher Qualität sind.[116] Es werden somit alle Anspruchsgruppen, auch die unternehmensinternen, angesprochen. Dies erfasst genau den theoretischen Ansatz der Finanzkommunikation.

Im **engeren Sinne** beschreibt Relationship Marketing ausschließlich Kundenbeziehungen.[117] Da Kunden eine zentrale Anspruchsgruppe darstellen (vgl. Kap. 2.1.1, S. 10), werden diese auch mit Finanzkommunikation angesprochen. Das Relationship Marketing im engeren Sinne ist jedoch in seiner Anspruchsgruppe sehr fokussiert.

Eine ganzheitliche Definition des Relationship Marketings kann wie folgt gegeben werden: Relationship Marketing bezeichnet umfassend alle Maßnahmen, die rund um Geschäftsbeziehungen zu verschiedenen Anspruchsgruppen, insbesondere Kunden, anfallen. Dazu gehören die Analyse, Planung, Initiierung, Stabilisierung, Intensivierung, Beendigung und Wiederaufnahme von Geschäftsbeziehungen. Das Ziel des Relationship Marketings ist es dabei, sowohl für das Unternehmen wie auch für die Anspruchsgruppen, einen gegenseitigen Nutzen zu generieren.[118] Insgesamt soll dies wiederum den Unternehmenserfolg steigern, der wesentlich von der Qualität der Beziehungen des Unternehmens zu seinen Anspruchsgruppen im Netzwerk abhängt.

Aus der Definition lassen sich nach Bruhn vier Merkmale des Relationship Marketings ableiten, die auch von Diller/Kusterer[119] ähnlich beschrieben werden. An erster Stelle steht die Anspruchsgruppenorientierung.[120] Dies zeigt den Charakter des Relationship Marketings, das die Bedürfnisse der verschiedenen Stakeholder als Ausgangspunkt für alle Aktivitäten nimmt. Damit werden auch personenbezogene

115 Vgl. Bruhn (2016b), S. 12.
116 Vgl. Bruhn (2016b), S. 13.
117 Vgl. Bruhn (2016b), S. 12.
118 Vgl. Bruhn (2016b), S. 12.
119 Vgl. Diller/Kusterer (1988).
120 Vgl. Bruhn (2016b), S. 12.

Aspekte abseits der Sachebene, also ohne einen formellen Rahmen, als ein Grundelement mit aufgenommen.[121]

Auf das Merkmal der Anspruchsgruppenorientierung folgt das Merkmal der Managementorientierung. Dies spiegelt den internen Charakter wider und zeigt unternehmensintern die Wichtigkeit des Relationship Marketings. Das dritte Merkmal ist die Zeitraumorientierung, welche einen starken Bezug zum Marketing aufweist und Planungen für bestimmte Zeiträume vorsieht. Dies impliziert, dass Relationship Marketing dauerhaft und in allen Phasen einer Beziehung anwendbar ist. Es wird somit ein dynamisches, historisch ganzheitliches und nicht episodenhaftes Vorgehen beabsichtigt.[122] Das letzte, wichtige Merkmal stellt die Nutzenorientierung dar, welche das ökonomische Ziel, den Unternehmenserfolg zu steigern, anvisiert.[123]

Stärker als von Bruhn auf das Unternehmen fokussiert ist die Darstellung der betriebswirtschaftlichen Ziele des Relationship Marketings nach Diller/Kusterer. Auf der Interaktionsebene im Unternehmensnetzwerk werden von ihnen ebenfalls vier Merkmale bzw. Ziele formuliert:

1. Das Erreichen erfolgreicher Verhandlungen in Geschäftsbeziehungen.
2. Die Erzeugung von Synergieeffekten.
3. Die Steigerung der Qualität und damit Sicherheit der Beziehungen.
4. Die Steigerung der Effektivität der Interaktionen.[124]

Diese vier Ziele sind deutlich konkreter und stärker auf die Beziehung ausgerichtet. Als erster Punkt sollen Geschäftsbeziehungen nicht nur gebildet werden, sondern auch zu erfolgreichen Abschlüssen durch gelungene Verhandlungen führen. Kann innerhalb von Geschäftsbeziehungen erfolgreich agiert werden, stärkt dies die Qualität der Beziehung, was unter dem dritten Merkmal anvisiert wird. Damit einher gehen die Erzeugung von Synergieeffekten, also das positive Zusammenwirken verschiedener Faktoren sowie die erhöhte Effektivität der Interaktionen der Geschäftspartner.

Eine **Geschäftsbeziehung** (Business Relation) kann in diesem Zusammenhang ähnlich definiert werden wie Beziehungen in der Ökonomie. Es handelt sich um

[121] Vgl. Diller/Kusterer (1988), S. 211
[122] Vgl. Diller/Kusterer (1988), S. 211.
[123] Vgl. Bruhn (2016b), S. 12.
[124] Vgl. Diller/Kusterer (1988), S. 212.

Interaktionen zwischen zwei oder mehreren Unternehmen, Personen oder Organisationen, die an ökonomischen Zielen orientiert sind. Als Zeitpunkt des Beginns einer Geschäftsbeziehung kann der erste Geschäftsabschluss der Akteure benannt werden. Auch wenn vor diesem Zeitpunkt schon Transaktionen stattgefunden haben, waren diese noch nicht hinreichend intensiviert, sodass noch kein Abschluss zustande kam.[125] Dies unterstützt die Differenzierung zwischen bestehenden und potenziellen Stakeholdern. Geschäftsbeziehungen sind langfristig orientiert.

Mit Hilfe des Molekularmodells kann eine Geschäftsbeziehung als ein „Atom" dargestellt werden (vgl. Abb. 4).

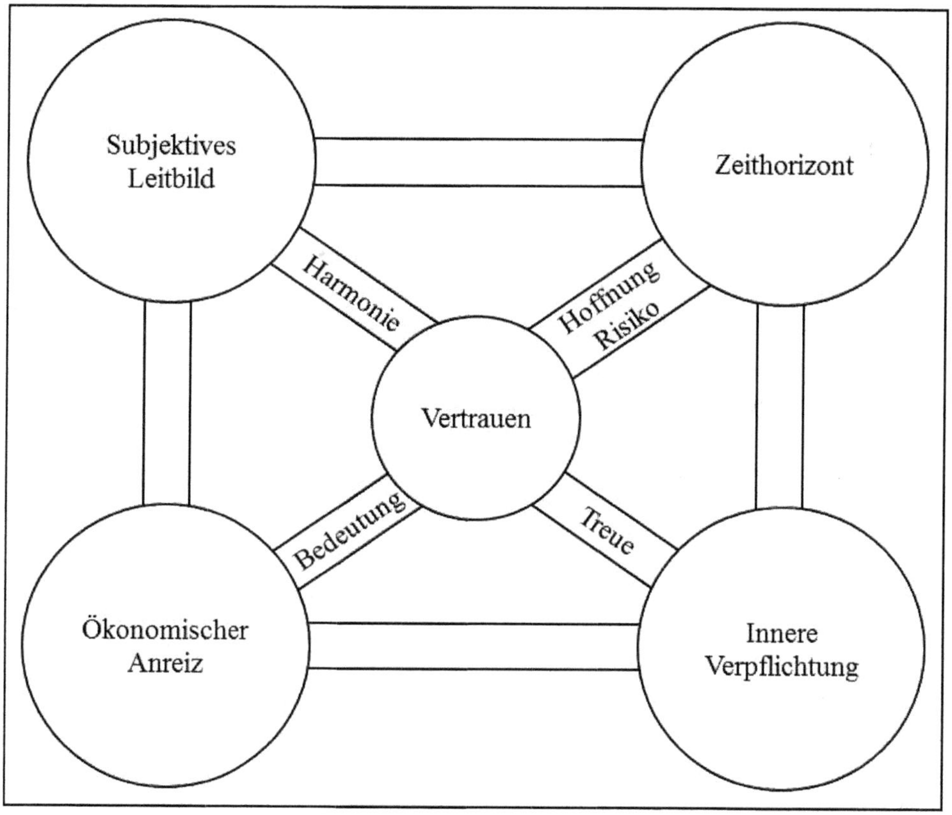

Abb. 4: Atom der Geschäftsbeziehung[126]

Aus den vier Eckpunkten des Atoms ergibt sich zentral die Eigenschaft des Vertrauens für erfolgreiche Geschäftsbeziehungen. Vertrauen ist die Voraussetzung für

[125] Vgl. Diller/Kusterer (1988), S. 211 f.
[126] Eigene Darstellung in Anlehnung an Diller/Kusterer (1988), S. 216.

gemeinsame Transaktionen und somit für die Existenz von Geschäftsbeziehungen.[127]

Der ökonomische Anreiz dient dabei als Startpunkt der einzugehenden Geschäftsbeziehung. Die Eckpunkte *subjektives Leitbild*, *Zeithorizont* und *innere Verpflichtung* modellieren den Typ der Geschäftsbeziehung. Der bestmögliche Typ ist eine **Allianz,** bei der die Partner sehr kooperativ eingestellt sind und sich in hohem Maße gegenseitig verpflichtet fühlen. Ebenso streben sie eine langfristige Beziehung an. Demgegenüber stehen **Gelegenheitsbeziehungen**, die nur kurzfristig sind und bei denen das Leitbild der Partner kompetitiv geprägt ist. Auch die gegenseitige, innere Verpflichtung der Partner ist nur schwach ausgeprägt.[128]

Die meisten Geschäftsbeziehungen befinden sich zwischen diesen beiden extremen Typausprägungen. Im Beziehungsmanagement wird zunächst analysiert, welcher Typ von Beziehung vorliegt, um anschließend geeignet auf die vorhandene Struktur der Anspruchsgruppe einzugehen.

Im Rahmen einer Geschäftsbeziehung gilt es, die verschiedenen Ebenen zu gestalten. Diller/Kusterer definieren vier Ebenen in einem Interaktionsebenenmodell. Die oberste Ebene ist die Sachproblemebene, auf der die inhaltliche Ausgestaltung der Geschäftsbeziehung erfolgt. Dort werden Leistung und Gegenleistung formuliert. Als nächstes folgt die Organisationsebene, über die Interaktionsschienen und „Verkehrsregeln" für die Geschäftsbeziehung festgelegt werden. Es gilt, die notwendigen Arbeitsabläufe und Grundlagen für die Abwicklung von Geschäften festzulegen.[129]

Neben der organisatorischen Ebene gibt es die Machtebene. Hier wird nicht die Macht betrachtet, wie sie in der Ressourcentheorie verstanden wird (vgl. Kap. 2.1.2, S. 13). Es handelt sich jedoch um eine Ableitung aus eben diesem Machtbegriff. Zentraler Punkt der Machtebene sind Interessenkonflikte, die zwischen den Akteuren bestehen. Gibt es große Unterschiede, kann dies Auswirkungen auf die vierte Ebene, die menschlich-emotionale Ebene, haben. Von dieser Ebene hängt ab, ob

---

127 Vgl. Kleinaltenkamp/Kühne (2003), S. 23.
128 Vgl. Diller/Kusterer (1988), S. 216.
129 Vgl. Diller/Kusterer (1988), S. 214.

die Geschäftspartner in ihrer jeweiligen Stellung zufrieden sind.[130] Daraus kann gefolgert werden, dass eine Ähnlichkeit der Partner zu erfolgreichen Geschäftsbeziehungen beiträgt.[131]

Für die Ausgestaltung der Finanzkommunikation sind die Grundlagen der Geschäftsbeziehung wichtig, da Beziehungen im unternehmerischen Netzwerk angestrebt werden. Ob und wie diese erfolgreich gestaltet werden können, hängt von dem Status der Stakeholder auf den Interaktionsebenen ab, also ob bspw. viele Interessenkonflikte bestehen, eine Ähnlichkeit der Akteure besteht usw. Das Interaktionsebenenmodell beschreibt dabei die vertikale Struktur von Geschäftsbeziehungen.

Die horizontale Struktur von Geschäftsbeziehungen kann mit dem **Beziehungszyklus** dargestellt werden. Dieser gliedert Beziehungen in verschiedene Phasen entlang der Zeitachse.[132] Die Einordnung der Stakeholder in eine Phase innerhalb des Beziehungszyklus ist ein wichtiges Mittel, um die Art und den aktuellen Stand der Beziehung abzubilden. Dies hilft bei der Aufbereitung von Informationen für die Stakeholder und dem gezielten Ansprechen der verschiedenen Anspruchsgruppen. Das Konzept des Beziehungszyklus kommt aus dem Marketing, da vor allem Kundenbeziehungen in Phasen untergliedert werden,[133] um entsprechende Marketinginstrumente für die verschiedenen Beziehungsphasen zu finden.

Für unterschiedliche Anspruchsgruppen gibt es verschiedene Phasenkonzepte. So können für Mitarbeiter andere Phasen als für Kunden identifiziert werden. Autoren wie Diller oder Bruhn haben allgemein Konzepte zur Phasenbeschreibung in Austauschbeziehungen konzipiert.[134] Einige Autoren kommen mit lediglich drei Phasen im Beziehungszyklus aus.[135] Andere formulieren sieben oder acht Phasen. Für alle Stakeholder lassen sich Beziehungen am besten in fünf Phasen unterteilen.[136]

Die **Kennenlernphase** (Awareness) beschreibt den zeitlich ersten Kontakt zwischen Unternehmen und Kunden, Eigenkapitalgebern oder potenziellen Mitarbeitern. Sie stellt den Startpunkt im Beziehungszyklus dar. In dieser Phase werden die

---

130 Vgl. Freiling/Reckenfelderbäumer (2010), S. 220.
131 Vgl. Diller/Kusterer (1988), S. 214 f.
132 Vgl. Paul/Prystav/Stein (2011), S. 749.
133 Vgl. Bruhn (2016b), S. 65 ff.
134 Eine Übersicht verschiedener Phasenkonzepte unterschiedlicher Autoren von 1980–2003 geben Kirchgeorg/Springer (2009), S. 212.
135 Vgl. Schmitz (2001), S. 19 ff.
136 Vgl. z. B. Dwyer/Schurr/Oh (1987), S. 15 ff.

Anspruchsgruppen auf das Unternehmen aufmerksam. Außerdem erfolgt eine Stimulation, die für den Kunden Anreize schaffen soll, Produkte zu kaufen oder für den potenziellen Mitarbeiter, das Unternehmen näher kennen zu lernen. Bestenfalls kann das Unternehmen die verschiedenen Anspruchsgruppen nicht nur stimulieren, sondern überzeugen und sich somit gegenüber den Mitbewerbern hervorheben.[137] Ein gegenseitiger Kontakt zwischen Stakeholdern und Unternehmen besteht jedoch noch nicht.

Darauf folgt die Implementierungs- oder **Vereinbarungsphase** (Exploration), in der die Geschäftsbeziehung entsteht und ein erster Geschäftsabschluss stattfindet. Bspw. kauft der Kunde etwas oder der potenzielle Mitarbeiter wird zum Bewerbungsgespräch eingeladen. Die Geschäftsbeziehung ist noch sehr instabil und beruht auf wenigen, gemeinsamen Interaktionen und kann daher auch schnell wieder beendet werden.[138] Wenn in dieser Phase beide Partner zufriedengestellt werden können, entwickelt sich die Beziehung weiter.

Als nächster Schritt kommt die Wachstums- oder **Reifephase** (Expansion), in der die Beziehung vertieft wird. Es finden häufige Kontakte statt. Der Kunde wird zum Stammkunden oder der Eigenkapitalgeber investiert mehrfach Kapital in das Unternehmen. Dies geht einher mit einer stärkeren, gegenseitigen Abhängigkeit der Partner.

Darauf folgt die **Phase der gegenseitigen Bindung** (Commitment). Die Partner sind in dieser Phase am zufriedensten. Die Beziehung zwischen dem Unternehmen und den Anspruchsgruppen befindet sich in dieser Phase auf dem Höhepunkt und ist am stabilsten. Dies bedeutet jedoch auch, dass das Potenzial der Anspruchsgruppen weitestgehend ausgeschöpft ist. Das Unternehmen wird versuchen, die Beziehung aufrecht zu erhalten um z. B. die Erlöse von einem Kunden stetig weiter zu erhalten.[139]

Durch ein (externes) Ereignis kann die Beziehung in die **Lösungsphase** (Dissolution) münden. Die Geschäftsbeziehung kommt in eine Krise und auch eine sehr gefestigte Beziehung kann zerbrechen. Dies führt zu einer Auflösung der Beziehung. Der Mitarbeiter kündigt oder der Kunde kauft wieder bei den Mitbewerbern

[137] Vgl. Georgi/Mink (2011), S. 73.
[138] Vgl. Stauss (2011), S. 323.
[139] Vgl. Bruhn (2016b), S. 69.

ein. Oftmals erfolgt dieser Schritt aus der Initiative eines Partners heraus. Es handelt sich somit nicht um eine gegenseitige Absprache.[140]

Nach einer Zeit der Abstinenz kann eine Rückgewinnungsphase erfolgen, in der sich die Beziehung regeneriert.[141] Der Beziehungszyklus beginnt dann von vorn. Dies ist ein mögliches, aber nicht zwingendes Szenario, weshalb die Rückgewinnungsphase nicht in das fünfgliedrige Phasenkonzept integriert ist. Die Beziehung kann ebenfalls dauerhaft beendet sein.

Eine Analyse der Phasen für die verschiedenen Stakeholder ist für die Wahl einer geeigneten (Kommunikations-) Strategie notwendig und erhöht die Beziehungsqualität in jeder Phase. Auch für die erste Phase des Kennenlernens sowie die Phase der Rückgewinnung kann die Beziehungsqualität wegweisend sein.[142]

Für die Wahl der gestalterischen Mittel, die zur Umsetzung des Relationship Marketings genutzt werden können, um Beziehungen in allen Phasen zu steuern, gibt es verschiedene Ansätze. Es wird unterschieden zwischen einem Organisations- und Kooperationsstil, einem Kommunikations- und Argumentationsstil und einem Konflikthandhabungsstil. Auf der Organisationsebene werden die Personen und Verfahren für Interaktionen festgelegt. Der Kooperationsstil bestimmt die Art und Intensität sowie den zeitlichen Ablauf der Interaktionen in der Beziehung. Der Kommunikationsstil definiert Art, Häufigkeit und Dauer der Kommunikation der Beziehungspartner. Wie dabei argumentiert wird, lässt sich über den Argumentationsstil festlegen. Zuletzt regelt der Konflikthandhabungsstil die Kompromissbereitschaft und machtpolitische Strategien.[143]

Die Mittel zur Umsetzung des Relationship Marketings machen noch einmal die Entstehung des Relationship Marketings deutlich. Aus der Ressourcentheorie hergeleitet und für den Kooperationsansatz benötigte Beziehungen sollen langfristig und effizient gestaltet werden, um Synergieeffekte zu erreichen. Dies kann mittels einer Geschäftsbeziehung erreicht werden (vgl. Kap. 2.1.4, S. 28). Sowohl für den Kooperationsansatz wie auch für die Geschäftsbeziehung ist Kommunikation das

---

140 Vgl. Stauss (2011), S. 425.
141 Vgl. Bruhn (2016b), S. 70.
142 Vgl. Bruhn (2016b), S. 165.
143 Vgl. Diller/Kusterer (1988), S. 213.

wesentliche Mittel zur Vertrauensbildung.[144] Den Ausgangspunkt für Kommunikation zwischen einem Unternehmen und seinen verschiedenen Stakeholdern bildet die Unternehmenskommunikation.

[144] Vgl. Bruhn (2016b), S. 165.

2.2 Unternehmenskommunikation

2.2.1 Prinzipal-Agent-Problematik

Das Unternehmen und seine Stakeholder verfügen über unterschiedliche Informationen bezüglich ihrer Umwelt, dem Unternehmen und der gemeinsamen Transaktionen bzw. Interaktionen. Das heißt, es bestehen Informationsasymmetrien zwischen dem Unternehmen und den Anspruchsgruppen. Diese werden in der Informationsökonomie behandelt und sind in der Betriebswirtschaft als **Prinzipal-Agent-Theorie**[145] bekannt.

Es gibt zahlreiche Beispiele, wo die Prinzipal-Agent-Problematik auftritt, und somit viele Beispiele für Asymmetrien, die als Grundlage für die Unternehmenskommunikation gelten. Dem zugrunde liegt immer die Beziehung zwischen einem Prinzipal (Auftraggeber) und einem Agenten (Auftragnehmer).[146] Prinzipal und Agent können Personen, Unternehmen, Institutionen oder (politische) Entscheidungsträger sein.[147] Auftragnehmer und -geber sind bspw. über einen Vertrag miteinander verbunden, verfolgen aber nicht unbedingt die gleichen Interessen. Ebenfalls verfügt der Agent über Informationen, die ihm einen Informationsvorsprung gegenüber dem Prinzipal verschaffen und mit deren Hilfe er seinen eigenen Nutzen maximieren kann.[148] Wer in einer Beziehung Prinzipal und wer Agent ist, lässt sich je nach Problematik festlegen und ist in der Praxis oftmals nicht eindeutig.[149]

Ein Beispiel für ein Prinzipal-Agent-Paar ist der Prinzipal in Form des Kreditgebers und der Agent in der Rolle des Kreditnehmers.[150] Der Kreditnehmer ist zwar mit dem Kreditgeber über einen Vertrag verbunden, hat diesem gegenüber aber einen deutlichen Informationsvorsprung, den er für seine Zwecke nutzen kann. Dies kann negative Auswirkungen für den Prinzipal haben, zum Beispiel wenn sich die Zahlungsfähigkeit des Agenten negativ entwickelt ohne dass der Prinzipal davon erfährt. Denkbar ist auch, dass der Agent das Geld des Prinzipals für etwas ganz anderes nutzt als vereinbart.[151]

---

145 Vgl. Jost (2001b), S. 4.
146 Vgl. Heyd/Beyer (2011), S. 17, Picot et al. (2015), S. 89 und Schierenbeck/Wöhle (2016), S. 574.
147 Vgl. Macho-Stadler/Pérez-Castrillo (2001), S. 4.
148 Vgl. Jensen/Meckling (1976), S. 308.
149 Vgl. Bruhn (2016b), S. 28.
150 Vgl. Alparslan (2006), S. 2.
151 Vgl. Riediger/Lerch (2011), S. 53.

Die Informationsasymmetrie kann auch anders herum bestehen. Der Kreditgeber kann aufgrund verschiedener Informationen dem Kreditnehmer eine bereits gewährte Kreditlinie verweigern, was somit zu einem Nachteil des Kreditnehmers führt.

Grundsätzlich können Prinzipal-Agent-Problematiken nach ihrem zeitlichen Auftreten differenziert werden. Kann vor einem Vertragsabschluss (ex ante) mit dem Agenten der Prinzipal die Charaktereigenschaften und Absichten potenzieller Agenten nicht richtig einschätzen, handelt es sich um *Adverse Selection*. In der Versicherungswirtschaft ist dies eine häufig auftretende Informationsasymmetrie.[152] Das Beispiel zwischen Kreditnehmer und -geber kann der Adverse Selection zugeordnet werden.[153]

Nutzt der Agent nach Vertragsabschluss (ex post) Informationsasymmetrien zu seinen Gunsten wird dies mit *Moral Hazard* bezeichnet. Dies bezeichnet ein „moralisches Risiko" oder eine „moralische Versuchung", welche dem Agenten den Anreiz für opportunistisches Verhalten gibt, ohne später die Konsequenzen tragen zu müssen. Der Prinzipal kann das Verhalten des Agenten entweder nicht beobachten oder nicht beurteilen. Die Theorie des Moral Hazard wird insbesondere für die Gestaltung von fairen Verträgen genutzt.[154]

Weiter kann die Prinzipal-Agent-Problematik in *vier Varianten* unterteilt werden. Diese werden mit hidden action, hidden information, hidden characteristics und hidden intention bezeichnet. Bei hidden action und hidden information treten die Informationsasymmetrien ex post, also z. B. nach Vertragsabschluss, auf und es handelt sich somit um Formen des Moral Hazards.[155]

Bei hidden action nutzt der Agent Handlungsspielräume, die der Prinzipal nicht oder nur unvollständig beobachten kann und somit evtl. gar nicht bemerkt.[156] Im Rahmen von hidden information kann der Prinzipal zwar die Handlungen beobachten, ist aber nicht in der Lage, diese endgültig zu beurteilen.[157]

---

152 Vgl. Ulrich (2011), S. 67.
153 Vgl. Picot et al. (2015), S. 95.
154 Vgl. Picot et al. (2015), S. 93.
155 Vgl. Jost (2001a), S. 25.
156 Vgl. Heyd/Beyer (2011), S. 28.
157 Vgl. Jost (2001a), S. 30 f.

Das Beispiel zwischen Kreditnehmer und -geber passt zu den beiden Varianten hidden action[158] und hidden information.

Die Problematik der hidden characteristics bezeichnet, dass der Prinzipal bestimmte Eigenschaften des Agenten nicht kennt.[159] Diese Informationsasymmetrie tritt häufig auf, wenn sich ein Unternehmen über den Kapitalmarkt finanziert. Das Unternehmen verfügt über Informationen, die der Markt und die Kapitalgeber nicht kennen. Diese Problematik besteht, bevor die Beziehung zustande kommt (ex ante),[160] und wird daher der Adverse Selection zugeordnet.[161]

Eine Unterform von hidden characteristics bilden hidden intentions. Der Prinzipal kann das Handeln des Agenten beobachten und auch beurteilen. Dennoch kann es zu Problemen kommen, weil der Prinzipal die Absichten des Agenten nicht kennt oder dieser seine Absichten erst später offenlegt. Meist tauchen solche Probleme bei unvollständigen oder schlecht ausgehandelten Verträgen auf. Ein Beispiel für hidden intention ist die Erhöhung der Miete direkt nach dem Einzug der Mieter.[162]

Die Vorteile, die ein Agent im Rahmen der Prinzipal-Agent-Problematik durch seinen Informationsvorsprung erwirtschaften kann, sind meist kurzfristig. Der Partner reagiert auf opportunistisches Verhalten und wird beim nächsten Mal versuchen, eine solche Situation zu vermeiden. Unternehmen sollten an solch opportunistischem Verhalten keinerlei Interesse zeigen, sondern den Aufbau einer positiven Reputation verfolgen. Die Prinzipal-Agent-Problematik liefert im Rahmen der Informationsökonomie einen Beitrag zur Erklärung der Notwendigkeit von Geschäftsbeziehungen[163] und bildet die Basis für die Unternehmenskommunikation, die dazu beiträgt, Informationsasymmetrien zwischen dem Unternehmen und seinen Stakeholdern zu reduzieren.

2.2.2 Wirkungsfelder der Unternehmenskommunikation

2.2.2.1 Definition und kommunikationspolitische Grundsätze

Die Unternehmenskommunikation ist ein Teilgebiet der allgemeinen Kommunikation. Als **Kommunikation** wird die Übermittlung von Informationen und Inhalten

[158] Vgl. Riediger/Lerch (2011), S. 53 f.
[159] Vgl. Jost (2001a), S. 27 f.
[160] Vgl. Zureck (2015), S. 13.
[161] Vgl. Jost (2001a), S. 28.
[162] Vgl. Heyd/Beyer (2011), S. 27.
[163] Vgl. Bruhn (2016b), S. 29 f.

zum Zweck der Beeinflussung von Meinungen, Einstellungen, Erwartungen und Verhaltensweisen der Adressaten verstanden. Dabei wird eine bestimmte Zielsetzung verfolgt. Mit Hilfe von Kommunikation werden immer kommunikationspolitische Ziele verfolgt. Dies bedeutet, Entscheidungen zu treffen, um eine zielgerechte Ausrichtung der Kommunikation zu planen und mit der Kommunikation eine entsprechende Wirkung beim Adressaten zu erreichen.[164]

Da die Unternehmenskommunikation eine Unterform der Kommunikation darstellt, folgen alle Typen der Unternehmenskommunikation den kommunikationspolitischen Grundsätzen. Diese gelten gleichermaßen für die interne Unternehmenskommunikation, Public Relations, Investor Relations und das Marketing. In verschiedenen Kategorien sind jedoch spezielle kommunikationspolitische Ziele besonders hervorzuheben.

Im Zuge der kommunikationspolitischen Grundsätze werden gleichzeitig Anforderungen an die Informationen an sich und die Informationsaufbereitung gestellt.[165] Es werden fünf kommunikationspolitische Grundsätze und Anforderungen verfolgt:

- Stetigkeit
  Informationen werden regelmäßig und zu jeder Zeit veröffentlicht. Die kontinuierliche Kommunikation trägt zur Vertrauensbildung und Glaubwürdigkeit bei. Kurzfristige Schlagzeilen sollen z. B. im Bereich der Investor Relations vermieden werden.

- Wesentlichkeit und Anspruchsgruppenorientierung
  Es werden weder Informationen ausgelassen, auch nicht bei negativen Meldungen, noch eine Informationsflut veröffentlicht. Ebenfalls sind Informationen adressatengerecht und problemorientiert aufzubereiten, da verschiedene Stakeholder unterschiedliche Ansprüche und Bedürfnisse an die erwarteten Informationen haben.

- Glaubwürdigkeit
  Um das angesprochene Vertrauen der Anspruchsgruppen zu erlangen, müssen die veröffentlichten Daten glaubwürdig und wahrheitsgemäß aufbereitet sein. Ebenfalls sollen Falschmeldungen vermieden werden. Oftmals geht

---

164 Vgl. Bruhn (2015), S. 3.
165 Vgl. Bruhn (2015), S. 78.

die Glaubwürdigkeit auch mit der Veröffentlichung der Informationen seitens des Unternehmens einher und nicht durch die Veröffentlichung Dritter.

- Transparenz
  Die veröffentlichten Informationen werden transparent und verständlich aufbereitet. Außerdem bedeutet transparent, dass die Informationen mit Vergleichswerten in Beziehung gesetzt werden können. Dabei bietet es sich an, die eigenen Informationen, wie z. B. Kennzahlen, in Bezug zu einer Benchmark darzustellen, um eine Vergleichsbasis zu bieten.

- Aktualität
  Veröffentlichte Informationen sollen aktuell sein und laufend aktualisiert werden. Die zeitnahe Kommunikation beugt insbesondere Gerüchten und Marktvermutungen vor.[166]

Die kommunikationspolitischen Grundsätze bilden die Basis für die verschiedenen Varianten der Unternehmenskommunikation.

Die **Unternehmenskommunikation** (Corporate Communication) setzt beim Kooperations- und Stakeholder-Ansatz an und reduziert die Informationsasymmetrien aus der Informationsökonomie im unternehmerischen Netzwerk. Sie trägt in verschiedenen Dimensionen zum Unternehmenserfolg bei.[167]

Ohne Kommunikation können keine Trans- und Interaktionen und somit keine Geschäftsbeziehungen entstehen. Eine gute Kommunikation wird als soft fact für alle Arten erfolgreicher Geschäftsbeziehungen gesehen.[168] Studien belegen außerdem, dass die Geschäftsführung und Führungskräfte von Unternehmen den größten Teil ihrer Arbeitszeit mit Kommunikation verbringen,[169] welche als Gestalter von Beziehungen agieren (vgl. Kap. 2.1.3, S. 17). In der Forschung finden sich aus den vergangenen Jahrzehnten zahlreiche Schriften zur Kommunikation zwischen Unternehmen und von Unternehmen mit Anspruchsgruppen.[170] Dies spiegelt die zunehmende Dynamik am Markt und das gesteigerte Denken in Netzwerken wider.

Der Begriff der Unternehmenskommunikation wird in der Literatur kontrovers diskutiert und im allgemeinen Sprachgebrauch häufig mit der Public Relations-Arbeit

[166] Vgl. Kirchhoff (2009), S. 41 f.
[167] Vgl. Zerfaß (2010), S. 10.
[168] Vgl. Stehle (2015), S. 24.
[169] Vgl. Steinmann/Schreyögg/Koch (2013), S. 13 ff.
[170] Vgl. z. B. Zerfaß/Piwinger (2014a).

von Unternehmen gleichgesetzt.[171] In dieser Arbeit erfolgt diese Gleichsetzung nicht. Stattdessen wird eine sehr weit gefasste Definition von Unternehmenskommunikation zugrunde gelegt.

Unternehmenskommunikation umfasst ein sehr breites und diversifiziertes Spektrum an Aufgaben und Anspruchsgruppen. Überwiegend wird die Unternehmenskommunikation als strategische, das heißt bewusst und langfristig geplante Kommunikation, angesehen.[172] Sie soll somit direkt zu einer Umsetzung der Unternehmensziele beitragen. Mit Unternehmenskommunikation wird die gesamtheitliche Kommunikation in und von einem Unternehmen bezeichnet.[173] [174] Sie folgt den kommunikationspolitischen Grundsätzen und ist nicht hierarchisch, d. h. ausschließlich für die „top-down" Kommunikation von Entscheidungen von der Geschäftsführung und den Führungskräften, motiviert. Kommunikation wird als Verbindung gesehen. Mittels Unternehmenskommunikation sollen Akzeptanz, Kooperation und gegenseitiges Verständnis sowie Vertrauen aufgebaut und aufrechterhalten werden.

Grundlegend kann zwischen der internen, externen und interaktiven Kommunikation unterschieden werden.[175] Die interne Unternehmenskommunikation richtet sich an die Mitarbeiter innerhalb des Unternehmens und sorgt vor allem für die Abstimmung und Verbesserung der Prozesse innerhalb des Unternehmens. Sie unterstützt die Leistungserstellung im Unternehmen, hilft bei der Umsetzung von Unternehmensstrategien und baut die Unternehmenskultur auf.[176]

Die externe Kommunikation lässt sich nach Zerfaß[177] in Marktkommunikation und Public Relations unterteilen.[178] Public Relations adressiert die Kommunikation an die Öffentlichkeit. Die Marktkommunikation lässt sich wiederum nach verschiede-

---

171 Vgl. Zerfaß (2010), S. 23.
172 Vgl. Röttger/Kobusch/Preusse (2017), S. 6.
173 Vgl. Zerfaß (2010), S. 20.
174 Unternehmenskommunikation wird mit der Organisationskommunikation, die alle Formen der Kommunikation in und von Organisationen umfasst (vgl. Röttger/Kobusch/Preusse (2017), S. 5 f. und S. 8), gleich gesetzt, da der Begriff „Organisation" in dieser Arbeit nicht verwendet wird (vgl. Kap. 2.1.1, S. 2).
175 Vgl. Bruhn (2015), S. 3 f.
176 Vgl. Zerfaß (2010), S. 10 f.
177 Vgl. Zerfaß (2010).
178 Vgl. Zerfaß (2010), S. 289.

nen Anspruchsgruppen in Investor Relations (Eigenkapitalgeber), Creditor Relations (Fremdkapitalgeber) und Marketing (Kunden) unterteilen. Abb. 5 zeigt die Unterkategorien und Zusammenhänge der Unternehmenskommunikation.

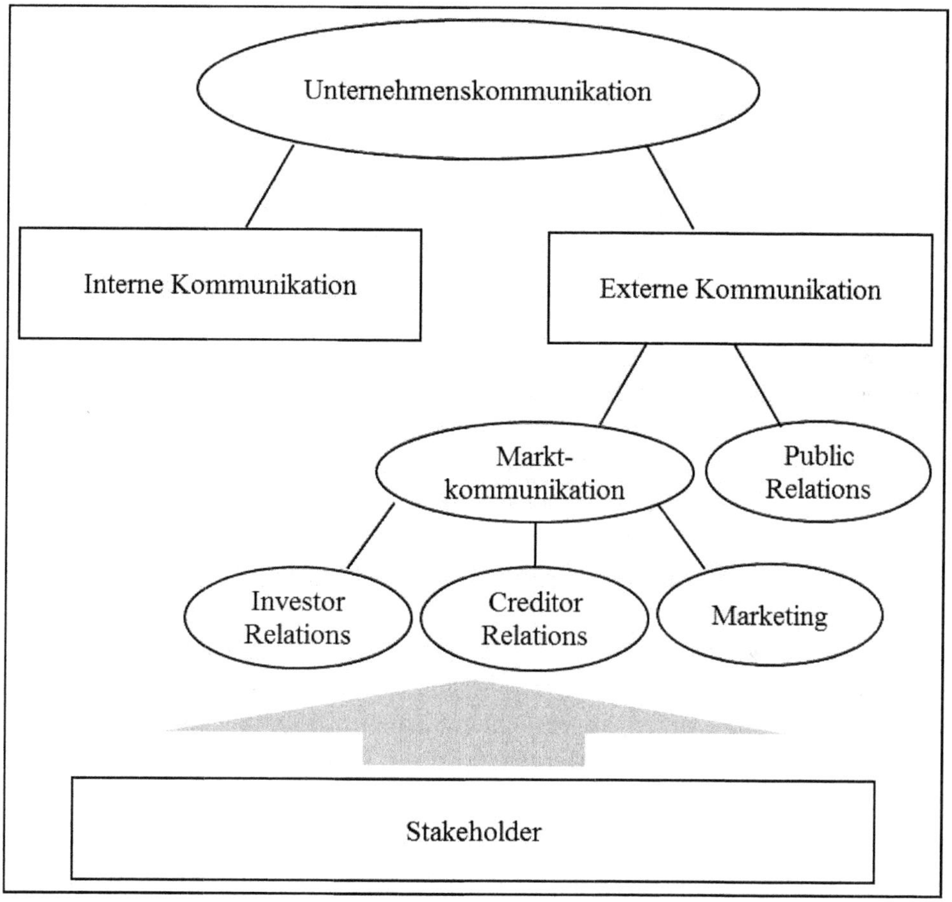

Abb. 5: Aufteilung der Unternehmenskommunikation[179]

Ebenfalls lässt sich die Unternehmenskommunikation nach der Art der Kommunikation differenzieren. Eine ganzheitliche Kommunikation besteht aus der unpersönlichen **Einwegkommunikation** und der **interaktiven Kommunikation**. Bei der interaktiven Kommunikation handelt es sich um eine *Zweiwegkommunikation* oder Dialogkommunikation, die ein Feedback ermöglicht. Eine Zweiwegkommunikation erfolgt z. B. zwischen Mitarbeitern des Unternehmens und Kunden. Ein weiteres Beispiel für eine interaktive Kommunikation ist ein Kundengespräch, das im

[179] Eigene Darstellung in Anlehnung an Bruhn (2015), S. 4 und Zerfaß (2010), S. 21 und S. 289.

Social Web[180] via Webcam, stattfindet. Die verschiedenen Arten der Kommunikation kommen sowohl in der internen als auch in der externen Unternehmenskommunikation zum Einsatz.

Soll die Unternehmenskommunikation aktiv gesteuert werden, muss der Output der Kommunikationsleistung im Rahmen eines Kommunikations-Controllings gemessen werden. Wenn die Kommunikationsstrategie konkreten Zielen folgt, lässt sich auch die Erreichung dieser im Nachgang messen. Mittel dafür sind das Kommunikations-Controlling und Key Performance Indicators (KPIs). KPIs sind berechenbare, durch die Kommunikation steuerbare, benchmarkfähige Kennzahlen, die auf den verschiedenen Ebenen des Kommunikations-Controllings den Erfolg messen und Wirkungen aus der Kommunikation nachweisen.[181]

Die Dimensionen des Kommunikations-Controllings können in drei Ebenen aufgeteilt werden. Beginnend mit dem Output, bezeichnet dieser die Menge, Qualität und Effizienz der Kommunikation und beschreibt somit, welche Kommunikation nach innen oder außen wie und wie oft vorgenommen wird. Wird auf dieser Ebene erfolgreich agiert, folgt daraus der Outcome. Der Outcome bezeichnet die Wirkung der Kommunikation auf die Stakeholder und misst, ob deren Emotionen und Handlungen von der Kommunikation beeinflusst werden. Ist dies der Fall, folgt die letzte Ebene des Outflows. Der Outflow bezeichnet die betriebswirtschaftlichen Auswirkungen der Kommunikation und misst damit ob die Kommunikation einen Beitrag zur Erreichung der Unternehmensziele leistet.[182] Dies gilt sowohl für die interne wie auch die externe Unternehmenskommunikation. Die Mittel zur Messung von Output, Outcome und Outflow werden in Kap. 4.3.1 im Rahmen der Erfolgsmessung der Finanzkommunikation thematisiert.

2.2.2.2 Interne Unternehmenskommunikation

Die **interne Unternehmenskommunikation** richtet sich an die Mitarbeiter des Unternehmens und auch an Mitarbeiter von Tochtergesellschaften und Beteiligungen des Unternehmens. Dabei umfasst die interne Unternehmenskommunikation alle Prozesse zwischen zwei oder mehr Mitarbeitern des Unternehmens. Diese treten direkt oder über Medien in einem formellen oder informellen Rahmen zueinander in Beziehung.[183]

180 Vgl. Bruhn (2015), S. 4.
181 Vgl. Pfannenberg (2009), S. 67.
182 Vgl. Pfannenberg/Sass (2007), S. 3.
183 Vgl. Schneider/Retzbach (2012), S. 8.

Diese Definition fasst die interne Kommunikation nicht als reine Informationsvermittlung auf, sondern schließt alle Prozesse rund um die interne Unternehmenskommunikation mit ein. Somit sind auch die Konsequenzen, die aus der Kommunikation erfolgen, eingeschlossen. Die Kommunikation kann im Rahmen von formellen Besprechungen erfolgen, aber auch informell zwischen den Mitarbeitern z. B. in der Mittagspause. Weiterhin umfasst die interne Unternehmenskommunikation alle Richtungen der Kommunikation im Unternehmen.[184] Sowohl die Kommunikation zwischen Mitarbeitern unter sich (horizontale Kommunikation) wie auch die Kommunikation zwischen Geschäftsführung oder Führungskräften und Mitarbeitern (vertikale Kommunikation: bottom-up- und top-down-Kommunikation).[185] Mit der internen Unternehmenskommunikation werden zwei Arten von Zielen verfolgt:

- Mitarbeiterbezogene Ziele:
  Die Mitarbeiter sollen mit Hilfe der internen Kommunikation eine eigene Identität entwickeln und sich wohlfühlen. Durch eine gute interne Kommunikation kann das Bedürfnis nach sozialen Kontakten befriedigt werden. Gelingt die interne Kommunikation gut, bleiben die Mitarbeiter länger im Unternehmen und identifizieren sich mit der Unternehmenskultur und den Unternehmenszielen. Ebenfalls trägt eine gute interne Kommunikation zur Stressbewältigung und -prävention innerhalb des Unternehmens bei. Die soziale Interaktion zwischen den Mitarbeitern fördert zudem das Arbeitsklima und dies wiederum die Mitarbeiterzufriedenheit.[186]

- Unternehmensbezogene Ziele:
  Die mitarbeiterbezogenen Ziele bezüglich der internen Kommunikation sind eng mit den Unternehmenszielen verbunden. Eine höhere Zufriedenheit unter den Mitarbeitern spiegelt sich in einer geringeren Fluktuation der Mitarbeiter wider. Dies wird von Unternehmen angestrebt. Ebenfalls kann die Leistung der Mitarbeiter durch gute interne Kommunikation beeinflusst werden. Ein wesentliches Ziel der internen Unternehmenskommunikation ist die Organisation, Koordination und Abstimmung im Unternehmen. Vor allem in größeren Unternehmen oder mehreren Unternehmensstandorten ist dies ein wichtiges Mittel, um die Arbeitsabläufe zu koordinieren und die angestrebten Unternehmensziele zu erreichen.[187]

---

[184] Vgl. Schneider/Retzbach (2012), S. 8.
[185] Vgl. Schneider/Retzbach (2012), S. 6 und Schneider et al. (2014), S. 452.
[186] Vgl. Schneider et al. (2014), S. 452 f.
[187] Vgl. Schneider et al. (2014), S. 453.

Besonders wichtig ist die interne Unternehmenskommunikation auch im Rahmen des Veränderungsmanagements. Die als *Change-Kommunikation* bezeichnete Unternehmenskommunikation vereint mitarbeiterbezogene und unternehmensbezogene Ziele und hilft, einen Wandel oder eine größere Veränderung im Unternehmen umzusetzen. Dies gelingt, indem die Change-Kommunikation für Transparenz und Akzeptanz neuer Werte unter den Mitarbeitern sorgt und hilft, Widerstände gegen den Wandel zu bekämpfen.[188]

Um die interne Kommunikation auszuführen, gibt es unterschiedliche Instrumente.[189] Ein klassisches, weit verbreitetes Instrument ist die Mitarbeiterzeitung, welche oftmals neben den aktiven auch bereits aus dem Unternehmen ausgeschiedene Mitarbeiter erreicht. Dieses unpersönliche Medium dient vor allem dazu, die Mitarbeiter umfassend zu informieren. Dazu gehören bspw. Finanzkennzahlen, das Anzeigen personeller oder struktureller Veränderungen im Unternehmen sowie Berichte über prominente Besucher im Unternehmen.[190]

Die weiteren Instrumente der Einwegkommunikation sind zumeist online verfügbar. Hierzu gehören das **Intranet**, der Blog und der Newsletter via Email.[191] Der Newsletter ähnelt stark der Mitarbeiterzeitung nur in elektronischer Form. Das Intranet ist nur innerhalb des Unternehmens aufrufbar[192] und enthält ebenfalls viele Informationen wie Telefonverzeichnisse oder aktuelle Speisepläne. Außerdem bietet es meist über benutzerbezogene Oberflächen Arbeitserleichterungen für die Mitarbeiter. Z. B. können Abrechnungen heruntergeladen oder Zeitkonten eingesehen werden. Zudem ermöglicht das Intranet Mitarbeiterumfragen zu verschiedenen Themen, bspw. zur Bestimmung der KPIs des Kommunikations-Controllings (vgl. Kap. 2.2.2.1, S. 42), die eine Steuerung der Kommunikation unterstützen.

Als wichtigstes Mittel der internen Kommunikation ist die Zweiwegkommunikation, z. B. in Form des persönlichen Dialogs, zu nennen. Hierzu gehören Bespre-

---

188 Vgl. Schneider et al. (2014), S. 454.
189 Im Rahmen der Kommunikation wird mit „Instrument" ein Werkzeug der Kommunikation beschrieben, während Kommunikationsmittel verschiedene Kanäle (persönlich, online, via Post etc.) darstellen.
190 Vgl. Bischl (2000), S. 11.
191 Vgl. Hillmann (2017), S. 36 ff.
192 Vgl. Einwiller/Klöfer/Nies (2007), S. 241.

chungen, aber auch zentral gesteuerte Veranstaltungen, wie bspw. die Personalversammlung. Eine weitere Form der Dialogkommunikation stellt auch die Videokonferenz dar.[193]

2.2.2.3 Public Relations

Die Public Relations gehören nach Zerfaß zu der externen Unternehmenskommunikation.[194] Sie stellen die Kommunikation des Unternehmens mit der Gesellschaft dar, wobei prinzipiell externe wie auch interne Stakeholder mit Public Relations angesprochen werden. Die Ausrichtung der Public Relations-Kommunikation ist langfristig orientiert.[195]

Das Hauptziel von Public Relations ist die Bildung des Unternehmensimages und der Aufbau einer positiven Reputation. Das Image oder auch der „Ruf" eines Produktes oder Unternehmens soll mit Hilfe der Public Relations-Arbeit in einer breiten Öffentlichkeit mittel- bis langfristig positiv belegt werden. Neben dem Unternehmens- und Produktimage treten in den letzten Jahren weitere unternehmensbezogene Zielsetzungen in den Vordergrund der Public Relations. Die Steigerung des Ansehens bei verschiedenen gesellschaftlichen und politischen Anspruchsgruppen kann die Bedingungen für Unternehmen verbessern. Ebenfalls gehören die konkrete Auseinandersetzung mit Kritikergruppen und die Bewältigung von Krisen zu den Zielen von Public Relations.[196]

Die drei hauptsächlichen Bezugspunkte für Public Relations sind Vertrauen, Image und Reputation. Aus diesen leiten sich weitere Anknüpfungspunkte ab:

- **Vertrauen:** Mit Hilfe von Public Relations wird das Vertrauen der Stakeholder unternehmensintern und nach außen hergestellt und gefestigt. Innerhalb des Unternehmens wird das Vertrauen auf Seiten der Mitarbeiter gestärkt, damit diese ihre Zugehörigkeit zum Unternehmen besser nach außen tragen können. Extern soll das Vertrauen zu den Stakeholdern gewonnen werden, indem alle Erfahrungen mit dem Unternehmen und der Marke konsistent sind. Vertrauen stellt eine Erwartung oder Haltung bezüglich Kompetenzen, Absichten und Leistungen dar.[197] Dabei spielt nicht nur die wahr-

[193] Vgl. Hillmann (2017), S. 41.
[194] Vgl. Zerfaß (2010), S. 298.
[195] Vgl. Röttger/Kobusch/Preusse (2017), S. 9 f.
[196] Vgl. Zerfaß (2010), S. 15 f.
[197] Vgl. Hubig/Siemoneit (2009), S. 64.

heitsgetreue Berichterstattung und Informationsaufbereitung eine maßgebliche Rolle, sondern auch die selbstkritische Auseinandersetzung mit dem eigenen Verhalten des Unternehmens.[198] Vertrauen ist ebenfalls Ausgangspunkt von Geschäftsbeziehungen (vgl. Abb. 4) und wird auch als zentrales Element der Finanzkommunikation (nicht börsennotierter Unternehmen) definiert.[199] Dem Aufbau von Vertrauen kommt daher im Weiteren eine tragende Rolle zu.

- **Image:** Das Image kann begrifflich von *Leitbild* oder *Klischee* abgeleitet werden. Der Begriff Image kann definiert werden als ein vereinfachtes, typisiertes und mit Erwartungen verbundenes Vorstellungsbild eines Gegenstandes, Unternehmens oder einer Person.[200] Das Image ist dabei ein komplexes Konstrukt aus subjektiven Vorstellungen und Erfahrungen sowie objektiven Strukturen. Ein Unternehmensimage kann ablehnend (negativ), befürwortend (positiv) oder neutral sein.[201] Dabei verfestigen sich Images im Laufe der Zeit und werden stabiler. Sie können jedoch durch Einflüsse der Umwelt immer wieder korrigiert und verändert werden.

  Bei der Imagebildung kann zwischen der internen und externen Sichtweise unterschieden werden. Das Primärimage, welches ein Unternehmen innehat, entspricht dem kommunizierten Eigenbild des Unternehmens. Mit Public Relations wird somit das Primärimage beeinflusst. Das Sekundär- oder Fremdimage lässt sich vom Unternehmen kaum beeinflussen und wird durch die kulturellen, politischen und sozialen Rahmenbedingungen gebildet, in denen das Unternehmen agiert.[202]

- **(Unternehmens-) Reputation:** Der Begriff Reputation kann mit *Ansehen* oder *Betrachtung* gleichgesetzt werden.[203] Reputation bezeichnet das öffentliche Ansehen eines Unternehmens, einer Person oder eines anderen Subjektes. Die Reputation ist ein „Zugpferd“, das wenn es positiv belegt ist, Kunden, Kapitalgeber und weitere Stakeholder regelrecht anzieht.[204]

[198] Vgl. Röttger/Kobusch/Preusse (2017), S. 126.
[199] Vgl. Paul/Prystav/Stein (2011), S. 759.
[200] Vgl. Röttger/Kobusch/Preusse (2017), S. 127.
[201] Vgl. Einwiller (2014), S. 377.
[202] Vgl. Buß (2012), S. 239.
[203] Vgl. Einwiller (2014), S. 378.
[204] Vgl. Fombrun (2008), S. 4.

Die Begriffe Image und Reputation werden im Sprachgebrauch häufig synonym verwendet. Das Image ist jedoch individueller und es kann zu einem Objekt zahlreiche Images geben. Die Reputation ist kollektiver angesiedelt und beruht auf der Aggregation vieler öffentlicher Images. Prinzipiell ist es somit möglich, dass eine Einzelperson ein schlechtes Image von einem Unternehmen, aufgrund einer negativen Erfahrung mit diesem hat, allgemein dieses Unternehmen aber über eine positive Reputation verfügt.[205] Reputation hat ebenfalls als Basis das Vertrauen und kann in drei Typen aufgeteilt werden. Die funktionale Reputation beschreibt, ob ein Unternehmen innerhalb seiner Zwecksetzung erfolgreich agiert. Die soziale Reputation beurteilt, ob ein Unternehmen in Einklang mit moralischen und normativen Werten handelt. Die expressive Reputation wiederum beschreibt die emotionale Verbindung von Stakeholdern mit dem Unternehmen. Somit folgt dieser letzte Typ aus der Beurteilung der funktionalen und sozialen Reputation.[206]

Die Wirkung einer guten Reputation auf die Stakeholder ist erkennbar und lässt sich z. B. mittels eines Reputationsindexes messen. Bspw. können als Auswirkungen einer positiven Reputation eine bessere Motivation der Mitarbeiter und eine höhere Identifikation mit dem Unternehmen unternehmensintern genannt werden. Dies führt auch zu einer besseren Personalrekrutierung. Nach außen können Kundenbeziehungen gefestigt und Eigenkapitalgeber zu einer höheren Investitionsbereitschaft angeregt werden. Medien werden durch gute Reputation beeinflusst, sodass sie bei schlechten Nachrichten weniger eskalieren. Auch staatliche bzw. politische Akteure können von einer positiven Reputation insofern beeinflusst werden, dass sie Unternehmen weniger kontrollieren und regulieren.[207]

Um die Ziele der Public Relations zu erreichen, stehen verschiedene Kommunikationsmittel und -instrumente zur Verfügung. Zum einen die Instrumente der Einwegkommunikation, die viele Informationen an eine breite Öffentlichkeit liefern und kein direktes Feedback ermöglichen. Zu den Instrumenten der Einwegkommunikation gehören Pressemitteilungen,[208] Fach- und Gastvorträge, Imagebroschüren,[209] Unternehmenshomepages usw.

---

205 Vgl. Einwiller (2014), S. 380.
206 Vgl. Eisenegger/Imhof (2009), S. 246 ff.
207 Vgl. Röttger/Kobusch/Preusse (2017), S. 136.
208 Vgl. Hillmann (2017), S. 85.
209 Vgl. Hillmann (2017), S. 61 f.

Zum anderen stehen die Instrumente der Dialogkommunikation zur Verfügung, die gegenseitige Verhandlungen und somit den Einbezug der Interessen der Stakeholder ermöglichen. Zu den Instrumenten der Zweiwegkommunikation gehören solche, die ein Feedback ermöglichen. Denkbar sind Pressekonferenzen, interaktive Fach- und Einzelgespräche im Rahmen der Medienarbeit,[210] Webinare, soziale Netzwerke, Unternehmensblogs[211] usw. Für eine langfristige, erfolgreiche Public Relations Arbeit wird eine auf Verhandlungen basierende Kommunikation angestrebt.

Die Mittel und Instrumente der Zielerreichung können zum Journalismus und der Werbung abgegrenzt werden. Während Objektivität und Wahrheit Mittel des Journalismus sind, agiert Werbung teilweise mit Fiktion. Auch wenn die Grenzen zwischen den verschiedenen Kommunikationsarten immer mehr verschwimmen[212] liegt Public Relations zwischen diesen beiden Disziplinen. Dies wird unterstützt durch das gesetzliche Trennungsgebot von Information und Werbung.[213]

2.2.2.4 Investor Relations

Als ein Teil der Marktkommunikation und in Zusammenhang mit Finanzkommunikation werden im Weiteren Investor Relations betrachtet. Der Begriff **Investor Relations**, der übersetzt die Beziehung zu Investoren[214] bezeichnet, wurde von dem in den USA ansässigen Unternehmen General Electric geprägt. Dieses erstellte im Jahre 1953 ein Kommunikationsprogramm, was genau diesen Titel trug. Das Ziel des Programms war es, die Kapitalaufnahme zu vereinfachen und privaten Investoren so viele Informationen wie möglich zur Verfügung zu stellen.[215] Die Übersetzung des Begriffs und das damalige Programm bei General Electric spiegeln jedoch nicht die Komplexität der Investor Relations wider.

Mittels Investor Relations werden die Beziehungen zu Investoren und auch anderen Anspruchsgruppen, insbesondere der *financial community*,[216] gepflegt. Diese lässt sich in drei Gruppen aufteilen: private Investoren, institutionelle Investoren und

[210] Vgl. Röttger/Kobusch/Preusse (2017), S. 158.
[211] Vgl. Hillmann (2017), S. 38 f.
[212] Vgl. Gonser/Rußmann (2017b), S. 5 f.
[213] Anhang zu § 3 Absatz 3 Nr. 11 UWG.
[214] Der Begriff Investor wird in diesem Kapitel genutzt, um die Verbindung zum Begriff der Investor Relations darzustellen. Investor ist gleichzusetzen mit Eigenkapitalgeber. Dies verdeutlicht den Forschungsschwerpunkt von Investor Relations bei börsennotierten Unternehmen.
[215] Vgl. Dürr (1995), S. 2.
[216] Vgl. Lehner (2003), S. 212.

Multiplikatoren. Zu den Multiplikatoren gehören Kreditinstitute, Fonds, Wertpapieranalysten und Ratingagenturen bzw. Wirtschaftsauskunfteien.[217]

Investor Relations unterteilen sich in zwei Kategorien: Zum einen in die im Rahmen der gesetzlichen Publizitätspflichten verpflichtende Finanzberichterstattung (vgl. hierzu Kap. 3.1.2) und darüber hinaus in die freiwillige Kommunikation mit der financial community. Da diese Kommunikation an rechtliche Anforderungen gebunden ist und außerdem die Verbindung zwischen Finanzen und Kommunikation bildet, werden Investor Relations vom Vorstand verantwortet.[218] Einen großen Anteil der Arbeit im Unternehmen für die Investor Relations leistet der Chief Financial Officer (CFO), der wiederum einen signifikanten Anteil seiner Arbeitszeit (10–20 %) für Kapitalmarktkommunikation aufwendet.[219] [220]

Als Grundlage für Investor Relations wird ebenfalls Vertrauen definiert.[221] Vertrauen kann als wesentliches Merkmal für Erfolg am Kapitalmarkt ausgemacht werden.[222] Ebenfalls konnte bei Finanz- und Wirtschaftskrisen nachgewiesen werden, dass mangelndes Vertrauen dazu führt, dass Investoren Unternehmen den Rücken zukehren[223] oder Anleger ihr Geld von Kreditinstituten abzogen. Mit Hilfe der Kommunikation im Rahmen von Investor Relations soll Vertrauen mit der financial community aufgebaut werden.

Vertrauen kann in diesem Kontext auf verschiedenen Ebenen betrachtet werden. Zunächst das Vertrauen in das Management eines Unternehmens, dann in das Unternehmen an sich und später sogar in das gesamte finanzwirtschaftliche System.[224]

Diese Form der externen Unternehmenskommunikation verfolgt Ziele, bei denen die Kapitalbeschaffung und damit die Gewinnung von potenziellen Investoren im Vordergrund steht. Es wird dazu vorrangig die wirtschaftliche Stellung des Unternehmens kommuniziert.[225] Damit lassen sich Investor Relations von den anderen Bereichen der Unternehmenskommunikation abgrenzen, wobei auch Teilaspekte

---

217 Vgl. Kirchhoff/Piwinger (2014), S. 1086 ff.
218 Vgl. Kirchhoff (2009), S. 35.
219 Laut einer Befragung unter 50 CFOs aus Deutschland, Österreich und der deutschsprachigen Schweiz.
220 Vgl. Zülch et al. (2016), S. 2067.
221 Vgl. Kirchhoff (2009), S. 35 und Hubig/Siemoneit (2009), S. 62.
222 Vgl. Kirchhoff (2009), S. 35.
223 Vgl. Wiedmann/Wüstefeld (2011), S. 48 f.
224 Vgl. Hubig/Siemoneit (2009), S. 64.
225 Vgl. Kirchhoff (2009), S. 36.

anderer Typen der Unternehmenskommunikation, wie z. B. eine positive Reputation, indirekt angestrebt werden.[226] Mithilfe gelungener Investor Relations kann nachhaltig der Unternehmenswert gesteigert werden.[227] Bei Aktiengesellschaften gehört ein Halten bzw. eine Steigerung des Aktienkurses durch eine gute Kommunikation mit der financial community zu den wesentlichen Zielen für Investor Relations.

Für die Praxis stellt der Deutsche Investor Relations Verband (DIRK) eine Definition von Investor Relations bereit. Eine erste Formulierung zielte auf einen kapitalmarktorientierten Informationsaustausch ab. Im Jahre 2008 hat der DIRK seine Definition jedoch erweitert. In dieser Definition soll auch die Gesellschaft eine realistische Wahrnehmung des Unternehmens mittels Investor Relations erhalten. Außerdem ergänzt die neue Definition eine interne Sichtweise, sodass Investor Relations den Vorstand beraten und das von dem Unternehmen gezeichnete Bild am Kapitalmarkt auch nach innen kommuniziert wird.[228]

Investor Relations verfolgen finanzwirtschaftliche Ziele. Diese Ziele können in Anlehnung an Kirchhoff beschrieben werden. Wie bereits angedeutet, gehört der Zugang zu (Eigen-) Kapital zu den wesentlichen Zielen der Investor Relations. Damit einher geht eine angestrebte Senkung der Eigenkapitalkosten. Durch eine transparente externe Unternehmenskommunikation kann der Zugang zu Kapital erleichtert werden und mögliche Risikoprämien fallen geringer aus. Damit kann Kapital zurückgelegt und die Eigenkapitalbasis gestärkt werden. Mit diesen beiden Aspekten hängt ein weiteres Ziel, möglichst geringe Schwankungen des Aktienkurses, zusammen. Kann eine geringe Volatilität des Aktienkurses erreicht werden, stärkt dies das Vertrauen der Aktionäre, was sich wiederum auf den Kurs auswirkt.[229] Schätzungen zufolge hängen bis zu 40 % des Aktienkurses mit der Unternehmenskommunikation zusammen.[230]

Damit verbunden ist auch die Beeinflussung der Aktionärsstruktur. Gute Investor Relations schaffen eine Identifikation mit dem Unternehmen und damit ein Halten der Aktionäre. Mit dem gezielten Verbreiten von Informationen kann außerdem eine weit diversifizierte Aktionärsbasis geschaffen werden. Ein weiteres Ziel ist der Schutz vor feindlichen Übernahmen. Ein durch Investor Relations beeinflusster Ak-

226 Vgl. Kirchhoff/Piwinger (2014), S. 1083.
227 Vgl. Kirchhoff (2009), S. 37.
228 Vgl. Kirchhoff/Piwinger (2014), S. 1081.
229 Vgl. Kirchhoff (2009), S. 38 f.
230 Vgl. Kirchhoff/Piwinger (2014), S. 1097.

tienkurs kann sich positiv gegen eine feindliche Übernahme des Unternehmens auswirken. Andersherum können auch Fusionen, Beteiligungen und Übernahmen des Unternehmens (M&A-Strategien) besser durch Investor Relations kommuniziert werden, sodass Aktionäre bei derartigen Ankündigungen nicht aussteigen.[231] Bei einer geringen Aktienkursvolatilität und einer günstigen Eigenkapitalbeschaffung kann das Unternehmen auch Krisen besser bewältigen. In Abb. 6 sind die angestrebten finanzwirtschaftlichen Ziele der Investor Relations zusammengefasst.

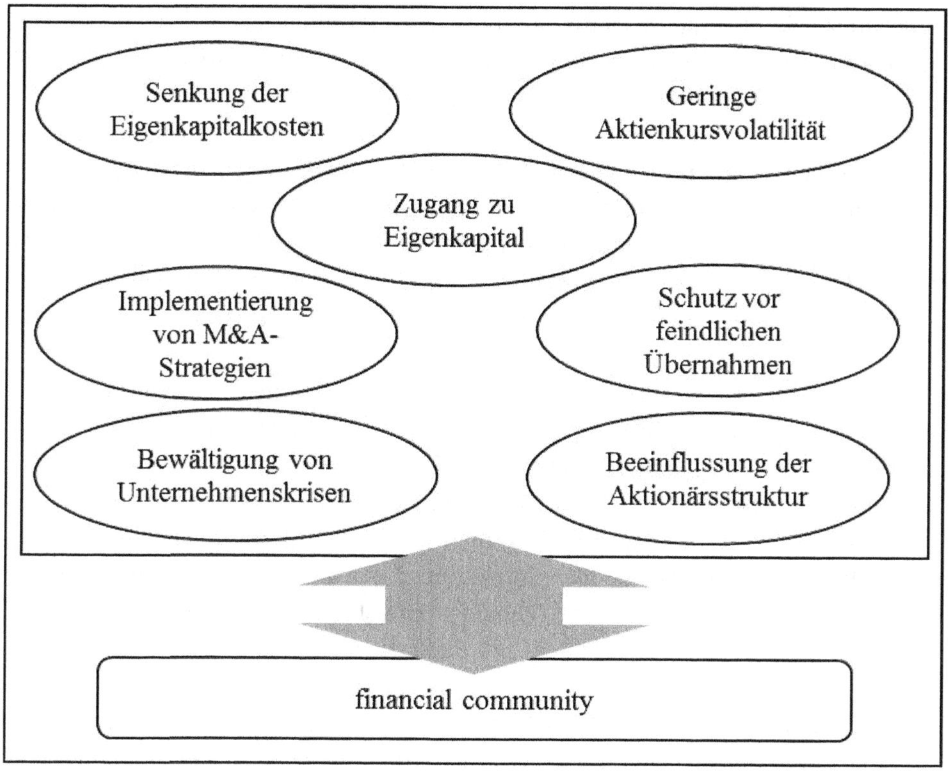

Abb. 6: Finanzwirtschaftliche Ziele von Investor Relations[232]

Die finanzwirtschaftlichen Ziele der Investor Relations werden durch weitere Ziele ergänzt und unterstützt. Durch eine Steigerung der Reputation, die bereits in den Public Relations einen Bezugspunkt darstellte (vgl. Kap. 2.2.2.3, S. 46), kann der Bekanntheitsgrad des Unternehmens gesteigert und dieses besser in der Branche

[231] Vgl. Kirchhoff (2009), S. 38 f.
[232] Eigene Darstellung in Anlehnung an Kirchhoff (2009), S. 38 f.

positioniert werden.[233] Dies trägt dazu bei das finanzwirtschaftliche Ziel einer breiten Aktionärsstruktur zu erreichen.

Ebenfalls ist die Einhaltung der kommunikationspolitischen Grundsätze (vgl. Kap. 2.2.2.1, S. 38) besonders essentiell für die Investor Relations. Die Informationsstandards sollten laufend an die Ansprüche der financial community angepasst und verbessert werden. Dies ist besonders in dieser Teildisziplin der Unternehmenskommunikation notwendig, um Vertrauen zu den Stakeholdern aufzubauen. Zu den Ansprüchen an die Informationsaufbereitung und -verbreitung gehört auch die Kommunikation des *wahren* Unternehmenswerts. Dies führt dazu, dass erreichte Wertsteigerungen im Kurs der Aktie deutlich werden.[234]

Zur Kommunikation mit der financial community eignen sich unterschiedliche Instrumente. Allen voran gestellt ist der Jahresabschluss in Gestalt des Geschäftsberichts, der jährlich vom Unternehmen erstellt wird. Der Geschäftsbericht ist vor allem die Basis für die Einwegkommunikation, da Unternehmen gesetzlich verpflichtet sind, einen Jahresabschluss offen zu legen (siehe Kap. 3.1.2).

Oftmals ist der Geschäftsbericht die erste Informationsquelle und damit der erste Kontakt zum Unternehmen für die verschiedenen Anspruchsgruppen.[235] Er zeichnet ein Bild des Unternehmens und gilt vor allem für externe Stakeholder von börsennotierten Unternehmen als verlässliche Darstellung der Unternehmenssituation. Daher kommt der Aufbereitung der Informationen und der Art der Veröffentlichung ein besonderes Augenmerk zu. Der Umfang des Jahresabschlusses richtet sich nach der Größe und Rechtsform des Unternehmens. Er sollte aber auch strategisch durchdacht sein, um den Leser nicht durch zu viele Informationen zu „erschlagen“.

Wesentliche Informationen im Geschäftsbericht geben Auskunft über die finanzielle Lage des Unternehmens. Dabei wird vor allem dargestellt, wie das Unternehmen weiter bestehen und wachsen kann. In diesem Kontext ist die Unternehmensstrategie und Geschäftspolitik ein wichtiger, darzustellender Punkt. Auch Erfolge oder Misserfolge werden dargestellt und bestenfalls begründet. Weiterhin sind Informationen, die die Zukunft des Unternehmens betreffen, gerade für die financial community interessant.[236] Die Veröffentlichung des Geschäftsberichts ist ein Teil

---

[233] Vgl. Kirchhoff (2009), S. 40.
[234] Vgl. Kirchhoff (2009), S. 40.
[235] Vgl. Piwinger (2014), S. 788.
[236] Vgl. Piwinger (2014), S. 793.

der unpersönlichen Kommunikation und spricht ein breites Spektrum an Anspruchsgruppen an. Insbesondere werden die Informationen für Kapitalgeber und mögliche Investoren aufbereitet.

Aus dem Geschäftsbericht übernommen oder abgeleitet eignen sich besonders **Finanzkennzahlen**, um mit den Stakeholdern der financial community zu kommunizieren. Folgende Finanzkennzahlen geben einen Einblick in die finanzielle und wirtschaftliche Lage des Unternehmens:

- Umsatzerlöse (jährlich),
- Jahresüberschuss/-fehlbetrag[237] (inkl. Earnings Before Taxes, EBT und Earnings Before Interest and Taxes, EBIT),[238]
- Gesamtkapital/Bilanzsumme,
- Eigenkapitalquote,[239]
- Verschuldungsgrad,
- Eigenkapitalrentabilität (Return on Equitiy, ROE),
- Rating/Bonitätskennzahl.[240]

Die Liste der Finanzkennzahlen kann erweitert werden, je nachdem in welcher Branche das Unternehmen agiert. Bspw. sind weitere Kennzahlen für Unternehmen der Finanzbranche zur Risikomessung und -steuerung geeignet. Bei allen Finanzkennzahlen ist die Veröffentlichung der Entwicklung der Kennzahlen der letzten Jahre sinnvoll. Dies ermöglicht eine bessere Einschätzung des Unternehmens und zusammen mit den zukunftsorientierten Zielsetzungen eine Prognose für die nächsten Jahre. Ebenfalls bietet es sich an vergleichbare Zahlen zu veröffentlichen, die in Bezug zu einer Benchmark gesetzt werden können.

Für die Kennzahlen ist besonders Aktualität ein wichtiges Merkmal. Die kommunizierten Zahlen sollten nicht älter als drei Monate sein. Daher müssen diese häufiger erstellt werden als der Geschäftsbericht. Je älter die Kennzahlen sind, desto geringer ist ihre Aussagekraft. Außerdem können veraltete Zahlen auf eine schlechte Qualität des Managements hinweisen.[241]

---

237 Gewinn/Verlust eines Unternehmens nach Steuern, vgl. Wöltje (2012), S. 9.

238 Der EBT und EBIT ergeben sich aus dem Jahresüberschuss/-fehlbetrag, bereinigt um Steuern bzw. Steuern und Zinsen zur besseren Vergleichbarkeit von Unternehmen aus unterschiedlichen Ländern, vgl. Wöltje (2012), S. 11 ff.

239 Berechnungen der Finanzkennzahlen finden sich z. B. in Wöltje (2012).

240 Die Erstellung eines Ratings wird in Kap. 3.3 erläutert.

241 Vgl. Deter/Diegelmann (2003), S. 11.

Als Ergänzung zu den finanzwirtschaftlichen Kennzahlen eignen sich *weiche Faktoren* (soft facts), die ebenfalls zur Beurteilung des Unternehmens und dessen Zukunftsfähigkeit beitragen. Diese qualitativen Faktoren beschreiben z. B. die Strategie des Unternehmens, Nachfolgeregelungen oder die Funktionsweise des internen Controlling-Systems.[242]

Im Rahmen der Publizitätspflichten müssen weitere Investor Relations-Instrumente in der Einwegkommunikation genutzt werden. Dazu gehören Quartalsberichte und Ad-hoc-Mitteilungen.[243] Beide gehören zu den verpflichtenden Veröffentlichungen für Aktiengesellschaften bzw. Emittenten von Wertpapiern. Diese Instrumente informieren Anleger regelmäßig über die Situation des Unternehmens und beugen somit kurzfristigen Verlusten bei den Investoren vor. Ad-hoc-Mitteilungen sind kurzfristige, wesentliche Informationen, die kursrelevant sind[244] und somit direkte Konsequenzen für den Unternehmenswert und den Investor mit sich bringen. Außerdem sollen Insidergeschäfte und Vorteile für bestimmte Stakeholder-Gruppen durch zeitnahe Ad-hoc-Mitteilungen reduziert werden. Die relevanten Informationen werden z. B. durch Pressemitteilungen oder Online-Veröffentlichungen verkündet.

Ein Medienkanal, der zunehmend an Bedeutung gewinnt, gerade wenn die Ad-hoc-Publizität betrachtet wird, ist die Online-Kommunikation. Für die Veröffentlichung aktueller Meldungen gilt das Internet als wichtigstes Mittel der Kommunikation.[245] Neben der digitalen Veröffentlichung des Geschäftsberichts und der Kommunikation von Ad-hoc-Mitteilungen, können in fast unbegrenztem Umfang weitere Informationen und Publikationen im Investor Relations-Bereich online bereitgestellt werden. Diese machen ein Unternehmen transparent. Diese Transparenz ist zwingend notwendig, um attraktiv für Investoren und Kapitalgeber zu sein und die finanzwirtschaftlichen Ziele zu erreichen.[246] Daher wird in Kap. 2.2.3 die Online-Kommunikation nochmals aufgegriffen.

Neben den unpersönlichen Investor Relations-Instrumenten gilt es auch mit persönlichen Instrumenten im Rahmen der Zweiwegkommunikation die Vertrauensbasis innerhalb der financial community zu stärken. Zu den Instrumenten der Dialogkom-

---

242 Vgl. Deter/Diegelmann (2003), S. 12.
243 § 15 WpHG.
244 Vgl. Leis (2009), S. 416.
245 Vgl. Weber (2009), S. 393.
246 Vgl. Picard (2009), S. 104.

munikation gehören persönliche Treffen, die Hauptversammlung, Presse-, Analysten- und Investorenkonferenzen, Betriebsbesichtigungen sowie Unternehmenspräsentationen (sogenannte *Roadshows*).[247]

Auch wenn die Online-Kommunikation ein wichtiges Mittel darstellt, wirken die Instrumente auf persönlicher Ebene am effektivsten. Die deutlich zeitaufwendigeren persönlichen Treffen, Roadshows und Investorenkonferenzen bewirken aufgrund des persönlichen Bezugs eine höhere Effektivität bei der financial community und werden daher in den Investor Relations am meisten geschätzt.[248]

2.2.2.5 Creditor Relations

Eine weitere Unterdisziplin der Marktkommunikation stellen die **Creditor Relations** dar, die die Beziehungen eines Unternehmens zu bereits vorhandenen und potenziellen Fremdkapitalgebern (Creditors) thematisieren. Zu diesen gehören insbesondere Kreditinstitute und andere Fremdkapitalgeber und im Weiteren auch Ratingagenturen und Wirtschaftsauskunfteien als Teil der financial community. Letztere beeinflussen durch ihre Beurteilung der Bonität maßgeblich die Kreditvergabe an Unternehmen. Creditor Relations können als Teildisziplin von Investor Relations gesehen werden, da z. B. Kreditinstitute im Rahmen der Investor Relations ebenfalls als Multiplikatoren adressiert werden.[249]

Daher stimmen die Ziele von Creditor Relations im Wesentlichen mit denen von Investor Relations überein. Unterschiede ergeben sich lediglich aus den Erwartungen der unterschiedlichen Anspruchsgruppen. Während Investoren und Aktionäre Interesse an hohen Gewinnausschüttungen haben, streben Fremdkapitalgeber ein solides, mit einer gleichbleibenden Zahlungsfähigkeit ausgestattetes Unternehmen an.[250] Aktionäre befürworten somit auch risikoreiche Investments, wenn diese ihre Rendite steigern, Fremdkapitalgeber wünschen risikoarme Strategien und ein stabiles Rating des Unternehmens.

---

247 Vgl. Piwinger (2009), S. 19.
248 Vgl. Zülch et al. (2016), S. 2067.
249 Vgl. Mey/Schnier (2013), S. 241.
250 Vgl. Mast (2009), S. 479 f.

2.2.2.6 Marketing

Das klassische Marketing entwickelte sich in den 1960er bis 1970er Jahren[251] und zeichnete sich zunächst durch eine starke Produktorientierung aus.[252] Dies entwickelte sich in den 1980er Jahren zu einem wettbewerbsorientierten Marketing, indem das „strategische Dreieck“ (Kunde - Unternehmen - Konkurrenz) als ein wichtiges Mittel zur Sicherung des Unternehmenserfolgs galt.[253] Dies führte in den 1990er Jahren zu einer vermehrten Kundenorientierung und schließlich einer starken Beziehungsorientierung. Konsequent fortgesetzt und unter Berücksichtigung der zunehmenden Globalisierung und Digitalisierung von Märkten und Unternehmen betrachtet, kann mittlerweile von einer Netzwerkorientierung gesprochen werden.[254]

Das Marketing in der Unternehmenskommunikation spricht konkret Käufer im Rahmen von Werbung und Vertrieb an und konzentriert sich auf den Absatzmarkt.[255] Jedoch hat sich auch diese Disziplin im Rahmen der fortschreitenden Dynamik der Märkte weiterentwickelt.[256]

Marketing bezeichnet alle Prozesse der internen und externen Unternehmensaktivitäten, die kundenorientiert sind. Mit dem Marketing werden absatzorientierte Unternehmensziele angestrebt.[257]

Marketing kann weiter als ein **duales Führungskonzept** interpretiert werden. Damit wird zum einen die Funktion des Marketings im Unternehmen angesprochen, die gleichberechtigt neben anderen Bereichen wie Produktion und Controlling besteht. Außerdem soll das unternehmerische Denken bei den Mitarbeitern und Führungskräften am Marketing orientiert sein. Da das unternehmerische Denken über verschiedene Abteilungen und Bereiche des Unternehmens besteht, muss die marketingorientierte Sichtweise vom Management vorgelebt werden.[258]

---

251 Vgl. Bruhn (2016b), S. V.
252 Vgl. Bruhn (2016b), S. 2.
253 Vgl. Bruhn (2016b), S. 2.
254 Vgl. Bruhn (2016b), S. 2.
255 Vgl. Kirchhoff (2009), S, 42 f.
256 Eine Übersicht der Entwicklung des Marketingbegriffs findet sich in Meffert/Burmann/Kirchgeorg (2015), S. 8 und 11 ff.
257 Vgl. Bruhn (2016a), S. 14.
258 Vgl. Meffert/Burmann/Kirchgeorg (2015), S. 13 ff.

Das Marketing konzentriert sich auf verschiedene Aufgaben, die an Produkten, dem Markt, Kunden, Absatz, Konkurrenz, Lieferanten und dem eigenen Unternehmen orientiert sind.[259] Die angestrebten Ziele lassen sich in zwei Kategorien unterteilen:

1. Ökonomische Marketingziele:

Die ökonomischen Ziele, die mit dem Marketing verfolgt werden, sind quantitativer Natur. Bruhn beschreibt sechs ökonomische Ziele des Marketings:

(1) Absatz,
(2) Umsatz,
(3) Marktanteil,
(4) Deckungsbeitrag,
(5) Gewinn,
(6) Rendite.[260]

Diese sechs ökonomischen Ziele dürfen nicht isoliert voneinander betrachtet werden. Der Marktanteil, dem ein besonderer Stellenwert zukommt, da er den Stand des Unternehmens gegenüber seinen Mitbewerbern aufzeigt, hängt eng mit der Absatzmenge und der Anzahl der verkauften Produkte oder Dienstleistungen zusammen. Die Rendite wiederum berechnet sich aus dem Gewinn in Relation zum eingesetzten Kapital oder Umsatz.[261] Neben den messbaren, ökonomischen Zielen strebt das Marketing einen zweiten Typ von Zielen an.

2. Psychologische Marketingziele:

Bruhn beschreibt ferner fünf psychologische Ziele des Marketings, die nicht direkt beobachtbar und somit messbar sind, aber wesentlich den Erfolg des Marketings und damit eines Unternehmens beeinflussen:

(1) Bekanntheitsgrad,
(2) Image,
(3) Kundenzufriedenheit,
(4) Präferenzen bei der Kaufentscheidung,
(5) Kundenbindung.[262]

---

[259] Vgl. Bruhn (2016a), S. 21 ff.
[260] Vgl. Bruhn (2016a), S. 26.
[261] Vgl. Bruhn (2016a), S. 26.
[262] Vgl. Bruhn (2016a), S. 26.

Die psychologischen Faktoren beeinflussen das Kundenverhalten und sind ebenfalls nicht isoliert voneinander zu betrachten. Eine hohe Kundenzufriedenheit geht mit einer größeren Kundenbindung einher. Ebenfalls führt ein höherer Bekanntheitsgrad zu einem besseren Image. Diese Faktoren lassen sich zwar nicht direkt messen, können aber mittels Methoden der Marktforschung, wie z. B. Kundenumfragen, abgeschätzt werden. Ebenfalls lassen sich die psychologischen Marketingziele nicht von den Ökonomischen trennen. So entstehen **Erfolgsketten**, die den Zusammenhang der unterschiedlichen Zielsetzungen darstellen. Beispielhaft kann eine Erfolgskette aus einer hohen Kundenzufriedenheit entstehen, die die Kundenbindung erhöht und damit letztendlich ökonomischen Erfolg (z. B. in Form von Umsatz) generiert.[263]

Die Instrumente des Marketings lassen sich mittels des **Marketing-Mixes** oder der *4Ps* beschreiben.[264] Die Bezeichnung „4P" steht für Product (Produkt), Price (Preis), Promotion (Kommunikation) und Place (Vertrieb).

Im Rahmen der Produktpolitik können rein physische Produkte (substanzieller Produktbegriff) und immaterielle Produkte (generischer Produktbegriff), wie Dienstleistungen, unterschieden werden. Die Instrumente der Produktpolitik umfassen die Aufmachung und Gestaltung der Produkte. Die Verpackung und Namensgebung sind wichtige Faktoren, die das Kundenverhalten beeinflussen. Ebenfalls sind die Sortimentsplanung und Produktinnovationen zu nennen. Hinzu kommen Produktvariationen und mit dem Produkt zusammenhängende Serviceleistungen.[265]

Ebenfalls eine herausragende Rolle, gerade in der Neukundengewinnung, spielt die Preispolitik. Die Gestaltung der Preise, sowie die Möglichkeit von Rabatten, Boni oder Skonti[266] trägt oftmals aktiv zu einer Kaufentscheidung bei. Für längerfristige Geschäftsbeziehungen sind Liefer- und Zahlungsbedingungen Komponenten, die zu einer erhöhten Kundenzufriedenheit beitragen.

Die Instrumente der Vertriebspolitik beziehen sich auf Vertriebssysteme, Verkaufsorgane und Logistiksysteme. Sie zielen im Wesentlichen auf die Überbrückung von räumlichen und zeitlichen Distanzen zwischen der Fertigung eines Produkts und dem Kauf durch den Kunden ab.[267]

---

263 Vgl. Bruhn (2016b), S. 71 ff.
264 Vgl. Bruhn (2016a), S. 28 und Meffert/Burmann/Kirchgeorg (2015), S. 22.
265 Vgl. Bruhn (2016a), S. 28.
266 Vgl. Bruhn (2016a), S. 28.
267 Vgl. Bruhn (2016a), S. 29.

Auf die Kommunikationspolitik als letzter Aspekt der 4Ps wurde bereits unter Kap. 2.2.2.1, S. 38 mittels der kommunikationspolitischen Grundsätze eingegangen.

Ebenfalls möglich ist speziell im Dienstleistungsmarketing die Erweiterung der 4Ps auf 7Ps. Da die Finanzkommunikation ein immaterielles Produkt darstellt, wird auf die generische Begriffsbildung zurückgegriffen und die Erweiterung auf 7Ps zugrunde gelegt. Die drei weiteren Ps umfassen People (Dienstleistungspersonal), Process (Prozess der Dienstleistungserstellung) und Physical Facilities (physische Merkmale des Unternehmens wie Gebäude oder Warteräume).[268] Damit verlagert sich der Schwerpunkt von der Preis- und Produktpolitik auf die Akteure und Prozesse, die die Finanzkommunikation gestalten.

Abschließend lässt sich zu den verschiedenen Typen der Unternehmenskommunikation anmerken, dass die Grenzen der Unterformen der Unternehmenskommunikation mehr und mehr verschwimmen. Dies wird bereits an den vielschichtigen Definitionen und den sich überschneidenden Zielen, Mitteln und Akteuren deutlich. Vor allem in aktuellen Forschungsansätzen, die das Netzwerk in den Vordergrund stellen, können keine klaren Grenzen mehr zwischen den Varianten der Kommunikationstypen gezogen werden. Auch die Anspruchsgruppenorientierung an interne und externe Stakeholder überschneidet sich zunehmend.[269]

2.2.3 Online-Kommunikation

Die **Online-Kommunikation** stellt keine eigene Variante der Unternehmenskommunikation dar, wird aber als Kommunikationsmittel der internen und externen Unternehmenskommunikation zugeordnet. Dies verdeutlicht wiederum das Verschwimmen der Grenzen der verschiedenen Kommunikationstypen.

Die Online-Kommunikation stellt eine **integrierte Kommunikation** dar.[270] Eine integrierte Kommunikation bezeichnet eine gesamtheitlich interne und externe Kommunikation und beschreibt eine geplante, zielgerichtete und vernetzte Kommunikation. Sie umfasst alle Schritte der Analyse, Planung, Organisation, Durchführung und Kontrolle der Unternehmenskommunikation. Die integrierte Kommunikation sorgt für ein einheitliches Erscheinungsbild des Unternehmens bei allen Stakeholdern.[271]

---

[268] Vgl. Meffert/Burmann/Kirchgeorg (2015), S. 22.
[269] Vgl. z. B. Gonser/Rußmann (2017a).
[270] Vgl. Pleil/Zerfaß (2014), S. 736.
[271] Vgl. Aerni/Bruhn (2012), S. 28 ff.

Es zeigt sich, dass gerade in Netzwerkstrukturen die Online-Kommunikation ein wichtiges Mittel ist, welches zunehmend an Bedeutung gewinnt und ein breites Spektrum an Stakeholdern anspricht. Dies spiegelt sich auch darin wider, dass im Jahre 2016 83,8 % der deutschsprachigen Bevölkerung ab 14 Jahre online agierten und das Internet nutzen. Dies sind mehr als doppelt so viele Menschen wie noch vor 15 Jahren.[272]

Während die Online-Kommunikation vor einigen Jahren nur ein weiteres Medium zusätzlich zu der persönlichen Kommunikation, der Kommunikation via Print oder TV darstellte, existiert mittlerweile ein eigener Forschungszweig dieses Kommunikationsmittels. Da die Online-Kommunikation sehr viele neue Möglichkeiten als Kommunikationskanal bietet, vor allem was die Interaktivität betrifft, wird sie als ein eigenständiges Gebiet mit spezifischen Strategien und angepassten Regeln betrachtet.[273]

Im Unternehmenskontext werden diese vielfältigen Möglichkeiten unterschiedlich genutzt. Die Unternehmenshomepage ist oftmals der erste Kontakt zu allen Stakeholdern und repräsentiert die Produkte, Strukturen, Werte und weitere Attribute eines Unternehmens.

Während diese Art der Darstellung noch rein informativ ist, bieten weitere Instrumente der Online-Kommunikation die Möglichkeit, in den Dialog mit den Stakeholdern zu treten. Hierzu gehört das *Social Web* mit Blogs, Facebook, Twitter, Instagram usw.[274] Das Social Web bietet Unternehmen eine Möglichkeit, Anspruchsgruppen auf breiter Basis anzusprechen.[275] Auch die Konzeption digitaler Erlebnisse bspw. via Apps für mobile Endgeräte stellt einen Teil der Online-Kommunikation dar.

In der Literatur wird die Zweiwegkommunikation im Social Web als **Social Media Relations** bezeichnet.[276] Die Nutzung von Facebook, um in den Dialog mit verschiedenen Stakeholdern zu treten, gehört dabei bereits zur Basisarbeit (der Public Relations).[277]

---

[272] Vgl. Statista (2016), Datenquelle: ARD/ZDF-Onlinestudie 2016.
[273] Vgl. Pleil/Zerfaß (2014), S. 736.
[274] Vgl. Pleil/Zerfaß (2014), S. 747 f.
[275] Vgl. Tonndorf/Wolf (2015), S. 235.
[276] Vgl. Jodeleit (2013), S. 10.
[277] Vgl. Jodeleit (2013), S. 172.

Die hauptsächliche Nutzung der Online-Kommunikation und Social Media Relations dient der Beziehungspflege und dem Aufbau der Reputation.[278] Die Beziehungspflege umfasst dabei jeden Abschnitt des Beziehungszyklus (vgl. Kap. 2.1.4, S. 31) von der Kennenlernphase und Akquisition von Kunden und Geschäftspartnern bis hin zur Rückgewinnungsphase.

Aufgrund der neuartigen und andersartigen Strukturen, die die Online-Kommunikation mit sich bringt, bietet sie jedoch nicht nur eine Vielzahl an Möglichkeiten, sondern auch viele Herausforderungen und Risiken.[279] Die strategische und aktiv geplante Kommunikation ist online wichtiger denn je. Unternehmen müssen die Inhalte, die sie veröffentlichen und die dafür ausgewählte Plattform, sorgsam aussuchen. Ebenfalls eine intensive Stakeholder-Analyse ist für die Online-Kommunikation essentiell, da es zahlreiche Plattformen und Netzwerke gibt, die für die Online-Kommunikation geeignet sind. Da eine Bedienung aller Kanäle unmöglich ist, muss eine Fokussierung auf einige, wesentliche Netzwerke und Plattformen erfolgen.[280] Weitere Fragen, die besonders für das Instrument der Online-Kommunikation gestellt werden, sind:

- Wie oft veröffentliche ich Informationen?
- Wie und wann reagiere ich auf Kritik und Gerüchte?[281]
- Wer übernimmt die Aufgaben der Online-Kommunikation im Unternehmen?

Einmal online preisgegebene Informationen sind quasi dauerhaft verfügbar, weshalb *Vergessen* und *Verzeihen* keine Eigenschaften der Online-Community sind.[282] Außerdem lässt sich das Netz nicht überblicken und Informationen kommen von Absendern, die nicht nachvollziehbar sind. Wahrheitsgemäße Informationen lassen sich nur schwer von unwahren Aussagen trennen. All dies führt zu einem Kontrollverlust, den Unternehmen nur ungerne hinnehmen.[283]

Durch die breite Nutzung des Internets durch die Gesellschaft und die starke Vernetzung hat sich auch die Angriffsfläche für negative Schlagzeilen vergrößert. Kritik und negative Aussagen werden online schnell und oft getätigt, da die Absender meist anonym bleiben. Summiert sich in der Online-Community eine Vielzahl an

[278] Vgl. Tonndorf/Wolf (2015), S. 236.
[279] Vgl. Hoffjann/Pleil (2015), S. 7.
[280] Vgl. Jodeleit (2013), S. 181.
[281] Vgl. Jodeleit (2013), S. 225.
[282] Vgl. Zerfaß/Piwinger (2014b), S. 3.
[283] Vgl. Zerfaß/Piwinger (2014b), S. 2 f.

Beschwerden und kritischen Aussagen innerhalb kürzester Zeit kommt es zu einem *Shitstorm*. Hierdurch können sich auch Stakeholder-Gruppen, die sonst nur einen geringen Einfluss auf das Unternehmen haben, eine enorme Aufmerksamkeit und Dringlichkeit verschaffen (vgl. Kap. 2.1.3, S. 20).[284] Ein Shitstorm beeinflusst meist die Reputation eines Unternehmens stark negativ und macht Unternehmen krisenanfälliger.

Für die Finanzkommunikation stellt die Online-Kommunikation ein wichtiges Instrument in der strategischen Kommunikation dar. Die Risiken im Umgang mit der starken Vernetzung, der unbemerkten Verbreitung von Informationen und der Möglichkeit zur Kritiknahme müssen bei der Implementierung der Finanzkommunikation im Unternehmen berücksichtigt werden (vgl. Kap. 4.2.2).

Die Unternehmenskommunikation knüpft insgesamt direkt an die Ressourcentheorie, den Stakeholder-Ansatz und das Relationship Marketing an. Besonders die informationsökonomischen Informationsasymmetrien zwischen den Stakeholdern lassen sich mit der Unternehmenskommunikation reduzieren. Dabei werden verschiedene Stakeholder-Gruppen mit unterschiedlichen Typen der Unternehmenskommunikation angesprochen, die wiederum verschiedene Ziele verfolgen und unterschiedliche Mittel und Instrumente nutzen. Allen gemeinsam sind die kommunikationspolitischen Grundsätze. Die Instrumente überschneiden sich ebenfalls bei der internen und externen Kommunikation, vor allem im Bereich der Online-Kommunikation. Diese hat sich in den letzten Jahren deutlich weiter entwickelt und bringt zahlreiche Möglichkeiten, vor allem in der Zweiwegkommunikation, mit sich.

---

[284] Vgl. Beham (2015), S. 2.

2.3 Integrierte Finanzkommunikation

2.3.1 Theoretische Einordnung und Definition von Finanzkommunikation

Finanzkommunikation wird oftmals als ein Teil der Investor Relations verstanden oder sogar mit dieser gleichgesetzt.[285] Im Sprachgebrauch werden beide Begriffe häufig synonym verwendet. Die Kommunikation mit den Eigenkapitalgebern oder der financial community reicht jedoch nicht weit genug. Daher soll die Finanzkommunikation im Folgenden definiert und in die theoretischen Konstrukte aus Kap. 2.1 eingebettet sowie eine Einordnung in die Unternehmenskommunikation gegeben werden. Daraus kann weiter die Stellung der Finanzkommunikation in der Unternehmenskultur in Kap. 2.3.2 abgeleitet werden.

Ausgehend von der Frage: „Wer interessiert sich für die finanzielle Lage des Unternehmens?“ können Abhängigkeiten im Unternehmensnetzwerk und somit zugehörige Stakeholder entlang der Wertkette bestimmt werden.[286]

Finanzkommunikation im **weiteren Sinne** beinhaltet die Akzeptanz der Thematik bei der Geschäftsführung, den Führungskräften und den Mitarbeitern im Unternehmen. Dazu ist ein eigener Prozess für die Finanzkommunikation in der Unternehmensstruktur verankert. Diese übernimmt zunächst die Berechnung und Aufbereitung von Finanzkennzahlen, Statistiken und Prognosen innerhalb des Unternehmens. Damit einher gehen jedoch auch die Ausrichtung einer dynamischen, proaktiven Geschäftsstrategie im Einklang mit den Stakeholdern des Netzwerkes sowie die Gestaltung der Unternehmens- bzw. Risikokultur. Eine umfassende Transparenz über den Finanzstatus innerhalb des Unternehmens wird gelebt und nach außen kommuniziert.

Finanzkommunikation im **engeren Sinne** bezeichnet die Kommunikation der finanziellen Lage des Unternehmens. Das bedeutet, dass die Bonität und damit die Zahlungsfähigkeit des Unternehmens dargestellt wird.[287] Im Mittelpunkt stehen zunächst quantitative Daten, wie Finanzkennzahlen, die veröffentlicht werden.[288]

---

285 Vgl. Köhler (2015), S. 1.

286 Möglich wäre ebenfalls eine Ableitung der Stakeholder an dem Güter- und Investitionskreislauf des Unternehmens, vgl. Bösch (2016), S. 12 oder den finanziellen Strömen im Unternehmen, vgl. Schierenbeck/Wöhle (2016), S. 368. Da das Beziehungsmanagement jedoch entlang der Wertkette des Unternehmens gestaltet wird (vgl. Kap. 2.1.1, S. 6), erfolgt die Ableitung der Stakeholder entlang der Wertkette.

287 Vgl. Verband der Vereine Creditreform e.V. (2017d), S. 5.

288 Vgl. Paul (2017), S. 90.

Diese werden durch soft facts, wie die Strategie und Ausrichtung des Unternehmens, ergänzt. Neben der Entwicklung des Unternehmens in der Vergangenheit wird auch eine zukunftsfähige Prognose abgebildet. Aus der zukünftigen Entwicklung kann abgeleitet werden, ob die Finanzlage des Unternehmens stabil bleibt.[289]

Die publizierten Informationen gehen dabei über die Pflichten zur Offenlegung (vgl. Kap. 3.1.2) hinaus, da mit der freiwilligen Kommunikation Reaktionen bei Stakeholdern erreicht werden, die für das Unternehmen vorteilhaft sind.[290] Informationsökonomisch betreibt das Unternehmen mit Finanzkommunikation Signaling.[291] Dies bedeutet, dass Informationsasymmetrien proaktiv entgegen gesteuert wird, indem Informationen zugänglich gemacht werden.

Unter dem gesamtheitlichen Ziel des erfolgreichen Wirtschaftens und der Unternehmensstabilität lassen sich aus der Finanzkommunikation vier Ziele ableiten. Zunächst der Aufbau eines positiven Unternehmensimages und einer positiven (expressiven) Unternehmensreputation[292] durch eine vertrauenswürdige Außendarstellung des Unternehmens. Diese tragen zu erfolgreichen bestehenden wie auch potenziellen Geschäftsbeziehungen mit verschiedenen Anspruchsgruppen bei. Erfolgreiche Geschäftsbeziehungen sind das dritte Ziel der Finanzkommunikation. Diese ermöglicht langfristige und gefestigte Beziehungen.[293] Eng damit zusammen hängen die Gewinnung sowie der Ausbau der Beziehungen zu den Kapitalgebern.[294] Damit einher geht eine gute Verhandlungsposition in Beratungsgesprächen mit Kreditinstituten sowie geminderte Kapitalkosten als viertes Ziel. Erreicht wird dies durch den transparenten Umgang mit der finanziellen Situation des Unternehmens. Dies stellt das erste Ziel der Finanzkommunikation, welches beinhaltet, dass sich die Finanzkommunikation ebenfalls nach innen richtet und Mitarbeiter jederzeit über die finanzielle Lage und weitere soft facts ihres Unternehmens informiert sind, dar. Erst die Akzeptanz der Finanzkommunikation im Unternehmen sorgt für eine vertrauenswürdige Kommunikation nach außen.

Die Ziele sind nicht isoliert voneinander zu betrachten, sondern bauen aufeinander auf. Eine Darstellung der Ziele kann mittels der *Pyramide der Finanzkommunikation* erreicht werden (vgl. Abb. 7). Angefangen bei der Etablierung der Finanzkommunikation im Unternehmen, wird darauf aufbauend eine positive Reputation des

289 Vgl. Wöhe/Döring/Brösel (2016), S. 753.
290 Vgl. Blümle/Kreipl/Panzer (2013), S. 264.
291 Vgl. Paul/Prystav/Stein (2011), S. 761.
292 Vgl. Verband der Vereine Creditreform e.V. (2017d), S. 5.
293 Vgl. Dumitru/Motoi/Budică (2016), S. 455.
294 Vgl. Verband der Vereine Creditreform e.V. (2017d), S. 5.

Unternehmens am Markt etabliert. Dies führt zu erfolgreichen Geschäftsbeziehungen mit verschiedenen Stakeholdern. Abschließend unterstützt gute Finanzkommunikation die Unternehmensfinanzierung.[295]

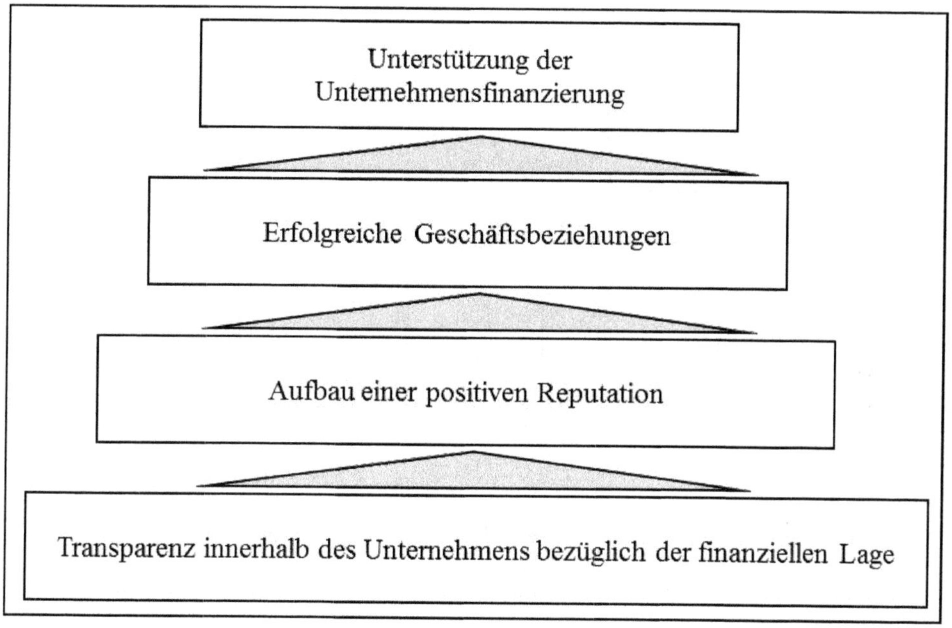

Abb. 7: Pyramide der Finanzkommunikation

In der Gesamtheit sind die genannten Ziele darauf ausgerichtet, die Unternehmensziele, das Überleben und erfolgreiche Wirtschaften des Unternehmens zu unterstützen. Durch die Transparenz bezüglich der finanziellen Lage des Unternehmens kann z. B. ein verbessertes Unternehmensrating erreicht werden. Finanzkommunikation ist ein strategischer, also langfristiger und geplanter Prozess im Unternehmen.

Ein solch weit gefächertes Konstrukt ist in der Forschung bisher nicht zu finden, weshalb die Finanzkommunikation im Folgenden in das Beziehungsmanagement eingegliedert wird.

Ausgehend von Kap. 2.1.2 sind Ressourcen knapp und ungleichmäßig verteilt. Dieser Problematik kann mit der Kooperationsstrategie als Konsequenz aus dem Resource-Dependence-Ansatz begegnet werden (vgl. Kap. 2.1.2, S. 15). Da sich das

[295] Vgl. Verband der Vereine Creditreform e.V. (2017d), S. 4.

Beziehungsmanagement an der individuellen Wertkette des Unternehmens orientiert (vgl. Kap. 2.1.1, S. 10) können aus dieser zunächst die relevanten Anspruchsgruppen im Rahmen einer Stakeholder-Analyse abgeleitet werden (vgl. Kap. 2.1.3). Hierzu dient in der Theorie die allgemeine Wertkette von Porter (vgl. Abb. 8).

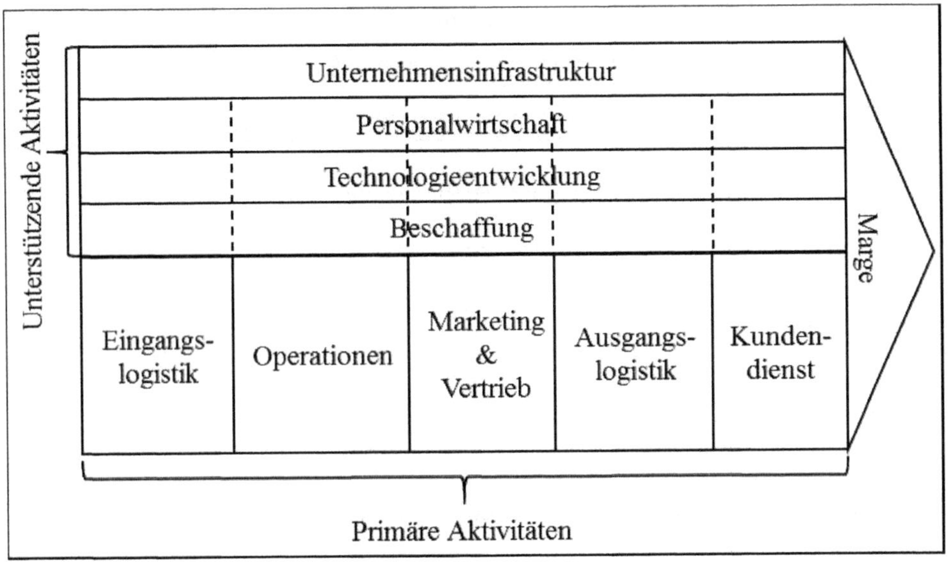

Abb. 8: Wertkette nach Porter[296]

Porter unterteilt die Aktivitäten im Unternehmen in zwei Kategorien: primäre und unterstützende Aktivitäten, wobei die Aktivitäten auch als *Wertaktivitäten* bezeichnet werden. Die Wertaktivitäten sind die Bausteine, aus denen das Unternehmen ein werthaltiges Produkt für den Kunden schafft und welche in die Marge oder Gewinnspanne des Unternehmens münden.[297] Die Wertaktivitäten lassen sich dabei in weitere Unterkategorien aufteilen.

Die primären Aktivitäten werden in jedem Unternehmen in die fünf gezeigten Kategorien untergliedert (vgl. Abb. 8). Sie beschreiben den physischen Verlauf von der Herstellung über den Vertrieb des Produktes bis hin zum Kundenservice. Die unterstützenden Aktivitäten helfen, die primären Aktivitäten aufrecht zu erhalten, indem sie Technologie, Material und menschliche Ressourcen beschaffen und weitere Funktionen im Unternehmen aufrechterhalten.[298]

[296] Eigene Darstellung in Anlehnung an Porter (2014), S. 64.
[297] Vgl. Porter (2014), S. 66.
[298] Vgl. Porter (2014), S. 67.

Beginnend bei der Eingangslogistik als primäre Aktivität, mit der vor allem die Beschaffung als unterstützende Wertaktivität zusammenhängt, werden die benötigten Ressourcen akquiriert. Gerade im produzierenden Gewerbe sind Unternehmen nach der Ressourcentheorie hochgradig abhängig von der Beschaffung von Materialien durch Lieferanten zur Weiterverarbeitung.[299]

Als nächster Schritt in der Wertkette kommt die Kategorie der Operationen. Dieser beinhaltet die Verarbeitung[300] der in der ersten Kategorie beschafften Ressourcen. Dazu werden in produzierenden Unternehmen Maschinen und Anlagen, in anderen Branchen Computer und weitere Hardware usw. benötigt. Oftmals sind die verwendeten Maschinen nicht im Besitz des Unternehmens, sondern für einen längeren Zeitraum gemietet bzw. geleast.

Die fertig gestellten Produkte werden danach vertrieben. Mit dem Vertrieb der Produkte hängt das Marketing zusammen, welches das Kundenverhalten beeinflusst und dadurch den Absatz der Produkte initiieren kann (vgl. Kap. 2.2.2.6). Die Ansprache von bestehenden und potenziellen Kunden spielt in diesem Schritt eine hervorgehobene Rolle. Nicht nur das Produkt und die damit zusammenhängenden Leistungen, sondern auch Informationen bezüglich der Kontinuität, Qualität und Verlässlichkeit des Unternehmens[301] tragen zur Kaufentscheidung des Kunden bei.

Anschließend werden die fertigen Produkte mittels der Ausgangslogistik im nächsten Schritt an den Kunden verkauft und bspw. versendet oder gelagert. Hierzu sind Dienstleister wie bspw. Versandunternehmen nötig.[302]

Als letzter Schritt der primären Aktivitäten folgt der Kundendienst, der im Nachgang die Produkte betreut und Reklamationen bearbeitet. Damit schließt sich die Wertkette im Unternehmen in Form der primären Aktivitäten.

Begleitet werden alle Schritte durch die unterstützenden Aktivitäten. Die Beschaffung wurde bereits genannt, da diese insbesondere im ersten Schritt impliziert ist. Die Personalwirtschaft steuert alle Aktivitäten rund um die Ressource Personal. Sie ist für einzelne, primäre Aktivitäten notwendig, kann aber auch über die gesamte

---

[299] Vgl. Porter (2014), S. 68.
[300] Bei Dienstleistungsunternehmen erfolgt bei dieser Wertaktivität die Leistungserstellung.
[301] Vgl. Küting/Reuter (2004), S. 231.
[302] Vgl. Porter (2014), S. 69.

Wertkette wirken (z. B. Tarifverhandlungen). Die Personalwirtschaft begleitet jeden Schritt im Unternehmen in Bezug auf Personalbeschaffung, Weiterbildung und Entlohnung.[303]

Im Kerngeschäft des Unternehmens, das vor allem durch Schritt zwei repräsentiert wird, spielt die Technologieentwicklung oder auch Forschung und Entwicklung eine große Rolle. Diese sorgt dafür, dass effizient und nach neuesten Standards produziert werden kann, was wiederum nötig ist, um die Position am Markt zu halten und zu verbessern. Dies bezieht sich auf Teiloperationen der Wertkette. Ebenfalls beschäftigt sich die Technologieentwicklung mit der IT-Infrastruktur im Unternehmen und den Kommunikationsmitteln, welche die gesamte Wertkette unterstützen.[304]

Alle unterstützenden Aktivitäten stehen unter der Unternehmensinfrastruktur, die die verschiedenen Aktivitäten plant und koordiniert und über der gesamten Wertkette steht. Zu der Unternehmensinfrastruktur gehören die Geschäftsführung sowie die Bereiche Rechnungswesen, Finanzierung und Controlling sowie ggf. eine Rechtsabteilung. Ebenfalls gehen von der Unternehmensinfrastruktur Qualitätskontrollen aus und es werden die Beziehungen zu Staat und Behörden gesteuert.[305]

Entlang der Wertkette lassen sich die Anspruchsgruppen des Unternehmens ableiten. Aus den primären und sekundären Wertaktivitäten können direkte Beziehungen zu den Stakeholdern abgelesen werden. Es können auch sehr spezielle Anspruchsgruppen des Unternehmens abgeleitet werden. Kommt es zu Veränderungen im Unternehmen, bspw. durch die Produktion zusätzlicher Produkte, wird dies in der Wertkette abgebildet und auch in den Stakeholder-Beziehungen sichtbar, da diese direkt von den Änderungen betroffen sind.[306] Die Wertkette eignet sich daher in besonderem Maße, um das Netzwerk des Unternehmens abzubilden.

Die Eingangslogistik zeigt die Lieferanten als wichtige Stakeholder des Unternehmens. Nach der Ressourcentheorie leisten die Lieferanten einen wichtigen Beitrag zur Erzielung der unternehmerischen Ziele durch die Bereitstellung von Ressourcen für die Leistungserstellung im Unternehmen.

---

303 Vgl. Porter (2014), S. 72.
304 Vgl. Porter (2014), S. 71 f.
305 Vgl. Porter (2014), S. 73.
306 Vgl. Kordowich (2010), S. 20.

Der zweite Schritt der Wertkette umfasst die Verarbeitung der Ressourcen im Unternehmen. Für diesen Schritt stehen die Mitarbeiter im Fokus. Die Gruppe der Mitarbeiter kann weiter nach den verschiedenen Unternehmensbereichen differenziert werden. Es lässt sich zwischen Mitarbeitern in der Produktion, Controllern usw. unterscheiden.[307] Dazu gehören auch die Mitarbeiter in Marketing und Vertrieb sowie der Kundenservice, die in den nächsten und im fünften Schritt der Wertkette integriert sind. Zusammen mit den Mitarbeitern kommen Interessenvertreter als Stakeholder des Unternehmens hinzu. Dies kann bspw. der Betriebsrat sein.

Im vierten Schritt der Wertkette, der Ausgangslogistik, kommen Dienstleister wie Versandunternehmen zu den Stakeholdern des Unternehmens hinzu.

Die gesamten primären Wertaktivitäten zielen auf die Herstellung eines Produktes für einen Kunden ab. Damit zählen Kunden ebenfalls zu den Stakeholdern der primären Wertaktivitäten. Diese werden konkret mit den Schritten vier und fünf der Wertkette angesprochen.

Die sekundären Wertaktivitäten zeigen weitere, wichtige Stakeholder des Unternehmens, die übergreifend mit dem Unternehmen in Beziehung stehen. Insbesondere die Unternehmensinfrastruktur bringt weitere Stakeholder mit. Die dort angesiedelten Bereiche Finanzen und Rechnungswesen implizieren die Stakeholder der Fremd- und Eigenkapitalgeber und somit der Kreditinstitute, wie auch Leasinggeber, Versicherungen und Wirtschaftsprüfer. Damit verbunden sind weitere Multiplikatoren wie bspw. Wirtschaftsauskunfteien (vgl. Kap. 2.2.2.4, S. 49). Die Einschätzung der Bonität des Unternehmens trägt maßgeblich zu einer Investitionsentscheidung seitens der Kapitalgeber bei. Auskunfteien geben wichtige Signale mit ihrer Bonitätseinschätzung von Unternehmen. Sie agieren vor allem für nicht börsennotierte Unternehmen als Multiplikatoren.[308]

Weitere Stakeholder haben zwar keine direkte Schnittstelle zur Wertkette, haben aber ebenfalls ein Interesse am Unternehmen. Hierzu zählen der Staat, die Gesellschaft und Mitbewerber. Diese Stakeholder werden oftmals nur indirekt, z. T. über andere Stakeholder, erreicht und auch die Beeinflussung des Unternehmens erfolgt nur indirekt.

[307] Vgl. Küting/Reuter (2004), S. 230.
[308] Vgl. Paul/Prystav/Stein (2011), S. 759 und Uthoff (2015), S. 359.

Da zu den wesentlichen Zielen im Beziehungsmanagement eine Clusterung der Anspruchsgruppen gehört (vgl. Kap. 2.1.1) kommt der Stakeholder-Ansatz zum Tragen, der eine Kategorisierung der Anspruchsgruppen vornimmt. Nachdem also alle Stakeholder entlang der Wertkette des Unternehmens analysiert sind, wird deren Relevanz für das Unternehmen in Bezug auf die Finanzkommunikation betrachtet.

Zunächst sei die gröbere Kategorisierung der Stakeholder nach Freeman betrachtet (vgl. Kap. 2.1.3, S. 18). Da die Relevanz für das Unternehmen bereits im Modell von Freeman impliziert ist, eignet sich dieses besonders für Kleinstunternehmen und kleine Unternehmen mit wenig personellen Ressourcen und daher eingeschränkten Möglichkeiten einer Stakeholder-Analyse. Mit der Finanzkommunikation werden alle primären Stakeholder angesprochen. Dies sind Kapitalgeber, Lieferanten, Kunden, die Gesellschaft und die Mitarbeiter des Unternehmens. Sowohl aktuelle, wie auch potenzielle Anspruchsgruppen der primären Stakeholder stehen im Fokus der Finanzkommunikation, da sie allesamt an der finanziellen Lage des Unternehmens Interesse und mehr oder weniger Einfluss auf das Unternehmen haben. Die sekundären Stakeholder umfassen den Staat, Medien, Mitbewerber und Interessenvertreter. Sie werden von Finanzkommunikation nicht direkt angesprochen, sondern indirekt über andere Stakeholder erreicht.

Nach Mitchell/Agle/Wood lassen sich die Stakeholder nach Macht, Legitimität und Dringlichkeit kategorisieren (vgl. Kap. 2.1.3, S. 20). Mit Hilfe dieses Modells lässt sich die Relevanz der Stakeholder für das Unternehmen in Bezug auf die Finanzkommunikation festmachen. In Kap. 2.1.3 wurde bereits dargestellt, dass allgemein Fremdkapitalgeber, Eigenkapitalgeber, Mitarbeiter, Kunden und Lieferanten zu den *dominanten Stakeholdern* gehören und für jedes Unternehmen relevant sind. Dominante Stakeholder verfügen über Macht und Legitimität.[309]

Die Mitarbeiter gehören zu den dominanten Stakeholdern und bilden die Basis für die Finanzkommunikation.[310] Sie hegen ein starkes Interesse an einem sicheren Arbeitsplatz sowie Aufstiegs- und Expansionspotenzialen des Unternehmens und somit an der finanziellen Lage des Unternehmens.[311] Auch den Lieferanten kommt eine maßgebliche Rolle zu. Sie verfügen nach dem Resource-Dependence-Ansatz über ein hohes Maß an Macht über das Unternehmen. Da sie eine langfristige Geschäftsbeziehung mit dem Unternehmen anstreben, verfügen sie ebenfalls über ein hohes Interesse am Finanzstatus des Unternehmens. Auch die Gesellschaft kann zu

309 Vgl. Mitchell/Agle/Wood (1997), S. 876.
310 Vgl. Lehner (2003), S. 212 f.
311 Vgl. Küting/Reuter (2004), S. 231.

den dominanten Stakeholdern gezählt werden. Diese ist besonders wichtig für das zweite Ziel der Finanzkommunikation, eine positive Reputation. Die entlang der Wertkette analysierten Dienstleister gehören ebenfalls zu den dominanten Stakeholdern und werden damit proaktiv mittels Finanzkommunikation angesprochen.

Zu der Gruppe der *definitiven Stakeholder* werden in Kap. 2.1.3 Kreditinstitute gezählt. Durch ihre Ressource Kapital haben Kreditinstitute eine große Macht über andere Unternehmen. Dies zwingt Unternehmen, Austauschbeziehungen mit Kreditinstituten einzugehen. Die Beziehung zwischen Unternehmen und Kreditinstituten ist symbiotisch. Das bedeutet, dass ohne den Inputfaktor Kapital des Kreditinstituts das Unternehmen keinen Output erzeugen kann. Kreditinstitute und Unternehmen stehen daher in einem starken Abhängigkeitsverhältnis. Diesem kann nach der Resource-Dependence-Theorie mit einem Kooperationsansatz (vgl. Kap. 2.1.2, S.15) gegenübertreten werden.[312] Durch die von ihnen vorgegebenen Zins- und Tilgungstermine entsteht eine Dringlichkeit und ebenfalls große Abhängigkeit durch gewährte Sicherheiten.[313] Speziell für die Finanzkommunikation kommen Wirtschaftsauskunfteien zu den definitiven Stakeholdern hinzu.[314] Sie besitzen Macht über das Unternehmen, da sie durch ihre Bonitätseinschätzung aktiv Investitionsentscheidungen des Unternehmens beeinflussen können.

Für die Finanzkommunikation verfügen auch Leasinggeber, ähnlich wie Kreditinstitute, über Dringlichkeit, da sie durch die Forderung von Raten eine zeitliche und inhaltliche Dringlichkeit mitbringen. Ebenfalls zu den definitiven Stakeholdern werden Wirtschaftsprüfer gezählt, die sowohl über Macht, Legitimität und Dringlichkeit verfügen und damit in den Fokus für Finanzkommunikation gelangen.

Die Interessenvertreter verfügen nach Mitchell/Agle/Wood nur über Legitimität.[315] Versicherungen verfügen über das Merkmal der Legitimität, weisen aber weder Macht noch Dringlichkeit auf. Ein weiterer indirekter Stakeholder ist der Staat. Dieser verfügt über Macht und Legitimität und gehört nach Mitchell/Agle/Wood somit zu den dominanten Stakeholdern.[316] Für die Finanzkommunikation sind die genannten Anspruchsgruppen nicht relevant. Auch der Staat stellt keine relevante Anspruchsgruppe dar und wird nicht proaktiv berücksichtigt. Lediglich indirekt hat

[312] Vgl. Pfeffer (1982), S. 198.
[313] Vgl. Paul/Prystav/Stein (2011), S. 750.
[314] Vgl. Paul/Prystav/Stein (2011), S. 768.
[315] Vgl. Mitchell/Agle/Wood (1997), S. 875.
[316] Vgl. Mitchell/Agle/Wood (1997), S. 876 f.

der Staat Einfluss auf die Finanzkommunikation, indem er die gesetzlichen Rahmenbedingungen zur Publizitäts- und Offenlegungspflicht stellt (vgl. Kap. 3.1.2). Außerdem wird Kapital in Form von Abgaben und Steuern an den Staat geleitet.

Die Gruppe der Mitbewerber weist nach der Kategorisierung nach Mitchell/Agle/Wood nur Legitimität auf und kann den latenten Stakeholdern zugeordnet werden, da sie keinen direkten Einfluss auf das Unternehmen haben.[317] Dennoch gehen von den Mitbewerbern Macht, Legitimität und Dringlichkeit indirekt aus und wirken auf das Unternehmen. Eine direkte Anspruchsgruppe und Ziel von Finanzkommunikation sind sie jedoch nicht.

Wie bereits dargestellt, werden neben den Anspruchsgruppen, die bereits eine Beziehung mit dem Unternehmen haben, auch die potenziellen Stakeholder mit der Finanzkommunikation angesprochen. Dies sind insbesondere zukünftige Kapitalgeber, Kunden und Mitarbeiter. Zu der Gruppe der potenziellen Stakeholder gehören damit auch Kreditinstitute, mit denen das Unternehmen bisher in keiner Geschäftsbeziehung steht. Zusammenfassend werden alle Anspruchsgruppen der Finanzkommunikation in Abb. 9 dargestellt.

Gemäß den Zielen der Finanzkommunikation werden die definitiven und dominanten Stakeholder primär angesprochen (vgl. Abb. 9). Sie wirken auf (sekundäre) Stakeholder wie Multiplikatoren.[318]

Auch Küting/Reuter beschreiben als Anspruchsgruppen der Finanzkommunikation aktuelle und potenzielle Kapitalgeber, Gesellschafter, Mitarbeiter, Kunden, Mitbewerber, Staat und die interessierte Öffentlichkeit.[319] Ihre Veröffentlichung zeigt aus der Stakeholder-Perspektive einen deutlich erweiterten Adressatenkreis im Vergleich zu den eingeschränkten Anspruchsgruppen der Investor Relations. Dies entspricht auch der Sichtweise von Salvioni, die von „globalen Interessen“ unterschiedlicher Stakeholder spricht, die eine finanzielle Ebene umfassen.[320]

---

317 Vgl. Mitchell/Agle/Wood (1997), S. 874.
318 Vgl. Bruhn (2014), S. 701.
319 Vgl. Küting/Reuter (2004), S. 231.
320 Vgl. Salvioni (2002), S. 22.

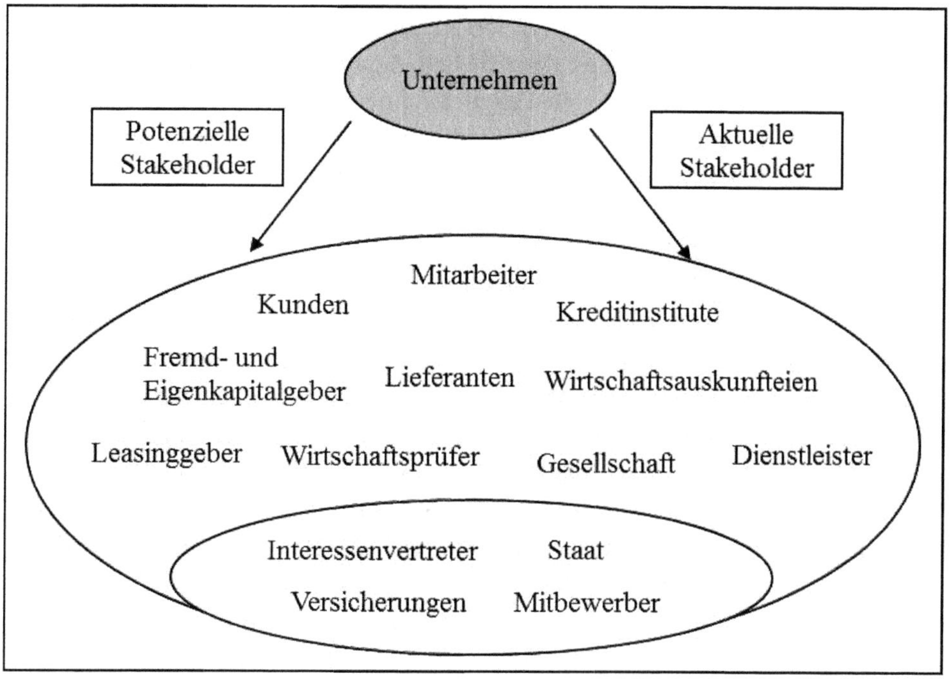

Abb. 9: Anspruchsgruppen der Finanzkommunikation

Nachdem alle relevanten Stakeholder identifiziert wurden, kann als nächstes das Relationship Marketing (vgl. Kap. 2.1.4) angewendet werden. Der Aufbau und die Pflege von Geschäftsbeziehungen mit den verschiedenen Anspruchsgruppen als zwei wesentliche Ziele der Finanzkommunikation sind besonders wichtig bei der Wahl der Instrumente der Finanzkommunikation. Das Relationship Marketing spiegelt sich bereits in der Definition und den Zielen der Finanzkommunikation wider. Die Anspruchsgruppenorientierung wird vorausgesetzt und durch die Stakeholder-Analyse umgesetzt. Sie ist in dem Ziel des Aufbaus einer positiven Reputation verankert. Die Steigerung der Qualität und Sicherheit der Beziehungen sowie das erfolgreiche Verhandeln in Geschäftsbeziehungen sind im dritten Ziel der Finanzkommunikation etabliert.

Für die Rahmenbedingungen der Geschäftsbeziehung wird das Interaktionsebenenmodell (vgl. Kap. 2.1.4, S. 30) genutzt. Auf der Sachebene beschreiben Diller/Kusterer das Erbringen von Leistung und Gegenleistung. Es gilt, die Bedürfnisse der Anspruchsgruppen zu kennen und diese gezielt durch die Bereitstellung von Informationen zu befriedigen.[321] Unterstützt wird dies auf der menschlich-emotionalen Ebene durch die Ähnlichkeit der Geschäftspartner. Eine Geschäftsbeziehung in

[321] Vgl. Paul/Prystav/Stein (2011), S. 749.

Form einer Allianz (vgl. Kap. 2.1.4, S. 30) zu erreichen, ist möglich, wenn sich die Interaktionen der Geschäftspartner am Beziehungszyklus (vgl. Kap. 2.1.4, S. 31) ausrichten. Dies gilt insbesondere bei Eintreten in die Lösungsphase. Dies kann erreicht werden, indem Interessenkonflikte auf der Machtebene effektiv überwunden werden und der Kooperationsansatz zur Anwendung kommt. Hier kann die Unternehmenskommunikation als wirksames Instrument genutzt werden.

Eine Einordnung der Finanzkommunikation in die Unternehmenskommunikation ist, wie im Folgenden dargestellt, sehr komplex. Schon bei der Definition von Finanzkommunikation wurde die Gleichsetzung von Investor Relations mit Finanzkommunikation abgelehnt. Auch wenn in der jüngeren Forschung zu Investor Relations die Definition geweitet und ein integrierter Ansatz empfohlen wird (vgl. Kap. 2.2.2.4, S. 50), geht die Finanzkommunikation deutlich über die Investor Relations hinaus. Insbesondere weil sich Finanzkommunikation nicht nur an die Eigenkapitalgeber oder die financial community richtet, sondern an viele weitere Anspruchsgruppen. Die Definition des Deutschen Investor Relations Verbands, dass die finanzielle Lage eines Unternehmens auch nach innen kommuniziert werden soll und damit eine stärker nach innen gerichtete Ausprägung der Investor Relations,[322] ist jedoch richtungsweisend. Ein Konglomerat aus Investor Relations, Marketing und Public Relations zur Gestaltung der Kommunikation mit Investoren beschreibt Rolke.[323] Aufbauend auf diesem Konzept kann Finanzkommunikation als ein integrierter Ansatz über alle Typen der Unternehmenskommunikation (vgl. Kap. 2.2) gesehen werden und trägt zu einer Verringerung von Informationsasymmetrien mit allen relevanten Stakeholdern bei.[324]

Ausgehend von Vertrauen, das sowohl für die Finanzkommunikation wie auch für Geschäftsbeziehungen als essentiell gilt, wird die Finanzkommunikation zunächst in die interne Unternehmenskommunikation eingegliedert. Eine hohe Transparenz bezüglich der finanziellen Lage des Unternehmens trägt zu einem guten Gefühl der Mitarbeiter bei und rechtfertigt bspw. Mehrarbeit in wirtschaftlich schwierigen Situationen. Ebenfalls identifizieren sich die Mitarbeiter mehr mit dem Unternehmen und helfen aktiv mit, die Unternehmensziele zu erreichen.

Aus dem Bereich der Public Relations werden neben dem bereits erwähnten Vertrauen die Imagebildung und der Aufbau einer positiven Reputation übernommen. Sowohl nach innen wie nach außen produziert Finanzkommunikation die Erfahrung

322 Vgl. Mindermann (2012), S. 27.
323 Vgl. Rolke (2000), S. 21.
324 Vgl. Zureck (2015), S. 33 f.

eines glaubwürdigen, verlässlichen Unternehmens. Damit werden bestehende Geschäftsbeziehungen gestärkt und neue Beziehungen leichter akquiriert.

Die finanzwirtschaftlichen Ziele der Investor Relations sind auch Teil der Finanzkommunikation. Damit werden die Instrumente der Investor Relations für die Finanzkommunikation genutzt. Insbesondere der Geschäftsbericht, Finanzkennzahlen und weitere soft facts eignen sich für die Darstellung der finanziellen und wirtschaftlichen Lage des Unternehmens.

Aus dem Bereich des Marketings können die psychologischen Ziele übernommen werden, welchen zum Großteil auch zu einer positiven Reputation beitragen. Die 7Ps des Dienstleistungsmarketings lassen sich eingeschränkt auch für die Finanzkommunikation verwenden, indem das Unternehmen als „Produkt“ vermarktet wird. Dadurch treten Mitarbeiter und deren Know-How sowie Prozesse im Unternehmen mit der Betrachtung des Marketing-Mixes in den Vordergrund. Das Marketing wirkt im Rahmen der Finanzkommunikation an der Gestaltung der Instrumente, wie dem Geschäftsbericht, mit. Dies erfolgt ebenfalls unter dem Merkmal der Anspruchsgruppenorientierung.

Darüber hinaus basiert die Finanzkommunikation auf den kommunikationspolitischen Grundsätzen, insbesondere auf den Attributen Stetigkeit und Aktualität. In Abb. 10 lässt sich der integrierte Ansatz der Finanzkommunikation als Zusammensetzung der verschiedenen Kommunikationsdisziplinen im Unternehmen erkennen.

Als integrierte und damit vernetzte Kommunikation (vgl. Kap. 2.2.3, S. 59) handelt es sich somit bei Finanzkommunikation um eine geplante und gesteuerte Kommunikation. Dabei spielt vor allem der persönliche Bezug zu den Anspruchsgruppen eine wichtige Rolle,[325] da die Zweiwegkommunikation für die Glaubwürdigkeit und positive Reputation des Unternehmens unbedingt notwendig ist. Außerdem ermöglicht diese Kommunikation ein Feedback seitens der Stakeholder, welches wiederum aktiv in strategischen Entscheidungen[326] und die Entwicklung von Finanzkommunikation eingebracht werden kann.

---

[325] Vgl. Lehner (2003), S. 212.
[326] Vgl. Zülch et al. (2016), S. 2069.

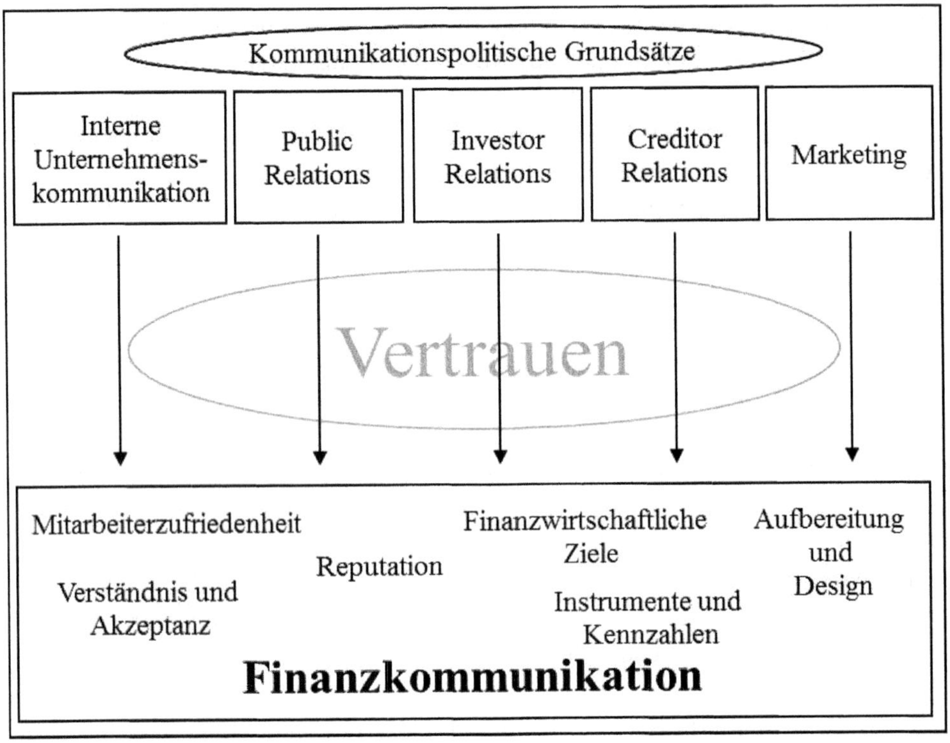

Abb. 10: Integrierter Ansatz der Finanzkommunikation

Um die einzelnen Anspruchsgruppen anzusprechen und für größtmögliche Transparenz zu sorgen, eignet sich zunächst am besten die Online-Kommunikation, der unter Kap. 2.2.3 bereits ein eigenes Kapitel gewidmet wurde. Die Darstellung der finanziellen Lage des Unternehmens kann in unterschiedlicher Differenzierung im Intranet und auf der Unternehmenshomepage erfolgen. Auch Ad-hoc- und Pressemitteilungen können via Online-Kommunikation verbreitet werden. Damit können insbesondere auch potenzielle Stakeholder angesprochen werden, die zwar interessiert sind aber noch nicht in einer Geschäftsbeziehung zum Unternehmen stehen.

Die Online-Kommunikation wird durch die Zweiwegkommunikation ergänzt, z. B. durch persönliche Gespräche in der internen und Konferenzen in der externen Unternehmenskommunikation. Besonders wichtig ist die Dialogkommunikation in Geschäftsbeziehungen und in bestimmten Phasen des Beziehungszyklus, bspw. beim Eintritt in die Lösungsphase (vgl. Kap. 2.1.4, S. 31).

Die Dialogkommunikation im Social Web (vgl. Kap. 2.2.3, S. 60) ist für die Finanzkommunikation hingegen nicht geeignet. Derzeit werden Facebook, YouTube,

Twitter usw. kaum für die Veröffentlichung von Finanzinformationen genutzt.[327] Zum einen können und sollen Finanzkennzahlen und die Strategie des Unternehmens in der Öffentlichkeit nicht diskutiert werden. Zum anderen sind rechtliche Vorgaben, wie die Angabe eines Impressums und die Einbindung eines Disclaimers, im Social Web schwer umsetzbar.[328]

Insgesamt stellt Finanzkommunikation eine freiwillige, proaktive Kommunikation dar. Das heißt, dass Informationen mit Signaling-Charakter ohne spezielle Nachfrage von Anspruchsgruppen aufbereitet und kommuniziert werden. Dies kann ergänzt werden durch die Kommunikation auf Nachfrage, bei der spezielle Anspruchsgruppen bestimmte Informationen einfordern.[329]

Da die Finanzkommunikation ein Teil der Unternehmenskommunikation ist, kommt der Geschäftsführung und den Führungskräften als Akteuren eine herausragende Stellung im Unternehmen zu. Gemeinsam mit den Mitarbeitern gestalten sie die Finanzkommunikation. Insgesamt lebt die Finanzkommunikation aber auch vom Feedback der Stakeholder und wird damit von vielen verschiedenen Anspruchsgruppen mitgestaltet.[330]

2.3.2 Finanzkommunikation in der Unternehmenskultur

Da die integrierte Finanzkommunikation maßgeblich auch von den Mitarbeitern im Unternehmen gestaltet wird, müssen deren Einstellungen und Handlungen beeinflusst werden. Dies geschieht mittels der Unternehmenskultur, die im Folgenden betrachtet wird. Die operative Integration der Finanzkommunikation in die Unternehmenskultur wird weiter in Kap. 4.2. diskutiert.

---

327 Vgl. Kuhn (2010), S. 23.
328 Vgl. Köster (2012), S. 29.
329 Vgl. Salvioni (2002), S. 30 f.
330 Vgl. Weber-Henschel (2002), S. 58.

Der Begriff **Unternehmenskultur**[331] (Corporate Culture) als ein Teil der Organisationstheorie wird seit 1985 vor allem von Edgar H. Schein beschrieben.[332] Weiterentwickelte Modelle zur Unternehmenskultur bauen zumeist auf seinen Erkenntnissen auf oder sind diesen sehr ähnlich.

Umgangssprachlich wird mit Unternehmenskultur die Art wie miteinander gearbeitet und die Art und Weise, wie das Geschäft betrieben wird verstanden.[333] Oftmals wird die Unternehmenskultur auch als *DNA* des Unternehmens bezeichnet.[334]

Schein/Schein definieren die Unternehmenskultur als ein Konstrukt gemeinsamer Grundprämissen, das einer Gruppe bei der Bewältigung ihrer Probleme durch externe Anpassung und interne Integration hilft. Das Konstrukt hat sich als solches im Unternehmen bewährt und gilt daher als bindend für alle Mitarbeiter. Neuen Mitarbeitern wird das Konstrukt aus Normen, Werten und Symbolen als emotional und rational richtiger Ansatz für den Umgang mit Problemen weitergegeben.[335]

Es stehen bei dieser Definition die externe Anpassungsfähigkeit an eine sich verändernde Umwelt und die interne Integration im Mittelpunkt. Das kulturelle, politische und wirtschaftliche Umfeld eines Unternehmens hat dabei immer einen Einfluss auf die Unternehmenskultur. Dies führt dazu, dass die Unternehmenskultur ein lernender, dynamischer Prozess ist, der sich sowohl externen Veränderungen als auch internen Beziehungen anpasst.[336]

Das Grundmodell der Unternehmenskultur nach Schein besteht aus drei Ebenen: *Artefakten*, *Werten und Normen* und *Grundannahmen*. Die Ebenen unterscheiden sich vor allem in ihrer Sichtbarkeit für Außenstehende. Die Artefakte sind nach außen sichtbar. Hierzu gehören die Gebäude des Unternehmens, Logos oder Symbole (z. B. der Mercedes-Stern der Daimler AG), die Kleidung der Mitarbeiter usw.

---

331 Unternehmenskultur wird als Synonym von Organisationskultur verstanden.

332 Die Erstveröffentlichung „Organizational Culture and Leadership" von Schein mit einer umfassenden Beschreibung der Unternehmenskultur erschien im Jahr 1985, siehe Schein (1985). In späteren Ausgaben wirken Co-Autoren und der Sohn von Schein mit. Für die Definition der Unternehmenskultur wird die aktuellste Auflage und die neuesten Erkenntnisse gewählt, siehe Schein/Schein (2017).

333 Vgl. Homma/Bauschke (2015), S. 2.

334 Vgl. Schein/Schein (2017), S. 17.

335 Vgl. Schein/Schein (2017), S. 6.

336 Vgl. Schein/Schein (2017), S. 344.

Aber auch die Historie, Rituale und Mythen des Unternehmens sowie das Unternehmensleitbild gehören zu den Artefakten und bilden das „Klima" des Unternehmens.[337]

Die Ebene der Werte und Normen umfasst die Gesetze und Regeln, die unternehmensintern für die Mitarbeiter gelten. Aus diesen lässt sich ableiten, ob sich Mitarbeiter unternehmenskonform verhalten.[338] Die Werte und Verhaltensregeln innerhalb des Unternehmens können auch nach außen transportiert werden, insbesondere wenn sich die Mitarbeiter stark mit ihnen identifizieren.

Die Ebene der Grundannahmen geht noch über die Ebene der Werte und Normen hinaus und bildet den Kern der Unternehmenskultur. Sie bietet den Mitarbeitern einen Maßstab für Denk- und Verhaltensweisen im Unternehmen und was für richtig oder falsch erachtet wird. Die Grundannahmen werden unterbewusst wahrgenommen und nicht diskutiert oder hinterfragt.[339]

Das Modell von Schein/Schein mit seinen drei Ebenen kann noch durch eine weitere Ebene, die der gezeigten Werte, ergänzt werden (vgl. Abb. 11). Diese ist zwischen den Ebenen der Grundannahmen und der Normen und Werte. Die gezeigten Werte werden nach außen postuliert und bilden die Leitwerte des Unternehmens. Das heißt jedoch noch nicht, dass diese Werte auch von den Mitarbeitern gelebt werden. Sie bekennen sich ggf. zu den gezeigten Werten, obwohl sie sich innerlich nicht mit diesen identifizieren.[340]

---

337 Vgl. Schein/Schein (2017), S. 17 f.
338 Vgl. Homma/Bauschke/Hofmann (2014), S. 7.
339 Vgl. Homma/Bauschke/Hofmann (2014), S. 8.
340 Vgl. Homma/Bauschke/Hofmann (2014), S. 6 ff. und Sackmann (2004), S. 27.

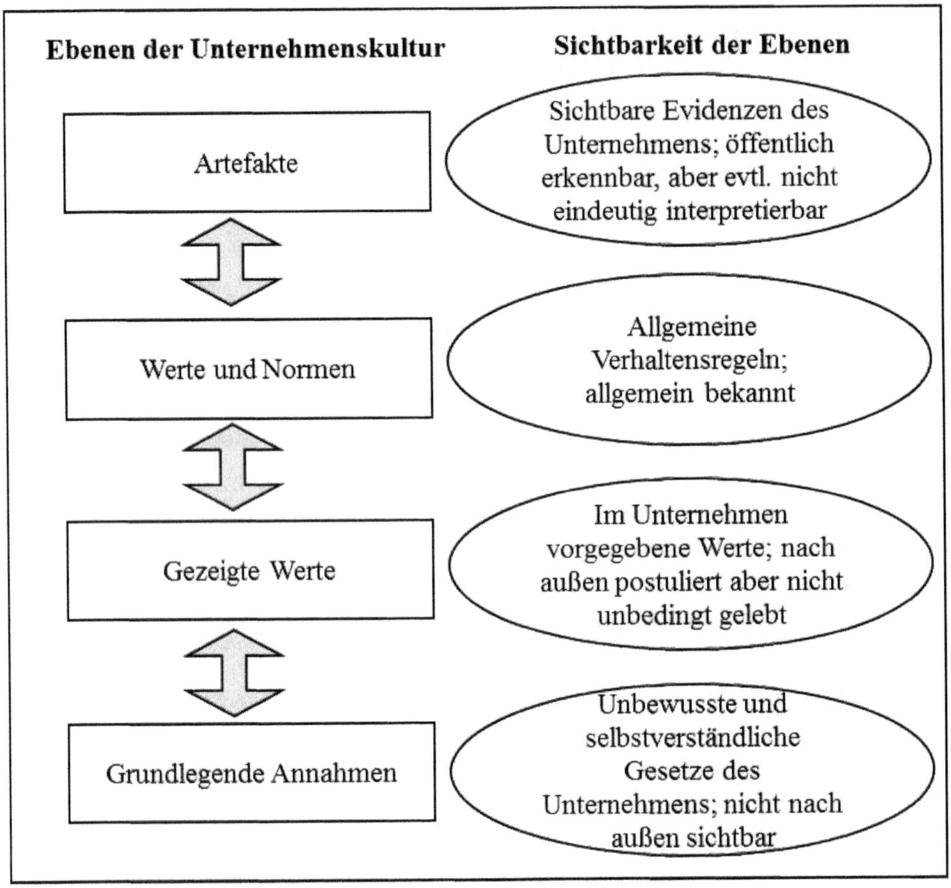

Abb. 11: Ebenen der Unternehmenskultur[341]

Die Finanzkommunikation ist im Modell der Unternehmenskultur in der untersten Ebene, der Ebene der grundlegenden Annahmen, verankert. Ein transparenter Umgang mit der Finanzberichterstattung ist als selbstverständlich anzusehen. Da Finanzkommunikation von der Geschäftsführung und den Führungskräften gestaltet und von den Mitarbeitern verinnerlicht und nach außen gelebt werden soll, muss diese auf der untersten Ebene der grundlegenden Annahmen verankert werden, um die weiteren Ebenen zu beeinflussen. Vice versa ist eine starke Offenheit, Dynamik und eine transparente Unternehmenskultur unbedingt erforderlich, um eine effiziente Finanzkommunikation zu gestalten.[342]

341 Eigene Darstellung in Anlehnung an Sackmann (2004), S. 27 und Schein/Schein (2017), S. 18.
342 Vgl. Salvioni (2002), S. 27.

Die Unternehmenskultur verfolgt eine Vielzahl an Aufgaben und Funktionen im Unternehmen. Hierzu zählen die

- Koordinationsfunktion,
- Identifikation mit dem Unternehmen,[343]
- Motivationsfunktion,[344]
- Steuerungs- und Orientierungsfunktion,
- Stabilisierungsfunktion,
- Sensibilisierungsfunktion.[345]

Die Koordinationsfunktion beschreibt das Verhalten der Mitarbeiter im Unternehmen bei wiederkehrenden Problemen und Herausforderungen. Die Mitarbeiter sollen sich innerhalb ihres Handlungsspielraums automatisch koordinieren, d. h. selbstständig arbeiten und untereinander absprechen. Eine gute Koordination der Mitarbeiter trägt zur Minderung von unternehmensinternen Informationsasymmetrien und den damit verbundenen Kosten bei.

Eine Identifikation mit dem Unternehmen erfolgt, wenn die Mitarbeiter die Visionen und Strategien des Unternehmens kennen und sich zu Eigen machen. Verbunden damit erkennen die Mitarbeiter ihren Beitrag zum Unternehmensziel. Wenn sich alle Mitarbeiter mit dem Unternehmen identifizieren, entsteht ein „Wir-Gefühl", in welches auch neue Mitarbeiter integriert werden. Um eine Identifikation mit dem Unternehmen zu erreichen, ist eine gute Kommunikation Voraussetzung, insbesondere um Ziele und Visionen gleichermaßen allen Mitarbeitern zugänglich zu machen.[346] Dies verdeutlicht die Wichtigkeit des ersten Ziels der Finanzkommunikation, Transparenz im Unternehmen zu schaffen.

Mit der Identifikation und der Entwicklung eines „Wir-Gefühls" hängt auch die Stabilisierungsfunktion zusammen. Diese stellt sicher, dass das Unternehmen auf der Basis gleicher Werte zusammenarbeitet.[347]

---

343 Vgl. Sackmann (2004), S. 27 und Baetge et al. (2007), S. 188.
344 Vgl. Baetge et al. (2007), S. 188.
345 Vgl. Homma/Bauschke (2015), S. 2.
346 Vgl. Baetge et al. (2007), S. 188.
347 Vgl. Homma/Bauschke (2015), S. 2.

Eine weitere Aufgabe der Unternehmenskultur ist die Motivation der Mitarbeiter. Engagement, Selbständigkeit und Selbstverantwortung sollen im Unternehmen gefördert werden. Dies trägt zur Zufriedenheit der Mitarbeiter bei[348] und fördert wiederum die Identifikation mit dem Unternehmen.

Die Steuerungsfunktion unterstützt die Erreichung der Unternehmensziele, da alle Mitarbeiter die Ziele hinreichend kennen und sich mit ihnen identifizieren. Die Orientierungsfunktion unterstützt den einzelnen Mitarbeiter bei seinen Entscheidungen. Dabei weiß er wie das Unternehmen handelt und welche Entscheidungen akzeptiert werden.[349] Diese Funktionen werden hauptsächlich durch die Geschäftsführung und Führungskräfte etabliert und gelebt.

Abschließend ist die Sensibilisierungsfunktion zu nennen, die als Aufgabe der Unternehmenskultur anstrebt, Veränderungen und Trends im Umfeld des Unternehmens wahrzunehmen[350] und diese ggf. zeitnah in die Unternehmenskultur einfließen zu lassen. Die Sensibilisierungsfunktion bildet den Ausgangspunkt, die Unternehmenskultur dynamisch und lernend zu gestalten (vgl. Kap. 2.3.2, S. 78), die u. a. von dem politischen Umfeld, Menschen unterschiedlicher Nationen und der Berufsbranche beeinflusst wird.[351]

In der Stabilisierungs- und Sensibilisierungsfunktion ist in gewissen Maße auch ein achtsamer Umgang mit Risiken enthalten. Dieser wird genauer mit einem Unteraspekt der Unternehmenskultur, der Risikokultur, betrachtet. Die Risikokultur wird im Zuge des Risikomanagements in Kap. 4.1.1 diskutiert.

Werden die genannten Aufgaben der Unternehmenskultur erfolgreich umgesetzt, trägt dies maßgeblich zum Unternehmenserfolg bei. Dies wurde durch Studien belegt. Insbesondere konnte ein deutlich stärker wachsender Unternehmensumsatz bei Unternehmen mit einer starken Kultur gegenüber Unternehmen mit schwächerer Kultur nachgewiesen werden.[352]

Im Unternehmen tragen die Geschäftsführung, Führungskräfte und alle Mitarbeiter zur Etablierung der Kultur mit den zugehörigen Annahmen, Werten und Normen

348 Vgl. Baetge et al. (2007), S. 188.
349 Vgl. Homma/Bauschke (2015), S. 2.
350 Vgl. Homma/Bauschke (2015), S. 2.
351 Vgl. Schein (2015), S. 924.
352 Eine Übersicht der durchgeführten Studien findet sich in Homma/Bauschke/Hofmann (2014), S. 25 und Baetge et al. (2007), S. 192 f.

bei. Initialisiert und definiert werden die grundlegenden Annahmen und Werte eines Unternehmens von seinem Gründer oder den Gründungsmitgliedern, die die Basis, oftmals verbunden mit einer neuen Geschäftsidee, der Unternehmenskultur legen.[353] In etablierten und schon lange bestehenden Unternehmen muss diese von Führungskräften gelebt werden.[354] An der Spitze der Führungskräfte steht die Geschäftsführung oder der Vorstand, der die Unternehmenskultur verantwortet. Es handelt sich demnach um eine Aufgabe für das Management. Deutlich ist dies auch an den Funktionen der Unternehmenskultur erkennbar, die typische Managementaufgaben umfassen sowie an der Managementorientierung, die aus dem Relationship Marketing folgt (vgl. Kap. 2.1.4, S. 28). Die Übertragung der Unternehmenskultur auf die Mitarbeiter erfolgt wiederum durch gegenseitiges Vertrauen und Wertschätzung im Unternehmen. Dies beinhaltet eine effektive Kommunikation auf allen Ebenen im Unternehmen, insbesondere in der vertikalen Kommunikation zwischen Führungskräften und Mitarbeitern.

Da die Unternehmenskultur ein dynamisches Konstrukt ist, welches auf Veränderungen der Umwelt reagiert, gestalten auch die unternehmensexternen Stakeholder die Unternehmenskultur mit. Die Anforderungen der Anspruchsgruppen nach Überlebensfähigkeit, Verantwortung, sozialem und regionalem Engagement müssen vom Unternehmen aufgenommen werden. Vice versa werden die gelebten Normen und Werte nach außen getragen, um die Stakeholder (positiv) zu beeinflussen.[355]

Die Akteure, die die Unternehmenskultur gestalten, sind auch für die Finanzkommunikation wesentlich. Da Finanzkommunikation auf der untersten Ebene in die Unternehmenskultur integriert wird, muss diese von der Geschäftsführung oder dem Vorstand und den Führungskräften eingeführt, gelebt und vermittelt werden. Dabei werden die Interessen der Stakeholder in die Unternehmenskultur integriert. Die Kommunikation der Umsetzung von gesellschaftlich geforderten Werten, bspw. zum Umweltschutz,[356] werden ebenfalls in die Finanzkommunikation integriert. Dies macht wiederum die Wichtigkeit der Veröffentlichung von soft facts mittels Finanzkommunikation (vgl. Kap. 2.3.1, S. 64) deutlich.

---

[353] Vgl. Schein/Schein (2017), S. 130 ff.
[354] Vgl. Homma/Bauschke/Hofmann (2014), S. 10.
[355] Vgl. Wien/Franzke (2014), S. 95 ff.
[356] Vgl. Wien/Franzke (2014), S. 70.

3 Bedeutung von Finanzkommunikation für den Mittelstand

3.1 Begriffsabgrenzung und Publizitätspflichten des Mittelstands

3.1.1 Die Unternehmenslandschaft in Deutschland

Unternehmen können in einer Vielzahl von Formen und Typen in Deutschland und weltweit geführt werden. Unter einem **Unternehmen**, oftmals in Form einer Firma geführt, versteht sich allgemein eine Einheit, die eine wirtschaftliche[357] oder gemeinnützige Tätigkeit ausübt.

In einer engeren Sichtweise verfügt ein Unternehmen nach Gutenberg über drei elementare Merkmale:

1. das Prinzip des Privateigentums,
2. die Selbstbestimmung des Wirtschaftsplans (Autonomieprinzip),
3. das Streben nach Gewinn (erwerbswirtschaftliches Prinzip).[358]

Das Prinzip des Privateigentums besagt, dass den Eigenkapitalgebern eines Unternehmens die Produktionsmittel als Privateigentum zukommen. Daraus entsteht ein Anspruch auf Alleinbestimmung der Eigenkapitalgeber in Form der Geschäftsführung.

Die Selbstbestimmung eines Unternehmens über seinen Wirtschaftsplan beschreibt die Unabhängigkeit eines Unternehmens, das selbst entscheidet, welche Produkte oder Dienstleistungen es produziert und zu welchem Preis diese am Markt verkauft werden. In seiner Reinform beinhaltet das Autonomieprinzip auch das Eingehen von Risiken und Scheitern bei Fehlentscheidungen, die ohne Hilfe des Staates selbst vom Unternehmen getragen werden müssen. Die Autonomie bezieht sich somit vor allem auf die Trennung von Wirtschaft und Staat. Die Gesamtwirtschaft agiert auf Basis unternehmerischer Entscheidungen ohne Eingriffe einer übergeordneten Instanz.[359]

Das dritte Merkmal der Erwerbswirtschaft beschreibt die Gewinnerzielungsabsicht des Unternehmens. Mit dem eingesetzten Kapital möchte das Unternehmen lang-

---

[357] Vgl. Amtsblatt der Europäischen Kommission EU-Empfehlung 2003/361/EG, Artikel 1.
[358] Vgl. Gutenberg (1983), S. 457 ff.
[359] Vgl. Gutenberg (1983), S. 460.

fristig möglichst hohe Gewinne erzielen. Dies basiert auf der Annahme, dass volkswirtschaftlich die beste Versorgung mit Gütern und Dienstleistungen erreicht wird, wenn jedes Unternehmen die Gewinnmaximierung anstrebt.[360]

Unternehmen sind daher autonome Einheiten, die selbständig Entscheidungen treffen aber auch Risiken mit dem Ziel der Gewinnerzielung eingehen. Gutenberg grenzt Unternehmen damit von gemeinnützigen Zusammenschlüssen (Non-Profit-Organisationen, NPO) ab, die nach der gesetzlichen Definition zwar auch Unternehmen, aber nicht Gegenstand dieser Arbeit sind.

Mit einem Unternehmen werden vor allem Tätigkeiten in den „klassischen" Wirtschaftszweigen wie Handel, Handwerk und Dienstleistungen verbunden (vgl. Kap. 3.1.1, S. 89).

In der Gesetzgebung wird der Begriff des Unternehmens als bekannt voraus gesetzt und nur in einigen Gesetzen erneut definiert. In diesem Zusammenhang findet sich auch eine Definition des Unternehmers.

Gesetzlich wird ein **Unternehmer** im Bürgerlichen Gesetzbuch (BGB) als eine natürliche oder juristische Person oder eine rechtsfähige Personengesellschaft beschrieben, die bei Abschluss eines Rechtsgeschäfts in Ausübung ihrer gewerblichen oder selbständigen beruflichen Tätigkeit handelt.[361] Auch im Umsatzsteuergesetz (UStG) wird der Unternehmer definiert. Als Unternehmer wird dort bezeichnet, wer eine gewerbliche oder berufliche Tätigkeit selbständig ausübt.

Ebenfalls findet sich eine Begriffsdefinition des Unternehmens im UstG. Das Unternehmen umfasst die gewerbliche oder berufliche Tätigkeit des Unternehmers. Gewerblich oder beruflich ist in diesem Sinne jede nachhaltige Tätigkeit zur Erzielung von Einnahmen, auch wenn die Absicht, Gewinn zu erzielen, fehlt.[362] Im Sinne dieser Arbeit wird eine enge Unternehmensdefinition verwendet. Da die Gewinnerzielung als wesentliches Merkmal angesehen wird, erfolgt eine Einschränkung der gesetzlichen Formulierung im Sinne der Definition von Gutenberg.

Der Unternehmensbegriff ist in Deutschland stark von der Rechtsform geprägt. Vor allem große Kapitalgesellschaften (und als eine Variante der Kapitalgesellschaft die Aktiengesellschaft (AG)) sowie international agierende Konzerne prägen das Bild in der Öffentlichkeit. Grundlagen für die verschiedenen Rechtsformen sind das

360 Vgl. Gutenberg (1983), S. 464.
361 § 14 BGB.
362 § 2 Abs. 1 UStG.

Handelsgesetzbuch (HGB), das Bürgerliche Gesetzbuch sowie weitere Spezialgesetze, z. B. das Aktien- (AktG) oder Genossenschaftsgesetz (GenG).

Grundlegend wird zwischen vier **Rechtsformen** unterschieden: Einzelunternehmen, Personengesellschaften, Kapitalgesellschaften und Genossenschaften. Einzelunternehmen werden von nur einer Person geführt. Personengesellschaften, Kapitalgesellschaften und Genossenschaften sind Gesellschaften und können von einer oder mehreren Personen geführt werden.[363] Innerhalb dieser Unternehmensformen gibt es wiederum unterschiedliche Varianten. Diese sind in Tabelle 1 abgebildet.

Unternehmenstyp	**Einzelunternehmen**	**Gesellschaft**		
	Einzelunternehmen	Personengesellschaft	Kapitalgesellschaft	Genossenschaft
Rechtsform	e. K.	OHG, KG, GbR	AG (SE), KGaA, GmbH	e. G.
Gesetzliche Grundlage	§§ 1–104 HGB	§§ 105–160 HGB §§ 161–177 HGB §§ 705–740 BGB	AktG §§ 278–290 AktG GmbH-Gesetz	GenG

Tabelle 1: Rechtsformen von Unternehmen in Deutschland[364]

Einzelunternehmen in der Rechtsform des eingetragenen Kaufmanns (e. K.) werden, ebenso wie die Personengesellschaften, durch das HGB geregelt. Personengesellschaften treten am häufigsten in den Rechtsformen einer offenen Handelsgesellschaft (OHG), Kommanditgesellschaft (KG) oder Gesellschaft bürgerlichen Rechts (GbR) auf. Weitere Typen von Personengesellschaften, z. B. in Form einer Partnerschaftsgesellschaft, sind ebenfalls möglich.

Kapitalgesellschaften treten in Form der AG und als besondere Form der AG als Europäische Gesellschaft (SE) sowie als Gesellschaft mit beschränkter Haftung (GmbH) oder Kommanditgesellschaft auf Aktien (KGaA) auf. Als gesetzliche Grundlage sind für Kapitalgesellschaften vor allem das Aktien- und GmbH-Gesetz

---

363 Vgl. Dernedde (2014), S. 12.

364 Eigene Darstellung in Anlehnung an Dernedde (2014), S. 12 und Schierenbeck/Wöhle (2016), S. 36 ff.

bedeutsam. Die Vorschriften für eingetragene Genossenschaften (e. G.) finden sich im Genossenschaftsgesetz.

Grundlegend unterscheiden sich die verschiedenen Rechtsformen im Hinblick auf die mit ihnen verbundene unternehmerische **Haftung**, d. h. wer die unternehmerischen Risiken trägt, wer welches Vermögen in das Unternehmen einbringt und wer im Insolvenzfall mit diesem auch haftet.

Bei Einzelunternehmen haftet der Geschäftsführer mit seinem gesamten Vermögen für auftretende Schulden des Unternehmens. Es wird dabei nicht zwischen Betriebs- und Privatvermögen des Geschäftsführers unterschieden.[365]

Für alle Varianten der Personengesellschaft gilt eine unbeschränkte Haftung der Gesellschafter. Diese haften sowohl mit dem Gesellschaftsvermögen als auch mit ihrem Privatvermögen. Davon abweichend haften die Kommanditisten einer Kommanditgesellschaft nur bis zu der im Handelsregister eingetragenen Haftungssumme.[366]

Im Gegensatz zu den persönlich haftenden Gesellschaftern einer Personengesellschaft gilt für Kapitalgesellschaften eine Haftungsbeschränkung. Die Haftung ist auf das Gesellschafts- resp. Aktionärsvermögen beschränkt.[367] Eingetragene Genossenschaften haften mit dem Geschäftsguthaben. Darüber hinaus kann per Satzung der Genossenschaft eine weitere Haftsumme den Mitgliedern als Nachschusspflicht im Falle einer Insolvenz auferlegt werden.

Die gewählte Rechtsform eines Unternehmens spielt nicht nur eine wichtige Rolle bezüglich der Haftung sondern bringt auch zahlreiche weitere gesetzliche und steuerliche Folgen mit sich. Weiter hängen von der Rechtsform und Größe eines Unternehmens maßgeblich die Publizitäts- und Offenlegungspflichten ab, die den rechtlichen Rahmen der Finanzkommunikation bilden (vgl. Kap. 3.1.2).

---

365 Vgl. Kempert (2008), S. 157.
366 Vgl. Kempert (2008), S. 158 f.
367 Vgl. Schierenbeck/Wöhle (2016), S. 38.

In Deutschland belief sich die Anzahl der Unternehmen im Jahr 2015 auf 3.469.039 Unternehmen.[368] Davon sind 62,39 % als Einzelunternehmen, 11,20 % als Personengesellschaften, 19,87 % als Kapitalgesellschaften und 6,55 % als sonstige Rechtsformen eingetragen (vgl. Abb. 12).[369]

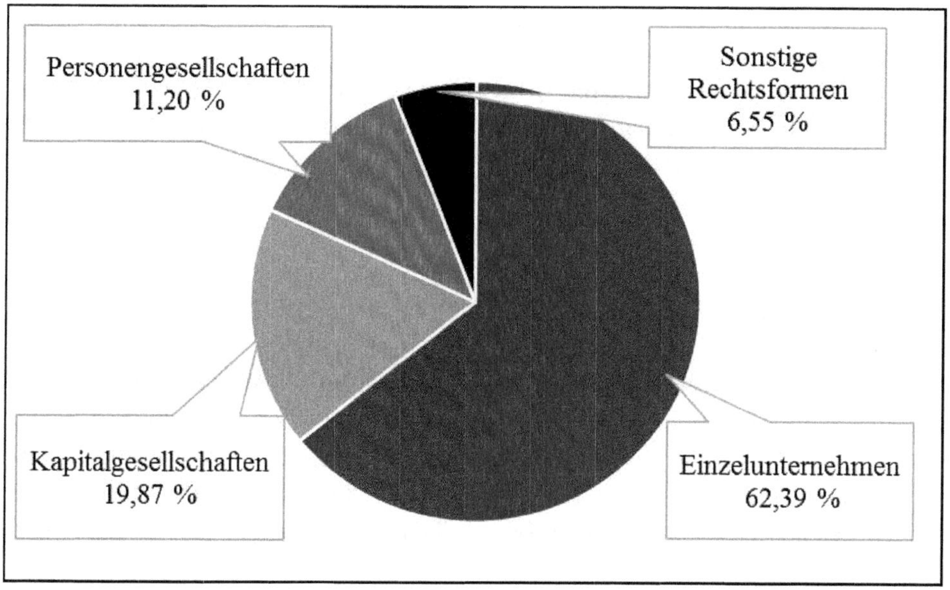

Abb. 12: Anteile der Unternehmensformen in Deutschland[370]

Die meisten Unternehmen in Deutschland befinden sich in Nordrhein-Westfalen (711.967 Unternehmen in 2015) und Bayern.[371] Nach Wirtschaftszweigen sortiert findet sich ein Großteil der Unternehmen im Handel, in freiberuflichen, wissenschaftlichen und technischen Dienstleistungen sowie im Baugewerbe (insgesamt 44,56 % der Unternehmen). Weit abgeschlagen sind Unternehmen in Erziehung und Unterricht (2,22 %) sowie im Finanz- und Versicherungsgewerbe (1,97 %).[372]

---

[368] Vgl. Destatis (2016b).
[369] Vgl. Destatis (2016a).
[370] Eigene Darstellung in Anlehnung an Destatis (2016a).
[371] Vgl. Statistische Ämter des Bundes und der Länder (2016).
[372] Vgl. Destatis (2016b).

Insgesamt waren 28.816.076 sozialversicherungspflichtige Beschäftigte in 2015 tätig.[373] Die meisten Beschäftigten sind im verarbeitenden Gewerbe (6,89 Mio. Menschen), Gesundheits- und Sozialwesen (4,46 Mio. Menschen) und Handel (4,37 Mio. Menschen) tätig.[374]

3.1.2 Publizitätspflichten deutscher Unternehmen

Die **Publizitäts-** oder **Offenlegungspflicht** bezeichnet die gesetzliche Pflicht, rechnungslegungsbezogene Daten von Unternehmen in Form eines Jahresabschlusses zu veröffentlichen. Die Publizitätsvorschriften orientieren sich an drei Kriterien:

1. der Rechtsform des Unternehmens,
2. der Unternehmensgröße und
3. der Kapitalmarktorientierung des Unternehmens.[375]

Zunächst wird die Rechtsform des Unternehmens (vgl. Tabelle 1) betrachtet, um die Anforderungen der Offenlegung zu bestimmen. Für Kapitalgesellschaften und OHGs sowie KGs als Personengesellschaften gelten §§ 325 ff. HGB. Für Einzelunternehmen und die übrigen Personengesellschaften gilt das Publizitätsgesetz (PublG). Genossenschaften fallen größtenteils unter die Regelungen für große Kapitalgesellschaften im HGB. Je nach Rechtsform können die Anforderungen der Publizitäts- und Offenlegungspflichten stark variieren.[376]

Die Größe des Unternehmens nimmt ebenfalls Einfluss auf den Umfang der Publizitätsanforderungen. Im HGB beziffern §§ 267 und 267 a die Merkmale von kleinen, mittleren und großen Kapitalgesellschaften. Das PublG definiert Schwellenwerte für Offenlegungspflichten von Personengesellschaften.

Im HGB werden für Kapitalgesellschaften drei Größenklassen unterschieden: kleine, mittlere und große Kapitalgesellschaften. Eine Kapitalgesellschaft gilt als klein, wenn sie mindestens zwei der drei nachstehenden Merkmale nicht überschreitet:

1. 6 Mio. Euro Bilanzsumme,
2. 12 Mio. Euro Umsatzerlöse in den zwölf Monaten vor dem Abschlussstichtag,

[373] Vgl. Destatis (2016b).
[374] Vgl. Destatis (2016b).
[375] Vgl. Muzzu/Prystav/Stein (2013), S. 1300 f.
[376] Vgl. Wegmann (2006), S. 102.

3. im Jahresdurchschnitt 50 Arbeitnehmer.[377]

Mittelgroße Kapitalgesellschaften überschreiten mindestens zwei der drei Merkmale kleiner Kapitalgesellschaften und überschreiten zwei der drei nachstehenden Merkmale nicht:

1. 20 Mio. Euro Bilanzsumme,
2. 40 Mio. Euro Umsatzerlöse in den 12 Monaten vor Abschlussstichtag,
3. im Jahresdurchschnitt 250 Arbeitnehmer.[378]

Große Kapitalgesellschaften sind solche, die mindestens zwei der drei Merkmale mittelgroßer Kapitalgesellschaften überschreiten.[379] Eine Kapitalgesellschaft gilt ebenfalls immer dann als groß, wenn sie kapitalmarktorientiert ist und somit einen organisierten Markt durch von ihr ausgegebene Wertpapiere (laut Wertpapierhandelsgesetz) in Anspruch nimmt oder eine Zulassung für solche Wertpapiere beantragt hat.[380]

Gerade die Kapitalmarktorientierung eines Unternehmens ist von besonderer Bedeutung, da für kapitalmarktorientierte Unternehmen weitere börsenrechtliche Bestimmungen gelten. Diese regelt das Wertpapierhandelsgesetz (WpHG). Kapitalmarktorientierte Unternehmen müssen in Bezug auf ihre Publizitätspflichten mehr und öfter Informationen zur Verfügung stellen. Neben dem Jahresabschluss, den fast jedes Unternehmen in Deutschland jährlich aufstellen muss, kommen Halbjahresberichte,[381] Zwischenmitteilungen und Vorschriften zur Ad-hoc Publizität sowie Insidergeschäften[382] hinzu. Außerdem muss die Offenlegung spätestens vier Monate nach dem Abschlussstichtag erfolgen.[383]

Betrachtet man den Jahresabschluss gelten, je nach Größe des Unternehmens, verschiedene Anforderungen bezüglich Aufbau und Umfang der Offenlegung. Alle Kapitalgesellschaften sind zur Aufstellung einer Bilanz sowie eines Anhangs verpflichtet. Mittelgroße und große Kapitalgesellschaften müssen darüber hinaus eine

---

[377] § 267 (1) HGB.
[378] § 267 (2) HGB.
[379] § 267 (3) HGB.
[380] § 264 d HGB.
[381] § 37 w WpHG.
[382] § 15 WpHG.
[383] § 325 Abs. 4 HGB.

Gewinn- und Verlustrechnung (GuV) und einen Lagebericht erstellen.[384] Ebenfalls unterliegen diese Kapitalgesellschaften der Prüfungspflicht.[385]

Die Offenlegung der Dokumente des Jahresabschlusses soll, sofern das Unternehmen nicht kapitalmarktorientiert ist, spätestens 12 Monate nach dem Abschluss des Geschäftsjahres, auf das sie sich beziehen,[386] im elektronischen Bundesanzeiger (eBAnz) erfolgen.[387] Der Umfang der dort zu hinterlegenden Informationen unterscheidet sich ebenfalls nach der Unternehmensgröße (vgl. Tabelle 2).

	Große Kapitalgesellschaften	**Mittelgroße Kapitalgesellschaften**	**Kleine Kapitalgesellschaften**
Beim eBAnz einzureichen	Bilanz, GuV, Anhang, Lagebericht, Bestätigungsvermerk oder Vermerk über dessen Versagung, Bericht des Aufsichtsrates, Entsprechungserklärung des Vorstandes, Beschluss zur Ergebnisverwendung	Verkürzte Bilanz, GuV, verkürzter Anhang, Lagebericht, Bestätigungsvermerk oder Vermerk über dessen Versagung, Bericht des Aufsichtsrates, Beschluss zur Ergebnisverwendung	Verkürzte Bilanz und Anhang (keine GuV)

Tabelle 2: Offenlegungspflichten für Kapitalgesellschaften im eBAnz[388]

Kleine Kapitalgesellschaften müssen lediglich eine verkürzte Bilanz mit Anhang im elektronischen Bundesanzeiger einreichen. Mittelgroße Kapitalgesellschaften können die Bilanz zwar auch noch verkürzt im eBAnz offen legen, müssen aber darüber hinaus die GuV sowie einen Lagebericht hochladen. Für große Kapitalgesellschaften kommen weitere Dokumente hinzu, die veröffentlicht werden müssen.

---

384 § 264 HGB.

385 § 316 HGB.

386 § 325 Abs. 1 Satz 1a HGB.

387 Der elektronische Bundesanzeiger ersetzt seit dem 01.01.2007 mit Inkrafttreten des Gesetzes über elektronische Handelsregister und Genossenschaftsregister sowie das Unternehmensregister (EHUG) nach und nach den Bundesanzeiger in Papierform, der als Pflichtveröffentlichungsblatt für alle Handelsregistereintragungen gilt. Gesetzlich vorgeschriebene Jahresabschlüsse werden dort hinterlegt und sind frei zugänglich unter www.bundesanzeiger.de [Stand: 13.03.2017].

388 Eigene Darstellung nach §§ 325 ff. HGB und Muzzu/Prystav/Stein (2013), S. 1301.

Die Hinterlegung des Jahresabschlusses im eBAnz kostet Unternehmen eine Gebühr. Dabei wird der Umfang der zu veröffentlichen Daten berücksichtigt. Eine Einreichung des Jahresabschlusses ist ab 25 Euro, für Kleinstkapitalgesellschaften ab 23 Euro, möglich.[389]

Kleine Kapitalgesellschaften erhalten, wie bereits dargestellt, deutliche Erleichterungen bei der Aufstellung und Veröffentlichung ihrer Jahresabschlüsse. Die Bilanz muss in Kontoform aufgestellt werden und die in Abb. 13 dargestellten Positionen enthalten.

Bilanz

Aktiva	**Passiva**
A. Anlagevermögen	A. Eigenkapital
I. Immaterielle Vermögensgegenstände	I. Gezeichnetes Kapital
II. Sachanlagen	II. Kapitalrücklage
III. Finanzanlagen	III. Gewinnrücklagen
B. Umlaufvermögen	IV. Gewinnvortrag/ Verlustvortrag
I. Vorräte	V. Jahresüberschuss/-fehlbetrag
II. Forderungen und sonstige Vermögensgegenstände	B. Rückstellungen
III. Wertpapiere	C. Verbindlichkeiten
IV. Kassenbestand, Bundesbankguthaben, Guthaben bei Kreditinstituten und Schecks	D. Rechnungsabgrenzungsposten
C. Rechnungsabgrenzungsposten	E. Passive latente Steuern
D. Aktive latente Steuern	
E. Aktiver Unterschiedsbetrag aus der Vermögensverrechnung	

Abb. 13: Bilanzpositionen für kleine Kapitalgesellschaften[390]

Während kleine Kapitalgesellschaften auf der Aktivseite Anlage- und Umlaufvermögen lediglich in drei bzw. vier Unterkategorien aufschlüsseln müssen (vgl. Abb. 13 römische Zahlen) sind mittelgroße und große Kapitalgesellschaften verpflichtet,

[389] Vgl. Bundesanzeiger (2016).
[390] Eigene Darstellung in Anlehnung an § 266 HGB.

weitere Unterteilungen im Umfang von zwei bis sechs weiteren Unterpunkten vorzunehmen. Die Finanzanlagen werden bspw. in die Kategorien

1. Anteile an verbundenen Unternehmen,
2. Ausleihungen an verbundene Unternehmen,
3. Beteiligungen,
4. Ausleihungen an Unternehmen, mit denen ein Beteiligungsverhältnis besteht,
5. Wertpapiere des Anlagevermögens,
6. sonstige Ausleihungen.[391]

unterteilt. Auch auf der Passivseite müssen mittelgroße und große Kapitalgesellschaften ebenfalls deutlich mehr Gliederungspunkte aufnehmen. Die mit römischen Zahlen bezeichneten Kategorien werden in weitere drei bis acht Kategorien aufgeteilt.

Die Erleichterungen für kleine Kapitalgesellschaften wurden 2012 mit dem Kleinstkapitalgesellschaften-Bilanzrechtsänderungsgesetz (MicroBilG) noch erweitert. Eine weitere Größenklasse, die Kleinstkapitalgesellschaft, wurde geschaffen. Als Kleinstkapitalgesellschaft gelten Unternehmen, die mindestens zwei der drei nachstehenden Merkmale nicht überschreiten:

1. 350.000 Euro Bilanzsumme,
2. 700.000 Euro Umsatzerlöse in den zwölf Monaten vor dem Abschlussstichtag,
3. im Jahresdurchschnitt 10 Arbeitnehmer.[392]

Bezüglich der Offenlegungspflicht müssen Kleinstkapitalgesellschaften einen Jahresabschluss ohne Anhang aufstellen. Die Bilanz muss offen gelegt werden, kann gegenüber den kleinen Kapitalgesellschaften jedoch nochmals verkürzt werden und enthält dann nur noch die mit Buchstaben bezeichneten Posten und nicht mehr solche mit römischen Zahlen (vgl. Abb. 13). Die Hinterlegung des Jahresabschlusses beim Bundesanzeiger kann bei Kleinstkapitalgesellschaften durch Hinterlegen der Bilanz beim Unternehmensregister (nicht öffentlich einsehbar) ersetzt werden.

---

391 § 266 HGB.
392 § 267 a HGB.

Den Kapitalgesellschaften gleichgestellt, in Bezug auf die Publizitätspflichten, sind Personengesellschaften ohne natürliche Person als unbeschränkt haftender Gesellschafter. Hierunter fallen insbesondere Mischformen wie die GmbH & Co. KG.

Für Unternehmen, die keine Kapitalgesellschaften sind, also Einzelunternehmen und Personengesellschaften mit einer natürlichen Person als Vollhafter sowie andere Rechtformen, gilt das PublG. Diese Unternehmen sind dann zur Offenlegung verpflichtet,[393] wenn für ihren Geschäftsbetrieb in drei aufeinanderfolgenden Jahren mindestens zwei der nachfolgenden drei Merkmale zutreffen:

1. die Bilanzsumme einer auf den Abschlussstichtag aufgestellten Jahresbilanz übersteigt 65 Mio. Euro,
2. die Umsatzerlöse des Unternehmens in den zwölf Monaten vor dem Abschlussstichtag übersteigen 130 Mio. Euro,
3. das Unternehmen hat in den 12 Monaten vor dem Abschlussstichtag durchschnittlich mehr als 5.000 Arbeitnehmer beschäftigt.[394]

Für die Offenlegung gelten dann die Regelungen für große Kapitalgesellschaften (vgl. Tabelle 2). Auffällig sind die deutlich abweichenden Schwellenwerte im PublG, sodass Unternehmen ähnlicher Größe aber unterschiedlicher Rechtsformen zu unterschiedlichen Publikationsumfängen verpflichtet sind.[395]

Außerhalb der genannten Grenzen sind Unternehmen nicht zur Offenlegung verpflichtet. Ebenfalls kann eine Kapitalgesellschaft von der Offenlegung befreit werden, wenn sie einem Konzern angehört resp. Tochterunternehmen ist und der Konzern bereits alle notwendigen Informationen offenlegt.[396] Dies ist möglich, wenn das Unternehmen in den Jahresabschluss der Muttergesellschaft integriert ist und folgende Merkmale erfüllt sind:

1. Alle Gesellschafter haben dem Beschluss zur Befreiung der Offenlegung zugestimmt und diesen offen gelegt.
2. Das Mutterunternehmen erklärt sich bereit, für die vom Tochterunternehmen eingegangenen Verpflichtungen einzustehen, auch für Verluste. Dies muss mittels einer Erklärung offengelegt werden.
3. Die Befreiung des Tochterunternehmens ist im Anhang des Konzernabschlusses des Mutterunternehmens angegeben.

[393] § 9 PublG.
[394] § 1 PublG.
[395] Vgl. Muzzu/Prystav/Stein (2013), S. 1303.
[396] § 264 Abs. 3 HGB.

4. Der Konzernabschluss und der Konzernlagebericht des Mutterunternehmens sind nach den Rechtsvorschriften des Sitzstaates des Mutterunternehmens im Einklang mit den Richtlinien 2013/34/EU und 2006/43/EG aufgestellt und geprüft worden.[397]

Eine weitere Möglichkeit, die Publizitätsvorschriften zu steuern, bieten finanzpolitische Maßnahmen. Werden die Schwellenwerte von § 267 HGB oder § 1 PublG nur minimal überschritten, kann durch verschiedene Instrumente eine Verringerung von Bilanzpositionen und damit die Zuordnung zu einer niedrigeren Größenklasse erreicht werden. Zu diesen Instrumenten zählen bspw. gesteuerte Lieferverzögerungen oder der Verkauf von materiellen Vermögensgegenständen, die anschließend geleast werden.[398]

Für alle Unternehmen prüft der Betreiber des elektronischen Bundesanzeigers, ob die einzureichenden Daten vollständig und fristgerecht eingereicht werden.[399] Gibt es Gründe zur Beanstandung der offen gelegten Daten, informiert der Betreiber des elektronischen Bundesanzeigers die Landesjustizverwaltungen. Das Bundesamt für Justiz leitet dann ein Ordnungsgeldverfahren ein. Das Ordnungsgeld beträgt zwischen 2.500 Euro und höchstens 25.000 Euro. Lediglich für kapitalmarktorientierte Unternehmen gilt eine noch höhere Höchstgrenze. Das angemahnte Unternehmen bekommt die Möglichkeit, innerhalb von einer Frist von sechs Wochen die fehlenden Informationen nachzuliefern oder Einspruch gegen die Verfügung mittels Rechtfertigung der Unterlassung zu stellen. Ebenfalls möglich ist eine Nachholung der Offenlegung in Verbindung mit einem Einspruch gegen die Ordnungsgeldentscheidung. [400]

Kommt das Unternehmen seinen Verpflichtungen nach, überschreitet dabei jedoch geringfügig die gesetzte Frist von sechs Wochen, wird das Ordnungsgeld durch das Bundesamt heruntergesetzt bspw. auf 1.000 Euro für kleine Kapitalgesellschaften.[401] Die Verfahrenskosten von 103,50 Euro müssen in jedem Fall vom Unternehmen getragen werden, auch wenn die Offenlegung nachträglich innerhalb der Frist geliefert wird.

397 § 264 Abs. 3 HGB.
398 Vgl. Muzzu/Prystav/Stein (2013), S. 1304.
399 § 329 HGB.
400 § 335 Abs. 3 HGB.
401 § 335 Abs. 4 Satz 2 Nummer 2 HGB.

Ein Verstoß gegen die Publizitätspflichten sollte somit möglichst vermieden werden. Kommen Unternehmen ihrer Pflicht zur Veröffentlichung mehrere Jahre hintereinander nicht nach, kann dies Strafzahlungen bis in Millionenhöhe nach sich ziehen. Im Jahr 2015 nahm das Bundesamt für Justiz insgesamt 81 Mio. Euro an Ordnungsgeldern für verletzte Publizitätspflichten ein.[402] Die Möglichkeit der Verweigerung der Offenlegung gegen Zahlung einer Ordnungsgebühr für die „lästige Pflicht" widerspricht der Vorstellung von einer transparenten Unternehmenskultur und dem Denken in Netzwerken.

Zusammenfassend lässt sich festhalten, dass die gesetzlichen Publizitätspflichten inkonsequent und von Ausnahmen, gerade für kleinste und kleine Unternehmen, gestaltet sind. Stakeholder können somit auch Unternehmen ähnlicher Größe kaum miteinander vergleichen, wenn diese eine unterschiedliche Rechtsform oder Kapitalmarktorientierung aufweisen.

Ein weiterer Aspekt aus der Stakeholder-Perspektive zur Veröffentlichung von (Finanz-) Information stellt die **Quasi-Verpflichtung** zur Publikation dar.[403] Bestimmte Anspruchsgruppen fordern dabei Informationen des Unternehmens ein. Bei der Aufnahme von Fremdkapital in Form von Bankkrediten fordert der Gesetzgeber ab einer Höhe von 750.000 Euro oder 10 % des haftenden Eigenkapitals des Kreditinstituts, dass das Unternehmen seine finanzielle Lage dem Kreditinstitut offenlegt.[404] Auch unabhängig von diesen Grenzen kann davon ausgegangen werden, dass eine Bereitstellung des Jahresabschlusses in Kreditvergabeprozessen zwingend notwendig ist.[405]

Weitere Stakeholder der financial community, die eine erhöhte Transparenz bezüglich der Finanzberichterstattung indirekt fordern, sind Wirtschaftsauskunfteien. Diese beeinflussen durch ihre Bonitätseinschätzung ebenfalls die Kreditvergabe an das Unternehmen oder bspw. die Möglichkeiten zum Abschluss und die Konditionen für Kreditversicherungen. Zwar liegt für diese definitiven Stakeholder keine gesetzliche Publizitätspflicht vor, ohne Abschluss einer Versicherung, bedingt durch die Bonitätseinschätzung, kann jedoch im Extremfall kein Umsatz im Unternehmen generiert werden.[406]

---

402 Vgl. Markt und Mittelstand online (2016).
403 Vgl. Muzzu/Prystav/Stein (2013), S. 1304.
404 § 18 KWG.
405 Vgl. Muzzu/Prystav/Stein (2013), S. 1304 f.
406 Vgl. Muzzu/Prystav/Stein (2013), S. 1305.

Neben den finanziellen Stakeholdern kann auch von Kunden, Lieferanten und der Gesellschaft ein Anspruch zur Quasi-Veröffentlichung in Form der Nachhaltigkeitsberichterstattung ausgehen. Um eine gute Reputation zu erlangen und dem Wettbewerb Stand zu halten, fordern verschiedene Stakeholder einen Corporate Social Responsibility Report (CSR-Report).[407]

In der Nachhaltigkeitsberichterstattung veröffentlicht das Unternehmen seine strategische Ausrichtung in Bezug auf Werte, Verantwortung und Nachhaltigkeit und zeigt, wie diese in das Unternehmensleitbild und die Unternehmenskultur integriert sind. Dazu gehören Umweltthemen wie bspw. der sparsame Umgang mit natürlichen Ressourcen, eine umweltfreundliche Logistik und der Beitrag zum Klimaschutz, soziale Themen wie die Förderung der Gleichstellung von Geschlechtern sowie die Integration ausländischer Mitarbeiter und ökonomische Themen wie die Gestaltung der Corporate Governance.

Die Standards der Global Reporting Initiative[408] haben sich für CSR-Reports durchgesetzt, aktuell in der Fassung G3.1. Die Nachhaltigkeitsberichterstattung ist bisher weitestgehend freiwillig. Im HGB gibt es lediglich eine Anmerkung zur Gestaltung des Lageberichts oder Konzernlageberichts im Blick auf nichtfinanzielle Faktoren.[409] Ein neuerer Gesetzesentwurf aus dem Jahre 2016 zur Veröffentlichung von CSR-Reports strebt jedoch eine Verpflichtung an.[410] Allerdings sind davon nur große Gesellschaften, insbesondere Aktiengesellschaften, betroffen. Für mittelständische Unternehmen ergibt sich die Notwendigkeit zu einer Nachhaltigkeitsberichterstattung als Quasi-Verpflichtung, wenn relevante Stakeholder dies fordern. Das resultiert auch daraus, dass KMU oftmals in einem Netzwerk mit Großunternehmen, z. B. als Zulieferer für Automobilhersteller, eingebunden sind.[411]

Nicht nur für bestimmte Stakeholder-Gruppen, die eine Quasi-Veröffentlichung fordern, sondern für den Aufbau von Geschäftsbeziehungen in Richtung einer Allianz ist der Abbau von Informationsasymmetrien, unabhängig von der Rechtsform des Unternehmens, notwendig.[412]

---

407 Vgl. Muzzu/Prystav/Stein (2013), S. 1305.
408 www.globalreporting.org [Stand: 31.03.2017].
409 §§ 289 Abs. 3 und 315 HGB.
410 Vgl. Deutscher Bundestag (2016).
411 Vgl. Genders (2017), S. 51.
412 Vgl. Muzzu/Prystav/Stein (2013), S. 1306.

Um die Anforderungen bezüglich der Publizitätspflichten in KMU als Rahmen für Finanzkommunikation aufzuzeigen, wird als nächstes der Unternehmenssektor der mittelständischen Unternehmen betrachtet.

3.1.3 Mittelständischer Unternehmenssektor

Die große Anzahl der Einzelunternehmen (vgl. Abb. 12) zeigt, dass die Unternehmenslandschaft nicht von Großkonzernen dominiert wird. In Deutschland gibt es einen sehr starken Unternehmenssektor mit kleinen, mittleren und mittelständischen Unternehmen. Im Sprachgebrauch werden dabei die Begriffe „Mittelstand“, „mittelständisches Unternehmen“, „kleine und mittlere Unternehmen“ (KMU) und „Familienunternehmen“ synonym verwendet.[413] Diese synonyme Verwendung ist ein besonderes Phänomen in Deutschland, da in der englischsprachigen Forschungsliteratur deutlich zwischen Small and Medium Enterprises (SME) und Family Firms unterschieden wird.[414]

Eine einheitliche Definition für KMU und den Mittelstand gibt es in der Literatur nicht. Es können jedoch verschiedene Kriterien, sowohl quantitative wie auch qualitative, zur Beschreibung für KMUs und des Mittelstands verwendet werden.

KMU werden mit Hilfe von quantitativen Merkmalen beschrieben. In der quantitativen Analyse werden insbesondere zwei Aspekte betrachtet: Beschäftigtenzahl und Umsatzerlöse (jährlich).[415] Das Institut für Mittelstandsforschung (IfM) in Bonn grenzt kleine und mittlere Unternehmen von Großunternehmen anhand quantitativer Merkmale ab. Die KMU-Definition vom IfM Bonn ist in Tabelle 3 dargestellt.

Unternehmensgröße	**Anzahl Beschäftigte**	**Umsatz in Mio. Euro pro Jahr**
Kleinst	≤ 9	≤ 2
Klein	10 - 49	≤ 10
Mittel	50 - 499	≤ 50

Tabelle 3: Quantitative KMU-Definition nach dem IfM Bonn[416]

[413] Vgl. Becker/Ulrich (2009), S. 2.
[414] Vgl. Becker/Ulrich (2009), S. 2.
[415] Vgl. Becker/Ulrich (2009), S. 3.
[416] Eigene Darstellung in Anlehnung an IfM Bonn (2016a).

Tabelle 3 ist so zu verstehen, dass zwischen der Anzahl der Beschäftigten und dem jährlichen Umsatz ein **und** steht. Alle Unternehmen, die 500 Mitarbeiter und mehr beschäftigen und über 50 Mio. Euro Umsatz jährlich erwirtschaften, gehören zu den Großunternehmen. Laut dieser Definition sind 99,6 % aller 3.469.039 Unternehmen KMU und 59,2 % aller sozialversicherungspflichtigen Beschäftigten sind in KMUs angestellt.[417] Somit kommt der Betrachtung dieses Unternehmenssektors eine hohe Bedeutung zu.

Die weitere Unterteilung im unteren Bereich der Unternehmensgröße in Kleinst- und Kleinunternehmen ist aus den zahlreichen Gründungen in den vergangenen Jahren im Bereich der Start-Up-Unternehmen entstanden. Gerade aus ökonomischer Perspektive ist eine getrennte Betrachtung von Unternehmen mit weniger oder mehr als 10 Mitarbeitern sinnvoll, denn in der Betrachtung des Unternehmensaufbaus und der Unternehmenskultur ergeben sich starke Unterschiede bei kleinen Unternehmensgrößen.

Alternativ kann die KMU-Definition der Europäischen Kommission aus dem Jahre 2003 betrachtet werden (vgl. Tabelle 4). Diese erweitert den Katalog der Kriterien um die Bilanzsumme.

Unternehmensgröße	**Anzahl Beschäftigte**	**Umsatz in Mio. Euro pro Jahr**	**Bilanzsumme in Mio. Euro pro Jahr**
Kleinst	≤ 9	≤ 2	≤ 2
Klein	10 - 49	≤ 10	≤ 10
Mittel	50 - 249	≤ 50	≤ 43

Tabelle 4: Quantitative KMU-Definition der Europäischen Kommission[418]

Tabelle 4 ist so zu lesen, dass die Anzahl der Beschäftigten und der Umsatz in Mio. Euro pro Jahr **oder** die Bilanzsumme in Mio. Euro pro Jahr berücksichtigt wird. Die beiden Definitionen unterscheiden sich darüber hinaus in der Anzahl der Be-

417 Vgl. IfM Bonn (2015), Datenquelle: Statistisches Bundesamt (Destatis).
418 Eigene Darstellung in Anlehnung an das Amtsblatt der Europäischen Kommission EU-Empfehlung 2003/361/EG, Artikel 2.

schäftigten im Bereich der mittleren Unternehmensgröße. Das IfM Bonn berücksichtigt mit der Grenze von 499 Mitarbeitern die besondere Unternehmensstruktur in Deutschland in Anlehnung an eine Unternehmensgrößenstatistik.[419]

Eine weitere quantitative Definition von KMU bietet das Statistische Amt der Europäischen Union (Eurostat). Diese Definition (vgl. Tabelle 5) richtet sich ausschließlich nach der Beschäftigtenzahl und ist bezüglich der Grenzen deckungsgleich mit der Definition der Europäischen Kommission.

Unternehmensgröße	**Anzahl Beschäftigte**
Kleinst	≤ 9
Klein	10 - 49
Mittel	50 - 249

Tabelle 5: Quantitative KMU-Definition nach Eurostat[420]

Im Gegensatz dazu werden allerdings häufig auch ausschließlich die Umsatzerlöse als entscheidende Größe herangezogen, beispielsweise wenn es um Förderprogramme für KMU des Bundes oder der Europäischen Union geht.[421]

Weitere quantitative Definitionen gibt es u. a. vom Deloitte Mittelstandsinstitut an der Universität Bamberg.[422] Eine rein quantitative oder auch eindimensionale Abgrenzung der kleinen und mittleren Unternehmen wird jedoch häufig kritisch gesehen, da bspw. auch größere Unternehmen von der Philosophie, der Führung und dem Befinden der Mitarbeiter eher einem KMU entsprechen können. Hier kommt der Begriff des Mittelstands zum Tragen.

Die Kreditanstalt für Wiederaufbau (KfW) und die Deutsche Industriebank (IKB) definieren auch Unternehmen mit Umsätzen in Milliardenhöhe als mittelständische Unternehmen. Die IKB spricht aufgrund von einem starken Wachstum der Unternehmen sogar von einem „Herauswachsen" des Deutschen Mittelstands aus den bisherigen Größenklassen.[423]

[419] Vgl. Günterberg (2012).
[420] Eigene Darstellung in Anlehnung an Eurostat (2015) und Eurostat (2016).
[421] Vgl. Günterberg/Wolter (2002), S. 4 ff.
[422] Vgl. Becker et al. (2007), S. 30.
[423] Vgl. Demmer/Kann (2014), S. 3.

Bekannte Unternehmen, die mittelständischen Charakter aufweisen, aber aus den quantitativen Größenklassen für KMU herausfallen, sind z. B. Miele (über 18.000 Beschäftige und 3,71 Mrd. Euro Umsatz in 2015/16),[424] Rittal bzw. die Loh Group (über 11.500 Beschäftigte weltweit in 2015 und 2,20 Mrd. Euro Umsatz in 2014),[425] Viessmann, Dürr, Kärcher, usw.[426] Vielen dieser Unternehmen ist gemeinsam, dass sie Familienunternehmen und eigentümergeführt sind. Die strategische Ausrichtung und Unternehmensphilosophie ist geprägt durch einen starken Zusammenhalt und eine mitarbeiterorientierte Führungsstruktur. In der Bevölkerung sind diese Unternehmen oftmals als traditionsreiche Firmen mit hohen Qualitäts- und Nachhaltigkeitsstandards bekannt.

Die quantitativen Merkmale „klein“ und „mittel“ können die Vielschichtigkeit und Multidimensionalität des Mittelstands nur unzureichend beschreiben.[427] Weiter sind die quantitativen Merkmale für die Definition von KMU in unterschiedlichen Ländern sehr verschieden. Beispielsweise hatte Österreich vor seinem Beitritt in die Europäische Union im Jahre 1995 eine eigene, offizielle Definition von KMU, die diese von Großunternehmen abgrenzte.[428] In den USA gibt es eine Bundesbehörde, die speziell für die Unterstützung mittelständischer Unternehmen existiert. Diese gibt für jede Branche eine größenmäßige Abgrenzung zwischen mittelständischen Unternehmen und Großunternehmen an.[429]

Daher ist unabhängig von den quantitativen KMU-Definitionen auch eine qualitative Beschreibung des Mittelstands erstrebenswert. Die qualitativen Charakteristika können über Ländergrenzen hinweg und im Zeitablauf besser verglichen werden. Allerdings gibt es für mittelständische Unternehmen zahlreiche qualitative Merkmale. Diese sind oftmals nicht klar voneinander abzugrenzen oder gar nach Ermessen. Bereits 1962 beschrieb Gantzel die Schwierigkeiten einer eindeutigen Definition des Mittelstands.[430]

Folgt man dem IfM Bonn steht im Mittelpunkt eines mittelständischen Unternehmens die Verbindung von **Eigentum und Leitung**.[431] Nach Angabe des Instituts halten in einem mittelständischen Unternehmen bis zu zwei natürliche Personen

[424] Vgl. Miele & Cie. KG (2016).
[425] Vgl. Friedhelm Loh Group (2016).
[426] Vgl. Demmer/Kann (2014), S. 3.
[427] Vgl. Mugler (2008), S. 19.
[428] Vgl. Mugler (2008), S. 22 ff.
[429] Weitere Informationen hierzu finden sich unter: www.sba.gov [Stand: 20.04.2017].
[430] Vgl. Gantzel (1962), S. 46.
[431] Vgl. IfM Bonn (2016b).

oder ihre Familienangehörigen mindestens die Hälfte der Unternehmensanteile. Ebenfalls gehören diese Personen der Geschäftsführung an. Sollten diese Kriterien erfüllt sein, das Unternehmen aber größer als die quantitative Grenze für KMU sein, wird es dennoch dem Mittelstand zugerechnet. Deutlich abgegrenzt werden jedoch Unternehmen, die einem Konzern angehören oder in Abhängigkeit eines anderen Unternehmens stehen. Diese erfüllen die Mittelstandsdefinition nicht.[432]

Die Schnittmenge von mittelständischen Unternehmen und KMU ist sehr groß. Es können jedoch auch Unternehmen jenseits von 500 Beschäftigten und 50 Mio. Euro Jahresumsatz dem Mittelstand zugerechnet werden, wenn auf sie die obige Verbindung von Eigentum und Leitung zutrifft. Das IfM Bonn sieht die Begriffe Mittelstand, Familienunternehmen, Eigentümerunternehmen und familiengeführte Unternehmen als Synonyme an.[433] Diese synonyme Verwendung weist auf die Strukturen im mittelständischen Unternehmenssektor hin, in dem sich viele Familienunternehmen und familiengeführte Unternehmen befinden.

Die synonyme Verwendung von KMU und Mittelstand ist insofern kritisch, da KMU rein quantitativ von Großunternehmen abgegrenzt werden, während mittelständische Unternehmen durch ihre qualitativen Merkmale beschrieben werden.[434]

Neben der Verbindung von Eigentum und Leitung können auch weitere qualitative Merkmale betrachtet werden. Mugler beschreibt qualitative Merkmale, die charakteristisch für mittelständische Unternehmen sind. Diese bauen zum Teil auf älteren Forschungsergebnissen anderer Autoren auf resp. fassen diese zusammen. Nach Mugler zeichnen die folgenden acht qualitativen Merkmale ein mittelständisches Unternehmen aus:

1. Der Unternehmer prägt das Unternehmen durch seine Persönlichkeit und ist oft auch Eigentümer.
2. Der Unternehmer unterhält eine Vielzahl von Kontakten zu Lieferanten, Kunden und weiteren Personen, die in Beziehung zu dem Unternehmen stehen.
3. Das Unternehmen erstellt Leistungen auf Kundenwunsch und geht auf individuelle Anfragen von Kunden ein.
4. Der Unternehmer und seine Mitarbeiter haben engen Kontakt und die Mitarbeiter identifizieren sich stark mit dem Unternehmen.

---

432 Vgl. IfM Bonn (2016b).
433 Vgl. IfM Bonn (2016b).
434 Vgl. Becker/Ulrich (2009), S. 2.

5. Die Organisation des Unternehmens ist sehr flexibel und gering formalisiert. Dies folgt oftmals aus der geringen Unternehmensgröße.
6. Das Unternehmen reagiert schnell auf Umweltveränderungen.
7. Das Unternehmen wird nicht von einem größeren Unternehmen beherrscht, es ist also z. B. nicht Teil eines Konzerns.
8. Das Unternehmen hat einen kleinen Marktanteil.[435]

Für die Finanzkommunikation ist das zweite Kriterium, das Netzwerk des Unternehmers zu verschiedenen Anspruchsgruppen, ein wichtiger Aspekt. Es betont, wie wichtig die Stakeholder für mittelständische Unternehmen und die Pflege des (regionalen) Netzwerkes sind. Für die Akteure der Finanzkommunikation betont das zweite Merkmal ebenfalls die Rolle des Geschäftsführers bzw. der Geschäftsführung, die bereits in Kap. 2.3.1 erarbeitet wurde. Die Hervorhebung der Mitarbeiter als Gestalter der Finanzkommunikation wird durch das vierte Merkmal von Mugler unterstützt. Wegweisend für die operative Umsetzung von Finanzkommunikation (vgl. Kap. 4.2.2) als ein proaktiver, dynamischer Prozess sind die Kriterien fünf und sechs.

Auch bei den von Mugler genannten Kriterien sind die Einheit von Eigentum und Leitung zu erkennen. Die Verbindung von Eigentum und Leitung (und Kontrolle) wird in der Forschung vielfältig diskutiert und gilt nicht mehr unbedingt als zwingende Eigenschaft für mittelständische Unternehmen. Vorgeschlagen wird eine Abschwächung dieses Kriteriums zu dem Vorliegen einer Verflechtung zwischen dem Unternehmen und seinen Eigentümern.[436]

Die Definition des Deloitte Mittelstandsinstituts an der Universität Bamberg bietet einen integrativen Ansatz und kombiniert qualitative und quantitative Merkmale. Ein Unternehmen wird demnach dem Mittelstand zugerechnet werden, wenn folgende Merkmale erfüllt sind:

1. Das Unternehmen ist eigentümergeführt oder Familienunternehmen.
2. Das Unternehmen ist managementgeführt und hat maximal 3.000 Mitarbeiter und/oder 600 Mio. Euro Umsatz.
3. Das Unternehmen weist beide Merkmale auf.[437]

Nach dieser Definition ist die Einheit von Eigentum und Leitung nicht zwingend als ein Merkmal für mittelständische Unternehmen vorgegeben. Außerdem wird

435 Vgl. Mugler (2008), S. 25 ff.
436 Vgl. Becker/Ulrich (2009), S. 4.
437 Vgl. Becker et al. (2007), S. 30.

eine deutlich höhere quantitative Abstufung als vom IfM Bonn bezüglich der Unternehmensgröße für KMU vorgenommen. Dies basiert unter anderem auf einer Studie von Simon, der eine Wachstumsschwelle von 2.900 Mitarbeitern zwischen mittelständischen Unternehmen und Großunternehmen beschreibt.[438]

Wenn ein Unternehmen auf seine Zugehörigkeit zu KMU und zum Mittelstand analysiert wird, können quantitative Merkmale leicht überprüft werden. Daher werden diese bevorzugt von der Europäischen Kommission genutzt. Eine qualitative Analyse ist deutlich aufwendiger und bietet zudem Interpretationsspielräume. Bei einigen Merkmalen von Mugler ist eine intensive Recherche notwendig, um z. B. festzustellen, ob das Unternehmen auf Kundenwunsch Leistungen erbringt.

Die aufgezeigten Begrenzungskriterien zeigen Ansatzpunkte zur Abgrenzung kleiner, mittlerer und mittelständischer Unternehmen vor allem gegenüber Großkonzernen auf. Wie die Geschäftsführung jedoch tatsächlich gestaltet und das Zugehörigkeitsgefühl der Mitarbeiter ausgeprägt ist, lässt sich in der Regel nur schwer ermitteln. Eine klare Zuordnung eines Unternehmens zu KMU und zum Mittelstand kann relativ einfach bei einer kleinen Unternehmensgröße oder einer sehr transparent gestalteten Geschäftsführung erfolgen. Einige Unternehmen befinden sich jedoch im Grenzbereich.

Im Weiteren wird eine integrative Definition des Mittelstands verwendet und KMU, mittelständische Unternehmen und Mittelstand als Synonyme verwendet, da diese große Überschneidungen aufweisen. Die Definition wird insbesondere in Kap. 3.3.2.2 für die empirische Studie verwendet. Neben den quantitativen Merkmalen des IfM Bonn sollen mittelständische Unternehmen außerdem qualitative Merkmale von Mugler erfüllen, sofern diese aus externer Sicht überprüft werden können. Ein besonderes Augenmerk liegt dabei insbesondere auf einer möglichen Zugehörigkeit zu einem Konzern. Zum einen erfüllen diese die Mittelstandsdefinition des IfM Bonn nicht[439] [440] und zum anderen gelten für KMU, wenn sie einem Konzern angehören, andere Publizitätspflichten, sodass die gesetzlichen Rahmenbedingungen für Finanzkommunikation verändert werden (vgl. Kap. 3.1.2). Der Aspekt des Netzwerkes, indem sich die Geschäftsführung des Unternehmens befindet, ist eben-

---

438 Vgl. Simon (1992), S. 116.

439 Vgl. IfM Bonn (2016b).

440 Auch die Europäische Kommission definiert die Unabhängigkeit von KMU, indem maximal 25 % des Unternehmens von anderen Unternehmen, Investoren oder öffentlichen Einrichtungen gehalten werden dürfen, vgl. Amtsblatt der Europäischen Kommission EU-Empfehlung 2003/361/EG, (9) ff.

falls richtungsweisend für Finanzkommunikation. Eine zwingende Einheit von Eigentum und Leitung sowie eine bestimmte Branchenzugehörigkeit wird jedoch nicht unterstellt (vgl. Abb. 14).

Quantitative Merkmale des IfM Bonn	< 500 Mitarbeiter und < 50 Mio. EUR Umsatz innerhalb eines Jahres	✓
Qualitative Merkmale	keine Konzernzugehörigkeit; Unternehmen befindet sich in einem ausgeprägten, regionalen Netzwerk	✓

Abb. 14: Mittelstandsdefinition für den Fortgang der Arbeit

Im Hinblick auf Finanzkommunikation und auch deren operative Umsetzung werden die Charakteristika, die mittelständische Unternehmen von Großunternehmen und börsennotierten Unternehmen differenzieren, besonders herausgestellt. Fortgeführt aus der Darstellung der qualitativen Merkmale mittelständischer Unternehmen, gibt es Charakteristika, die für die operative Gestaltung der Finanzkommunikation wichtig sind. Trotz der hohen Heterogenität mittelständischer Unternehmen[441] lassen sich bestimmte Charakteristika, die für die Finanzkommunikation von Bedeutung sind, ausmachen.

Mittelständische Unternehmen agieren oftmals in Nischensegmenten und sind stark spezialisiert, sodass sie auf diesen Gebieten Marktführer (sogenannte „Hidden Champions") sind.[442] Daher haben sie einen hohen Beschaffungsbedarf und sind in hohem Maße von Lieferanten abhängig. Die Beziehungen zu diesen Stakeholdern, wie auch auf der anderen Seite zu den Kunden, bestehen meist über einen längeren Zeitraum und sind in ein regionales Netzwerk eingebunden.[443] Sie werden von der Geschäftsführung gepflegt.

Die Prozesse und die Beziehungen im Unternehmensnetzwerk sind stark abhängig von der Geschäftsführung in persona. Diese kennt oftmals alle Mitarbeiter ihres Unternehmens persönlich,[444] weshalb diese eine starke Bindung zum Unternehmen und der Unternehmenskultur aufweisen. Der Führungsstil ist eher kooperativ ausgerichtet und Hierarchieebenen flach gestaltet.[445] Prozesse im Unternehmen (z. B.

---

441 Vgl. Wegmann (2006), S. 5.
442 Vgl. Simon/Huber (2007), S. 43.
443 Vgl. Schomaker/Günther (2006), S. 216.
444 Vgl. Schomaker/Günther (2006), S. 216.
445 Vgl. Becker et al. (2008), S. 50.

Corporate Governance und Risikomanagement) sind intuitiv und nicht formalisiert bzw. institutionalisiert gestaltet und wenig dokumentiert. Dies ermöglicht mittelständischen Unternehmen wiederum flexibel und schneller auf Umweltveränderungen zu reagieren als Großunternehmen.[446]

Für die Kapitalbeschaffung sind mittelständische Unternehmen stark abhängig von Kreditinstituten, da sie aufgrund ihrer Unternehmensgröße eher selten Zugang zum Kapitalmarkt haben. Ebenfalls weisen Kleinstunternehmen und kleine Unternehmen eine relativ niedrige Eigenkapitalquote auf,[447] weshalb KMU insgesamt stark an Kreditfinanzierungen gebunden sind.[448] Der Einbezug von Investoren in das Unternehmen wird auch meistens nicht gewünscht, da mittelständische Unternehmen stark nach Selbständigkeit und Unabhängigkeit streben.[449] Damit zusammen hängt auch eine geringere Risikotoleranz von KMU im Vergleich zu Großunternehmen.[450]

Das Know-How im Unternehmen ist an einzelne, wenige Personen geknüpft, da Fach- und Führungskräfte häufig Großunternehmen als Arbeitgeber bevorzugen. Dies führt zu einem Mangel an personellen Ressourcen und damit einhergehend,[451] dass Funktionsbereiche wie Controlling oder IT keine eigene Einheit bilden und Stabsstellen nur selten vorzufinden sind. Ebenfalls gibt es in den meisten KMU keine dokumentierte strategische Planung, kein strategisches Leitbild oder ein internes Kontrollsystem.

Aus diesen Eigenschaften, die speziell in mittelständischen Unternehmen beobachtet werden können, folgt aus einigen Merkmalen eine besondere Notwendigkeit für Finanzkommunikation, die ab Kap. 3.2.2 beschrieben wird.

Die Rahmenbedingungen für Finanzkommunikation im Mittelstand stellen sich wie folgt dar: Von der Rechtsform sind ein Großteil der mittelständischen Unternehmen Einzelunternehmen (62,58 %). Darauf folgt die Rechtsform der Kapitalgesellschaft (18,44 %) und der Personengesellschaft mit 12,53 %. Es verbleiben 6,45 % für sonstige Rechtsformen (vgl. Abb. 15).[452]

---

446 Vgl. Dickerhof/Gengenbach (2006), S. 5.
447 Darstellung und Entwicklung der Eigenkapitalquoten von KMU in 2015 siehe Kap. 3.2.3.
448 Vgl. Jonen/Lingnau (2004), S. 15 f.
449 Vgl. Amtsblatt der Europäischen Kommission EU-Empfehlung 2003/361/EG (9) ff.
450 Vgl. Acar/Göç (2011), S. 849.
451 Vgl. Schomaker/Günther (2006), S. 216.
452 Vgl. IfM Bonn (2014), S. 1; Datenquelle: Destatis.

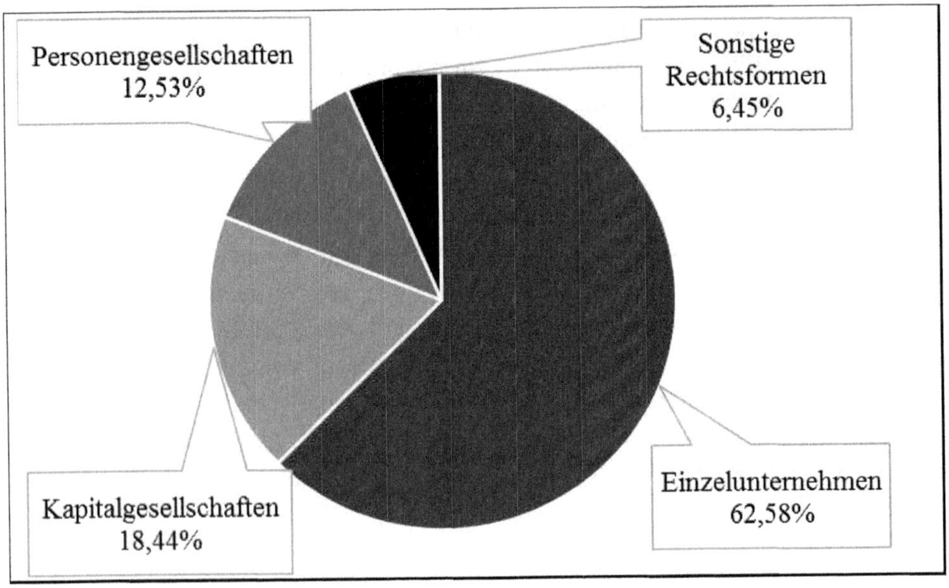

Abb. 15: Rechtsformen von KMU in Deutschland[453] [454]

Die Ähnlichkeit von Abb. 15 zu Abb. 12 in Kap. 3.1.1 entsteht dadurch, dass 99,6 % der gesamten Unternehmen KMU sind. Daher sind die Rechtsformen von KMU mit den Rechtsformen aller Unternehmen stark positiv korreliert.

Bringt man die Rechtsformen mit den Publizitätspflichten in Verbindung, ergibt sich ein eindeutiges Bild. Einzelunternehmen und Teile der Personengesellschaften fallen in Zusammenhang mit der quantitativen KMU-Abgrenzung (< 50 Mio. Euro Umsatz im Jahr und weniger als 500 Mitarbeiter) nicht in die gesetzliche Pflicht zur Offenlegung (vgl. Kap. 3.1.2, S. 95). Bei den verschiedenen Größenklassen von Kapitalgesellschaften (vgl. Kap. 3.1.2, S. 90) sind in Zusammenhang mit der quantitativen Abgrenzung des Mittelstands alle Varianten denkbar. Auch große Kapitalgesellschaften können KMU sein.

453 Eigene Darstellung in Anlehnung an IfM Bonn (2014), S. 1; Datenquelle: Destatis.

454 Zugrunde gelegt ist dabei die KMU-Definition des IfM Bonn. Betrachtet wird die Unternehmenslandschaft im Jahre 2014. Es ergeben sich nur geringfügige Unterschiede, wenn die KMU-Definition der Europäischen Kommission zugrunde gelegt wird, vgl. IfM Bonn (2014), S. 2.

Die meisten mittelständischen Unternehmen fallen jedoch nicht unter die Publizitätspflicht und sind daher nicht zur gesetzlichen Offenlegung finanzieller Daten verpflichtet.[455]

Die Struktur des mittelständischen Unternehmenssektors verdeutlicht erneut die Notwendigkeit einer Abgrenzung von Finanzkommunikation zu Investor Relations. Die Nähe von Investor Relations zu Investoren und die Konzentration auf eine diversifizierte Aktionärsstruktur sowie steigende und wenig volatile Aktienkurse (vgl. Kap. 2.2.2.4) betrifft mittelständische Unternehmen kaum, da diese nur selten die Rechtsform einer AG aufweisen. Ebenfalls gelten damit kaum gesetzliche Verpflichtungen für KMU zur Veröffentlichung von Finanzinformationen. Der mittelständische Unternehmenssektor bringt viele spezielle Charakteristika mit, an denen die Finanzkommunikation ausgerichtet werden muss. Diese soll zum jeweiligen Unternehmen passen[456] und genauso individuell wie die Wertkette eines jeden Unternehmens gestaltet werden.

Eine große Hürde dabei stellt die kritische Einstellung vieler mittelständischer Unternehmen zur Veröffentlichung von Unternehmensdaten und eine verschwiegene Unternehmenskultur dar.[457] Trotz möglicher hoher Strafen (vgl. Kap. 3.1.2, S. 96) veröffentlichen Unternehmen verzögert ihre Jahresabschlüsse oder verweigern dies sogar ganz. Gerade mittelständische Unternehmen befürchten durch die Veröffentlichung im elektronischen Bundesanzeiger, dass verschiedene Anspruchsgruppen, insbesondere solche, denen sie sonst keine Informationen zur Verfügung stellen würden,[458] aus den Daten Rückschlüsse auf sie ziehen können. Da der Adressatenkreis im Bundesanzeiger vom Unternehmen nicht selbst gesteuert werden kann, können Mitbewerber, Kunden und Lieferanten einen Einblick in die Unternehmensstruktur erhalten.[459]

Daher werden Informationen oftmals bewusst zurückgehalten. Die Verweigerung der Veröffentlichung im eBAnz scheint gerade im Mittelstand häufig vorzufallen. In 2015 mahnte das Bundesamt für Justiz insgesamt 190.000 Unternehmen, die entweder zu spät oder gar nicht der Offenlegung ihrer Jahresabschlüsse nachkamen.[460]

---

[455] Vgl. Hausch (2004), S. 20.
[456] Vgl. Paul (2017), S. 65.
[457] Vgl. Mey/Schnier (2013), S. 237 und Hausch (2004), S. 140.
[458] Vgl. Grottke et al. (2012), S. 96.
[459] Vgl. Grottke et al. (2012), S. 94 ff.
[460] Vgl. Markt und Mittelstand online (2016).

Im Gegensatz zu dem Verfechten einer möglichst zurückhaltenden Informations- und Kommunikationspolitik befürchten viele mittelständische Unternehmer jedoch auch, dass aufgrund mangelnder Informationen im Bundesanzeiger ein falsches Bild ihres Unternehmens vermittelt werden kann.[461] Mangelnde Transparenz kann ein mangelhaftes oder nicht vorhandenes Controlling und Rechnungswesen signalisieren. Neben der Einsicht, dass Finanzkommunikation die Unternehmensziele unterstützt und zur Krisenprävention beiträgt,[462] bieten die Aspekte eines „falschen Bildes" sowie die Quasi-Verpflichtung zur Veröffentlichung von Finanzinformationen und Nachhaltigkeitsberichten eine Motivation, freiwillig mehr Informationen zu veröffentlichen als die Publizitätspflichten fordern. Aus den Spezifika für mittelständische Unternehmen lassen sich noch weitere Argumente für eine integrierte Finanzkommunikation in KMU ableiten, auf die im folgenden Kapitel eingegangen wird.

461 Vgl. Grottke et al. (2012), S. 94.
462 Vgl. Paul (2017), S. 65.

3.2 Notwendigkeit von Finanzkommunikation im Mittelstand

3.2.1 Bestehende Forschung

Einen aktuellen Stand der Forschung im Bereich der Theorie der Finanzkommunikation gibt es nicht. Insbesondere für Finanzkommunikation als strategische Kommunikation existiert nur eine unerhebliche Anzahl an Veröffentlichungen.[463] Es werden daher Veröffentlichungen zum Beziehungsmanagement, zur Unternehmenskommunikation und zur Finanzierung im Kontext von kleinen, mittleren und mittelständischen Unternehmen betrachtet. Weiter werden praxisbezogene Studien zur Wirkung von Finanzkommunikation aufgelistet.

Der umfangreiche Forschungsstand für die Investor Relations für börsennotierte Unternehmen wird für KMU nicht als maßgebend angesehen, da sich die Ergebnisse nicht direkt übertragen lassen.[464] Ebenfalls können die Ergebnisse von Autoren, die zwar den Begriff „Finanzkommunikation“ verwenden, diesen jedoch wie Investor Relations im Sinne einer Kommunikation ausschließlich mit der financial community definieren (z. B. Rolke/Wolff (2000), Göbel (2007), Porák et al. (2006), Zülich et al. (2016)), aufgrund der für diese Arbeit zugrunde gelegten weiten Definition von Finanzkommunikation in Kap. 2.3.1, S. 63 nur eingeschränkt genutzt werden. Führende Autoren und Studien für die Theorie der Finanzkommunikation sind in Tabelle 6 dargestellt.

Forschungsgebiet(e)	**Autor(en)**	**Titel**	**Jahr**
Beziehungen zwischen Banken und SME (amerikanischer Markt)	Petersen, Mitchell A.; Rajan, Raghuram G.	The Benefits of Lending Relationships: Evidence from Small Business Data, in: The Journal of Finance, Jg. 49, Nr. 1	1994
	Berger, Allen N.; Udell, Gregory F.	Relationship Lending and Lines of Credit in Small Firm Finance, in: The Journal of Business, Jg. 68, Nr. 3	1995
	Bornheim, Stefan P.; Herbeck, Thomas H.	A Research Note on the Theory of SME – Bank Relationships, in: Small Business Economics, Jg. 10, Nr. 4	1998
Investor Relations in KMU	Kokalj, Ljuba; Paffenholz, Guido	Investor Relations	2001
	IfM-Materialien Nr. 147	Finanzwirtschaftliche Informationspolitik mittelständischer Unternehmen	

[463] Vgl. Laskin (2014), S. 127.
[464] Vgl. Paul/Prystav/Stein (2011), S. 747.

Transparente Kultur und Finanzkommunikation (Italien)	Salvioni, Daniela M.	Transparency Culture and Financial Communication	2002
Finanzkommunikation in KMU	Froh, Achim	Finanzkommunikation im Mittelstand, in: Piwinger, Manfred; Kirchhoff, Klaus Rainer: Praxishandbuch Investor Relations - Das Standardwerk der Finanzkommunikation	2009
	Paul, Stephan	Finanz-Kommunikation zur Existenzsicherung im Mittelstand, in: Hilse, Jürgen; Netzel, Werner; Simmert Diethard B.: Praxishandbuch Firmenkundengeschäft	2010
Studien zur Finanzkommunikation	Euler Hermes Kreditversicherungs AG	Finanzkommunikation jetzt krisenfest machen! Erfolgsrezepte für den Umgang mit Kapitalgebern – Repräsentative Studie für den Mittelstand, in: Wirtschaft Konkret, Nr. 421	2008
		Schwungrad Finanzkommunikation – Von den Besten lernen, in: Wirtschaft Konkret, Nr. 425	2010
		Klimawandel in der Finanzkommunikation – Neue repräsentative Studie für den Mittelstand, in: Wirtschaft Konkret, Nr. 429	2013
Finanzkommunikation nicht börsennotierter Unternehmen	Paul, Stephan; Prystav, Fabian; Stein, Stefan	Eine Analyse zentraler Aspekte der Finanzkommunikation nicht börsennotierter Unternehmen mit Hilfe der Critical Incident Technique, in: Sonderheft der Zeitschrift für betriebswirtschaftliche Forschung, Jg. 63	2011
Kommunikation, Finanzkommunikation und soziale Netzwerke in KMU	Meyer, Jörn-Axel (Hrsg.)	Kommunikation kleiner und mittlerer Unternehmen	2013
Finanzierung, Mittelstand	Paul, Stephan; Stein, Stefan	Finanzkommunikation, Basel III und die Unternehmensfinanzierung	2013
Finanzierung, Finanzkommunikation	Langen, Rainer	Finanzierungschancen trotz Bankenkrise – Was mittelständische Unternehmer jetzt beachten sollten	2015
Finanzierung, Mittelstand	Paul, Stephan; Stein, Stefan	Finanzierungstrends im Mittelstand	2016
Digitalisierung, Finanzkommunikation	Paul, Stephan	Kredit 4.0 und Finanzkommunikation des Mittelstands, in: Zeitschrift für KMU und Entrepreneurship, Jg. 65, Nr. 1-2	2017

Tabelle 6: Auswahl von Autoren und Schriften im Bereich Finanzkommunikation und KMU[465]

[465] Eigene Darstellung. Forschungsstand überwiegend im deutschen Sprachraum, da in der englischen Literatur nicht zwischen Investor Relations und financial communication differenziert wird. Ebenfalls gibt es die bereits aufgezeigte Begriffsproblematik zwischen KMU und SME sowie family firms (vgl. Kap. 3.1.3, S. 81).

Mit der Auflistung der bestehenden Monographien, Sammelwerke und Artikel wird deutlich, dass es keine umfangreiche Forschung im Bereich der Theorie der Finanzkommunikation in Verbindung mit mittelständischen Unternehmen gibt. Weiter kann der aktuelle Stand der Forschung für die gesetzlichen Rahmenbedingungen von Finanzkommunikation betrachtet werden. Die Mehrheit der durchgeführten Studien zum Publizitätsverhalten, -intensität und -umfang beziehen sich auf börsennotierte Unternehmen.[466] Einige Studien widmen sich jedoch auch nicht börsennotierten KMU (vgl. Tabelle 7).

Autor(en)	**Titel**	**Jahr**	**Ergebnisse**
Henselmann, Klaus; Kaya, Devrimi	Ursachen des Offenlegungsdefizits von Jahresabschlüssen nach dem EHUG – Ergebnisse einer empirischen Untersuchung	2009 (Datenbasis von 2006)	Kleine Unternehmen veröffentlichen schneller als mittelgroße (alle Unternehmen mit Rechtsform der GmbH), jedoch sind ihre Veröffentlichungen von geringerer Aussagekraft
Euler Hermes Kreditversicherungs AG	Schwungrad Finanzkommunikation – Von den Besten lernen	2010 (Best-Practice-Unternehmen für Finanzkommunikation von 2006 bis 2008)	Umfassendes Bild des Unternehmens wird veröffentlicht. Anspruchsgruppen für die Finanzkommunikation sind viele verschiedene Stakeholder, wobei die Mitarbeiter die wichtigste Anspruchsgruppe bilden.
Buchheim, Regine	Die Publizität der Kapitalgesellschaften & Co. nach dem EHUG	2010 (Datenbasis von 2008)	90 % der kleinen und 67 % der mittelgroßen Kapitalgesellschaften nutzen die Erleichterungen der Publizitätsvorschriften. Lediglich 8 % veröffentlichen freiwillig mehr Informationen.
Eierle, Brigitte; Eich, Benedikt; Klug, Christine	Das Offenlegungsverhalten kleiner und mittelgroßer Kapitalgesellschaften sowie Kapitalgesellschaften & Co. nach dem EHUG – Eine empirische Untersuchung	2011 (Datenbasis 2007)	Weitestgehende Einhaltung der Pflichtveröffentlichung, jedoch oftmals gravierende Mängel in den Anhangangaben.
Paul, Stephan; Prystav, Fabian; Stein, Stefan	Eine Analyse zentraler Aspekte der Finanzkommunikation nicht börsennotierter Unternehmen mit Hilfe der Critical Incident Technique	2011 (Datenbasis 2009)	Primäres Ziel von Finanzkommunikation ist Vertrauen. In KMU wird diese meistens nicht strategisch geplant

466 Vgl. Blümle/Kreipl/Panzer (2013), S. 270.

Blümle, Christian; Kreipl, Markus; Panzer, Lena	Kommunikationsverhalten kleiner und mittlerer Unternehmen nach der Revision des Handelsrechts	2013 (Datensatz von 2010)	Unterschiede zwischen börsennotierten und nicht börsennotierten KMU in Bezug auf die Publizität. 80,78 % der nicht börsennotierten KMU kommen den gesetzlichen Verpflichtungen nach. Lediglich 12,05 % veröffentlichen freiwillige Informationen darüber hinaus.
Mey, Hendryk; Schnier, Olaf	Creditor Relations bei Mittelstandsanleihen, Finanzmarktkommunikation von KMU	2013	KMU, die Anleihen emittiert haben, veröffentlichen die gleichen Informationen wie Großunternehmen. Lediglich bezüglich der Anzahl der Informationen gibt es Unterschiede.

Tabelle 7: Studien zur Publizität deutscher KMU[467]

Aus der theoretischen Aufarbeitung ergab sich eine Notwendigkeit von Finanzkommunikation im Rahmen des Kooperationsansatzes. Das Ziel ist insbesondere Informationsasymmetrien zwischen den verschiedenen Anspruchsgruppen zu reduzieren. Die Notwendigkeit einer Finanzkommunikation mit bestimmten Anspruchsgruppen lässt sich in Verbindung mit mittelstandspezifischen Charakteristika ableiten.

3.2.2 Reputationsmanagement im Mittelstand

Anknüpfend an Kap. 3.1.3 wird „ein falsches Bild" vom Unternehmen gerade von mittelständischen Unternehmen besonders gefürchtet.[468] Gerade bei Unternehmen, die seit Generationen im Besitz einer Familie sind, stellen Reputation und Image in Verbindung mit dem Familiennamen einen wesentlichen Faktor zum Unternehmenserfolg dar.[469] Die positiven Eigenschaften, die ein gutes Image und eine gute Reputation mit sich bringen, werden aber auch von KMU, die nicht im Familienbesitz sind, angestrebt.

CSR-Reports, die wesentlich zur Bildung einer positiven Reputation beitragen, gehören jedoch für KMU nur zur Quasi-Veröffentlichung und sind nicht verpflichtend (vgl. Kap. 3.1.2, S. 98). Eine Integration von CSR-Aspekten als soft facts in die Finanzkommunikation kann daher sinnvoll sein.

---

467 Eigene, modifizierte Darstellung in Anlehnung an Blümle/Kreipl/Panzer (2013), S. 271.

468 Vgl. Grottke et al. (2012), S. 94.

469 Vgl. Block/Moritz (2015), S. 151 f. und Chen et al. (2010), S. 54.

Wegweisend in diesem Zusammenhang ist, dass die zu verfolgenden Ziele von der Kommunikation mittelständischer Unternehmen vor allem Aspekte bezüglich des Images und der Reputation aufgreifen:

- Bekanntheit des Unternehmens steigern (90,4 %),
- Marken aufbauen und stärken (85,2 %),
- Reputation schaffen (84,4 %).[470]

Auch der Aufbau von Vertrauen (83,7 %) und die Pflege langfristiger Beziehungen liegen mit 70 % weit oben unter den verfolgten Zielen.[471] [472] Somit sind die Ziele auch eng mit dem Reputationsmanagement verbunden. Vice versa lässt sich feststellen, dass die Kommunikationsfähigkeit von Unternehmen den größten Einfluss auf die Reputation ausübt.[473]

Der Begriff der Reputation wurde bereits im Rahmen der Public Relations definiert (vgl. Kap. 2.2.2.3, S. 46). Eng mit dem Aufbau einer positiven Reputation ist das Stakeholdermanagement verknüpft und damit auch ein weiteres Ziel der Finanzkommunikation: die Implementierung erfolgreicher Geschäftsbeziehungen.

Der Zusammenhang zwischen einem positiven Image und kollektiver der Reputation (vgl. Kap. 2.2.2.3, S. 47) auf der Basis von Vertrauen mit dem Unternehmenserfolg wird in der Literatur unterstellt.[474] In den vergangenen Jahren hat die Reputation noch erheblich an Bedeutung gewonnen. Durch die starke Nutzung der Online-Kommunikation (vgl. Kap 2.2.3) entsteht eine hohe Transparenz, die für die Nutzer des Internets allgegenwärtig ist.[475] Positive wie auch negative Erfahrungen mit Unternehmen und Marken erreichen online innerhalb kürzester Zeit nahezu alle Stakeholder-Gruppen auch über Ländergrenzen hinweg.[476] Dies führt dazu, dass eine positive Unternehmensreputation innerhalb kürzester Zeit umschlagen und der erlangte Vertrauensverlust nicht wieder abgebaut werden kann. Besonders deutlich wird dies vor allem bei Aktiengesellschaften, deren Aktienkurse durch negative Nachrichten innerhalb kürzester Zeit absinken. Ein Beispiel ist die Explosion der Ölplattform Deepwater Horizon von British Petroleum (BP), die im Jahr 2010 ein

---

470 Vgl. Zerfaß/Fink/Winkler (2016), S. 23.
471 Vgl. Zerfaß/Fink/Winkler (2016), S. 23.
472 Laut einer Umfrage mit 270 mittelständischen Unternehmen im Jahr 2016. Mehrfachnennungen möglich, vgl. Zerfaß/Fink/Winkler (2016), S. 3.
473 Vgl. Schwalbach (2000), S. 295.
474 Vgl. Fombrun (2001), S. 25.
475 Vgl. Eck (2009), S. 189.
476 Vgl. Wüst (2012), S. 4.

Absinken des Aktienkurses und damit des Unternehmenswerts von BP um 50 % bewirkte. Seitdem hat die BP-Aktie das Kursniveau aus dem Jahr 2008 nicht mehr erreicht.[477] [478]

Eng verbunden mit der Reputation ist die Einhaltung gesellschaftlich anerkannter und damit gültiger Normen und Werte. Dies entspricht der im Modell von Mitchell/Agle/Wood thematisierten Legitimität, die den Stakeholder-Gruppen (2), (4), (6) und (7) zugeschrieben wird. Diese Legitimität baut auf ethischen Grundsätzen auf, welche wiederum mit der Moral eng verknüpft sind.[479] Beide Begriffe bilden die Grundsätze der Unternehmensethik und damit der Reputation. Die Ethik bildet ab, wie unternehmerische Handlungen gestaltet werden und die Moral liefert das Warum der Handlungen entlang der Wertkette. Eine ethische Grundhaltung des Unternehmens wird von den Stakeholdern vorausgesetzt.[480]

Die ethische Grundhaltung und moralischen Werte sind ein dynamisches Konstrukt, welches stark durch Entwicklungen außerhalb des Unternehmens geprägt wird. Landesspezifische Eigenschaften, die Wirtschaft allgemein und die Politik beeinflussen das Konstrukt. Es kann damit auch bei dieser Thematik ein Stakeholderbezug hergestellt werden.

Im Bereich der Unternehmensethik hat der Begriff der unternehmerischen Gesellschaftsverantwortung (Corporate Social Responsibility, CSR[481]) in den letzten Jahren an Bedeutung gewonnen. Ebenfalls sind in neueren Veröffentlichungen an die Umwelt angepasste Aspekte wie „Diversity“ zu finden, also die Einbeziehung fremder Kulturen und Menschen anderer Nationen und anderer Grundeinstellungen.[482]

Der Begriff CSR kann mit der Verantwortung von Unternehmen für ihre Auswirkungen auf die Gesellschaft beschrieben werden[483] und bezeichnet häufig das gesellschaftliche Engagement von Unternehmen. Der Begriff und das Verständnis für CSR sind stark von dem kulturellen Umfeld, der Branche und dem Unternehmen

---

477 Datenquelle: www.finanzen100.de [Stand: 05.05.2017].

478 Für mittelständische Unternehmen kann eine entsprechende Kausalität nicht direkt abgeleitet werden, da der Unternehmenswert nicht wie bei börsennotierten Unternehmen dokumentiert wird. In diesem Zusammenhang wird in Kap. 4.3.1 auch auf die Schwierigkeiten der Messung von der Reputation von KMU eingegangen.

479 Weitere Ausführungen zu Ethik, Moral und Unternehmensethik finden sich z. B. in Steinmann/Löhr (1994).

480 Vgl. Wüst (2012), S. 6.

481 Erstmalig fand der Begriff 1953 in einer Veröffentlichung von Howard R. Bowen in den USA Verwendung, vgl. Bowen/Johnson (1953).

482 Vgl. Wüst (2012), S. 4 f.

483 Vgl. Europäische Kommission (2011), S. 6.

selbst abhängig und daher nicht klar abzugrenzen. Den Ausgangspunkt für CSR bietet ebenfalls die Stakeholder-Analyse. Der CSR-Begriff passt sich somit dem wandelnden Umfeld an und ist als dynamischer Prozess zu sehen.[484] Als Orientierung kann die CSR-Definition der Europäischen Kommission aus dem Jahre 2011 genutzt werden.

Die Europäische Kommission definiert CSR als die Verantwortung von Unternehmen für ihre Auswirkungen auf die Gesellschaft sowie die Implementierung von Verfahren zu sozialen, ökologischen, ethischen, Menschenrechts- und Verbraucherbelangen in enger Zusammenarbeit mit den Stakeholdern in der Unternehmensstrategie. Dies soll zu einer Wertschaffung für die Eigentümer und Aktionäre, andere Stakeholder und der gesamten Gesellschaft führen.[485]

Die Europäische Kommission will für Unternehmen eine Grundlage im Bereich der CSR schaffen, insbesondere bei der Umsetzung von Menschenrechten und der Notwendigkeit einer größeren Transparenz der Unternehmen gegenüber ihren Stakeholdern gerade in sozialen und ökologischen Fragen. Dazu nutzt die Europäische Kommission einen Multistakeholder-Ansatz, der die Interessen von Unternehmen, Stakeholdern und Staaten berücksichtigt.[486]

Zur Umsetzung von CSR-Strategien haben sich zahlreiche Modelle entwickelt. Eine Unterteilung der CSR in drei Kernbereiche wird von Schwartz/Carroll vorgenommen: die ökonomische, die legale und die ethische Verantwortung. Dies passt zu der Begriffsdefinition von CSR der Europäischen Kommission. Zwischen diesen Bereichen bilden sich Schnittmengen (vgl. Abb. 16), die in ähnlicher Form auch das Modell für die Gruppierung von Stakeholdern nach Mitchell/Agle/Wood zeigt (vgl. Abb. 3). Die ökologische Komponente der CSR wird dem ethischen Bereich zugeordnet.[487]

Der erste Bereich ist die ökonomische Ebene. Diese entspricht dem obersten Unternehmensziel, dem Streben nach Gewinn oder der Steigerung des Aktienkurses, für den das Unternehmen agiert (vgl. Kap. 3.1.1, S. 85).[488] Dieses ökonomische, unternehmerische Ziel soll in der CSR mit den anderen Ebenen interagieren.

---

[484] Vgl. Bassen/Jastram/Meyer (2005), S. 235.
[485] Vgl. Europäische Kommission (2011), S. 7.
[486] Vgl. Europäische Kommission (2011), S. 6 f.
[487] Vgl. Schwartz/Carroll (2003), S. 516.
[488] Vgl. Schwartz/Carroll (2003), S. 508.

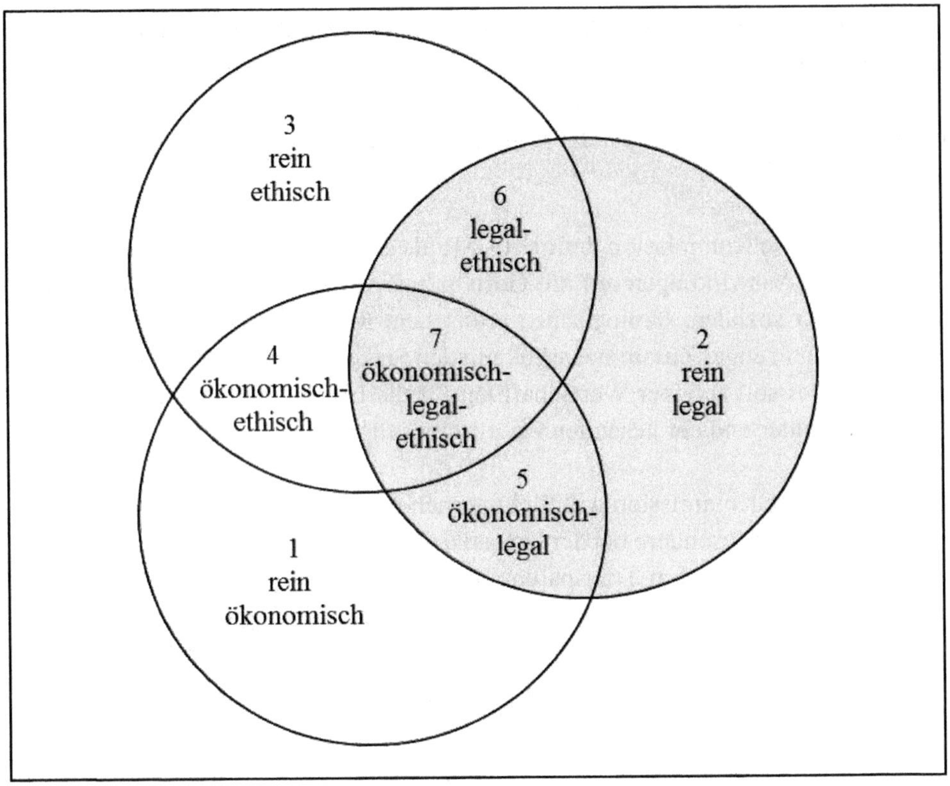

Abb. 16: CSR-Modell nach Schwartz/Carroll[489]

Die zweite Ebene des Modells ist die Legalität. Das Unternehmen agiert in einem Rechtssystem und hält sich an die geltende Gesetzgebung. Legalität lässt sich in drei Unterbereiche aufgliedern:

1. Compliance,
2. die Vermeidung von Zivilprozessen,
3. ein vorausschauendes Agieren in Bezug auf die Gesetzgebung.[490]

Die Legalität umfasst den gesetzlich vorgegebenen Rahmen in einem Staat für Unternehmen. Insbesondere die Compliance, übersetzt „Regelkonformität", spielt für Unternehmen eine große Rolle. Dabei steigt die Relevanz des Themas Compliance mit der Unternehmensgröße.[491] Dass Compliance auch für KMU bedeutsam ist,

489 Eigene Darstellung in Anlehnung an Schwartz/Carroll (2003), S. 509.
490 Vgl. Schwartz/Carroll (2003), S. 509.
491 Vgl. Henschel/Heinze (2016), S. 150.

zeigt eine Studie, wonach sich 80 % der mittelständischen Unternehmen mit Compliance-Themen auseinandersetzen,[492] da ca. zwei Drittel dieser Unternehmen schon einmal in wirtschaftskriminelle Handlungen verwickelt waren. Relevant sind für mittelständische Unternehmen alle „klassischen“ Compliance-Themen: Korruption, Betrug, Steuern, Kartellrecht, Produkthaftung, Umweltschutz und technische Regulierungen.[493]

Die dritte, ethische Ebene bezeichnet die ethische Grundhaltung, die von der Gesellschaft und den übrigen relevanten Stakeholdern erwartet wird. Auch diese lässt sich in drei Unterbereiche aufteilen:

1. konventionelle,
2. konsequentialistische,
3. deontologische Standards.[494]

Der erste Unterpunkt beinhaltet moralische Verhaltensregeln und das Entscheiden nach richtig und falsch. Der zweite Punkt fokussiert auf die Konsequenzen, die Handlungen mit sich bringen, also sich vor dem Handeln mit den möglichen Konsequenzen des Handelns auseinander zu setzen. Der letzte Bereich umfasst die moralische Vertretbarkeit von Handlungen. Diese wird ohne die Ausrichtung an den Konsequenzen wie unter Punkt zwei berücksichtigt (Pflichtethik).[495]

Das Modell von Schwartz/Carroll eignet sich besonders für die Analyse, den Aufbau und die Darstellung eines CSR-Systems[496] und zur Entscheidungsfindung in ethischen und moralischen Fragen. Die drei Ebenen überlappen sich an verschiedenen Stellen, sodass an diesen Stellen verschiedene Kriterien erfüllt werden müssen. In dem Bereich, wo sich alle drei Kreise überschneiden (7) (vgl. Abb. 16), werden die CSR-Kriterien optimal erfüllt.

Die Umsetzung eines CSR-Systems resp. einer CSR-Strategie ist stark abhängig von der Art der Geschäftstätigkeit und der Größe des Unternehmens[497] sowie den Kernwerten des Unternehmens und der Unternehmenskultur.[498] Für kleine und

[492] Vgl. Behringer/Meyer (2015), S. 113.
[493] Vgl. Behringer/Meyer (2015), S. 113.
[494] Vgl. Schwartz/Carroll (2003), S. 511.
[495] Weitere Ausführungen zu der ethischen Ebene finden sich in Quante (2013); z. B. zur deontologischen Ethik S. 127 ff.
[496] Vgl. Schwartz/Carroll (2003), S. 513.
[497] Vgl. Europäische Kommission (2011), S. 8.
[498] Vgl. Schmidpeter (2015), S. 11.

mittlere Unternehmen sowie Kleinstunternehmen bleiben die CSR-Verfahren laut der Europäischen Kommission eher auf einer intuitiven und informellen Ebene.[499]

Der mittelständische Sektor sollte sich jedoch vor den Entwicklungen, die alle Unternehmen betreffen, nicht verschließen, denn er muss sich wie die Großunternehmen der wachsenden Globalisierung, Digitalisierung,[500] Diversifizierung, steigendem Wettbewerbsdruck (z. B. durch den Online-Handel) und wachsenden Anforderungen der Stakeholder stellen. Auch die Rekrutierung und Bindung von Mitarbeitern gehört zu den aktuellen Herausforderungen.[501] Zusammen betrachtet sollten mittelständische Unternehmen eine CSR-Strategie verfolgen, die bestmöglich auf ihre Unternehmensgröße und -kultur sowie die Anforderungen der Stakeholder angepasst ist. Dem **Fit** der CSR-Strategie kommt somit eine hervorgehobene Bedeutung zu.

Dabei betreiben mittelständische Unternehmen oftmals schon vielfältige Aktivitäten, die zur sozialen, ökologischen und ökonomischen Verantwortung beitragen. Im Unternehmensalltag von KMU sind viele Aspekte, die eine CSR ausmachen, selbstverständlich. Ein Anreiz dafür ist ihre Regionalität, die eine enge Verzahnung mit der Umgebung, der Umwelt und den lokalen Stakeholdern zwangläufig mit sich bringt.[502] Ein weiterer Aspekt für nachhaltiges Handeln in KMU, insbesondere in Familienunternehmen, ist ebenfalls der Wunsch oder das Ziel, die oftmals über Jahrhunderte hinweg geführte Familientradition weiter zu führen.[503] Gerade aufgrund der Regionalität kann ein Verstoß im Bereich der Compliance einen massiven Image- und Reputationsschaden mit sich bringen, der für mittelständische Unternehmen existenzbedrohend sein kann.[504]

Mittelständische Unternehmen leben die Verhaltensweisen mit CSR-Charakter jedoch in der Regel nicht unter dem Begriff der CSR und steuern diese auch weniger aktiv, sondern vielmehr intuitiv. Die für viele mittelständische Unternehmer als Einstellungssache verstandenen Verfahren werden unter den Begriffen „ethisches Wirtschaften“ oder „Verantwortung und Werte“ gesehen. Der Begriff und die Methoden von CSR sind vielen mittelständischen Unternehmern nicht bekannt.[505]

---

499 Vgl. Europäische Kommission (2011), S. 8.
500 Vgl. Wegmann (2006), S. 3.
501 Vgl. Hildebrandt (2015), S. 441.
502 Vgl. Rößl (2012), S. 15.
503 Vgl. Schneider (2015), S. 486.
504 Vgl. Henschel/Heinze (2016), S. 152.
505 Vgl. Schneider (2015), S. 487.

Ebenfalls erfolgt selten eine Nachhaltigkeitsberichterstattung, da es mittelständischen Unternehmen vor allem an finanziellen Mitteln und Personal für diesen Bereich fehlt.[506] Die Nachhaltigkeitsberichterstattung ist nur als Quasi-Berichterstattung in KMU etabliert (vgl. Kap. 3.1.2, S. 98), welche jedoch nicht ausreicht, um den gestiegenen Anforderungen der Stakeholder nachzukommen.

Ein Compliance-Management wird nicht nur wegen mangelndem Kapital und personellen Ressourcen vernachlässigt, sondern gar nicht implementiert, weil mit der Einführung eines Compliance-Managements ein grundlegendes Misstrauen der Geschäftsführung gegenüber den Mitarbeitern unterstellt wird.[507] Dies kann mittels einer sensitiven Kommunikation im Rahmen einer integrierten Finanzkommunikation, die zu Verständnis und Akzeptanz unter den Mitarbeitern führt, gelöst werden. Ein funktionierendes Compliance-Management trägt andersherum dazu bei, das Ziel der Finanzkommunikation, niedrigere Finanzierungskosten, zu erfüllen, da ein gutes Compliance-Management zu den weichen Faktoren eines Unternehmensratings zählt. Unter den gestiegenen Anforderungen für die Kreditvergabe an KMU (vgl. Kap. 3.2.4) wirkt sich dies positiv aus.[508]

Mit der integrierten Finanzkommunikation kann die CSR, die im Mittelstand schon weitestgehend gelebt wird, auch nach außen kommuniziert werden. Um den wachsenden Ansprüchen der Stakeholder zu begegnen, ist eine Kommunikation nach außen unbedingt erforderlich. Die Nachhaltigkeitsberichterstattung, die auch den Aspekt der CSR aufgreift, kann wiederum dazu beitragen, das Ziel, eine positive Reputation für die Finanzkommunikation, zu erreichen. Dafür eignet sich besonders die Veröffentlichung von soft facts, die im Rahmen der Investor Relations bereits thematisiert wurden (vgl. Kap. 2.2.2.4, S. 54).

3.2.3 Wirtschaftslage und Finanzierungsstruktur im deutschen Mittelstand

Neben dem Reputations- und Compliancemanagement kann die wirtschaftliche Lage der KMU in Deutschland Argumente für die Notwendigkeit einer Finanzkommunikation liefern. Trotz zahlreicher Pressemitteilungen bezüglich Insolvenzen von mittelständischen Unternehmen in Deutschland[509] ist die Wirtschafts- und Finanzlage der deutschen KMU in den letzten fünf Jahren gut. Die Creditreform Wirtschaftsforschung erstellt halbjährlich einen Bericht zur Finanz- und Wirtschaftslage

506 Vgl. Pollhammer/Meixner (2017), S. 39 f.
507 Vgl. Behringer/Meyer (2015), S. 113 f.
508 Vgl. Henschel/Heinze (2016), S. 153.
509 Vgl. WirtschaftsWoche Online (2014).

auf Basis einer Umfrage von ca. 1.200 Unternehmen.[510] Dieser umfasst die finanzielle Lage, den Creditreform Geschäftsklimaindex (CGK), die Beschäftigungssituation und die potenziell erwarteten Entwicklungen mittelständischer Unternehmen. Der Creditreform Geschäftsklimaindex liegt im Frühjahr 2017 bei 21,8 Punkten und damit auf unverändert hohem Niveau wie 2016.[511] Der Index gibt die Bewertung der aktuellen und zukünftigen wirtschaftlichen Situation durch die mittelständischen Unternehmen wider.

Weitere Indikatoren für die Wirtschaftslage des deutschen Mittelstands bilden die Anzahl der Unternehmen in diesem Sektor und ihr Umsatz sowie die Anzahl der Beschäftigen (vgl. Abb. 17). Die Anzahl der Beschäftigten in mittelständischen Unternehmen ist in den Jahren 2005 bis 2015 fast kontinuierlich von 34,4 Mio. auf 37,8 Mio. Beschäftigte gestiegen. Auch bei der Anzahl der Unternehmen (3,42 Mio. auf 3,64 Mio.) sowie dem Umsatz (1.763 Mio. Euro auf 2.204 Mio. Euro) kann ein leichter Anstieg, nach einem deutlichen Einknicken zur Zeit der Finanz- und Wirtschaftskrise um das Jahr 2009, verzeichnet werden. Insgesamt zeigt sich in den Jahren ab 2014 jedoch die Tendenz einer Stagnation in Bezug auf Anzahl und Umsatz der mittelständischen Unternehmen und kein weiteres Wachstum.

Die Finanz- und Wirtschaftskrise beginnend im Jahr 2007, welche vor allem in den Jahren 2008 und 2009 erhebliche Einbrüche mit sich brachte (vgl. Abb. 17) ist überwunden. Geblieben sind jedoch die Auswirkungen, gerade im Finanzierungsbereich. Das Vertrauen der mittelständischen Unternehmen in das Banksystem wurde geschwächt, Hausbanken waren davon jedoch weniger betroffen (vgl. Kap. 3.2.3, S. 126). Jedoch hat die zunehmende Regulierung der Kreditinstitute seit der Krise, den Zugang zu Krediten für KMU schwieriger gemacht (vgl. Kap. 3.2.4). Die Quasi-Verpflichtung gegenüber Kreditinstituten führt daher zu einer weiteren Notwendigkeit von Finanzkommunikation.

Da ein Ziel der Finanzkommunikation auch die Unterstützung der Unternehmensfinanzierung ist, werden im Weiteren die Finanzierungsstrukturen im Mittelstand dargestellt und damit einhergehende Probleme und Schwachpunkte aufgezeigt. Eine Finanzierung über den Kapitalmarkt ist von vielen mittelständischen Unternehmen weder erwünscht noch aufgrund ihrer Größe durchführbar (vgl. Kap. 3.1.3, S. 107).

---

[510] Vgl. Creditreform Wirtschaftsforschung (2017b).
[511] Vgl. Creditreform Wirtschaftsforschung (2017b), S. 1 f.

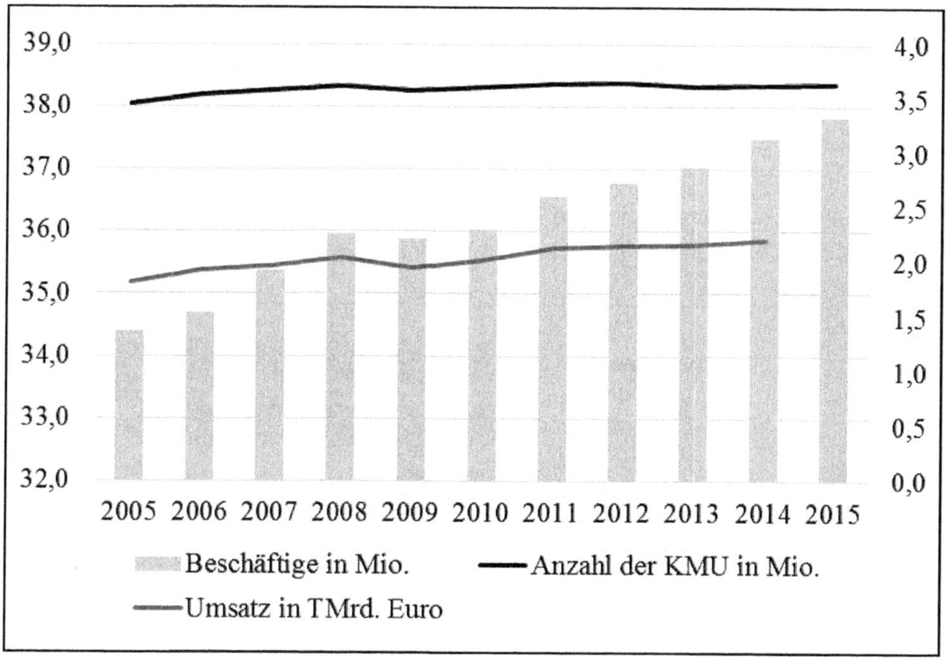

Abb. 17: Entwicklung von Anzahl, Umsatz und Beschäftigten im deutschen Mittelstand von 2005-2015[512]

Generell kann die Unternehmensfinanzierung nach vier Merkmalen unterschieden werden: der **Herkunft** des Kapitals, der **Rechtsstellung** der Kapitalgeber, der **Dauer** der Kapitalbereitstellung und dem **Anlass** der Finanzierung.[513]

Nach der Herkunft des Kapitals kann zunächst zwischen der Innen- und Außenfinanzierung unterschieden werden. Eine Finanzierung von innen bedeutet, dass das Kapital unternehmensintern aus einbehaltenen Gewinnen, Abschreibungen oder Rückstellungen stammt. Die Innenfinanzierungsmittel können zusätzlich aus dem Verkauf von Vermögensgegenständen oder der Vermögensumschichtung resultieren.[514]

---

[512] Eigene Darstellung in Anlehnung an www.statista.de [Stand: 20.03.2017]. Datenquellen: IfM Bonn, Destatis, AG Mittelstand. Zugrunde gelegt wurde die quantitative KMU-Definition des IfM Bonn.

[513] Vgl. Wöhe et al. (2013), S. 14.

[514] Vgl. Wöltje (2016), S. 267.

Die Außenfinanzierung erfolgt durch externe Quellen außerhalb des Unternehmens. Das Kapital wird dem Unternehmen durch Banken,[515] Privat- oder Geschäftspersonen, anderen Unternehmen oder Versicherungen zur Verfügung gestellt. Die Kreditfinanzierung gehört zur Außenfinanzierung.[516]

Der genutzte Finanzierungsmix im Mittelstand zeigt folgende Struktur (vgl. Abb. 18): 60 % der Unternehmen nutzen die Innenfinanzierung.

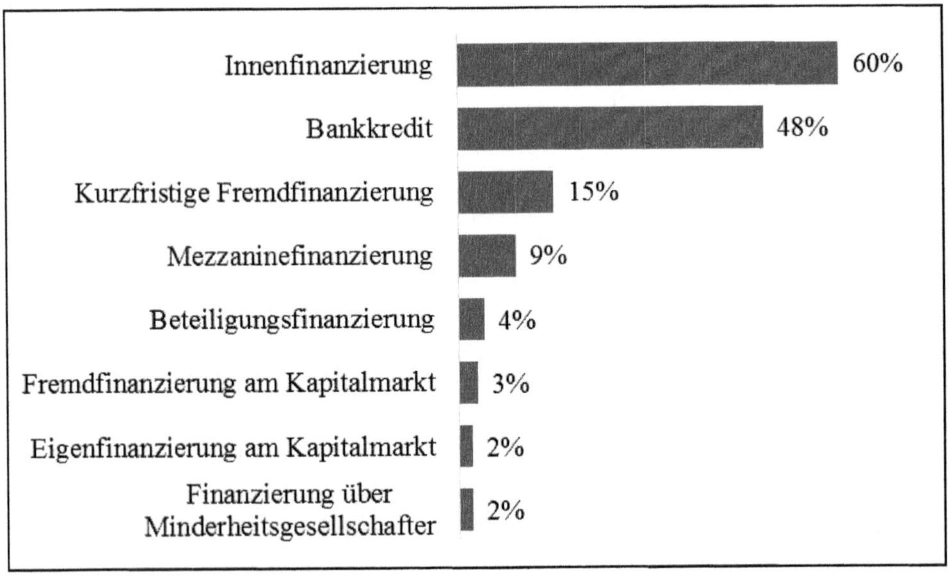

Abb. 18: Finanzierungsmix im Mittelstand[517]

Die weiteren Finanzierungsmittel gehören zur Außenfinanzierung. Vor allem die Finanzierung über Banken (48 % der befragten mittelständischen Unternehmen schätzen die Intensität der Nutzung als „sehr hoch" ein) und die kurzfristige Fremd-

[515] Bank und Kreditinstitut werden synonym verwendet, da sich dies durch die Begriffe der „Hausbank" und „Bankkredite" anbietet. Gemeint sind immer Unternehmen, die gewerblich Bankgeschäfte betreiben (§ 1 KWG) und eine Banklizenz innehaben (§ 39 KWG).

[516] Vgl. Wöltje (2016), S. 263.

[517] Eigene Darstellung in Anlehnung an Becker/Ulrich/Botzkowski (2015), S. 116.

finanzierung (15 % Zustimmung), die Lieferanten- und Kundenkredite sowie kurzfristige Bankkredite enthält, werden besonders häufig genutzt.[518] Andere Finanzierungsarten folgen weit abgeschlagen (Mezzanine-Kapital 9 %, Beteiligungen ~4 %, Finanzierung über Gesellschafter ~2 % und die Kapitalmarktfinanzierung).[519] [520]

Die Innenfinanzierung und der klassische Bankkredit als Form der Außenfinanzierung werden von mittelständischen Unternehmen für die Finanzierung präferiert.[521] Mit der Innenfinanzierung streben die Unternehmen eine hohe Unabhängigkeit, Flexibilität und Planungssicherheit an[522] und bevorzugen diese Finanzierungsart insbesondere vor Finanzierungen durch externe Investoren (mit Stimmanteilen). Die Finanzkrise hat bei 86 % aller mittelständischen Unternehmen zu keiner Umstellung der Finanzierungssituation geführt.[523]

Ferner kann eine Unterteilung des Kapitals nach seiner Rechtsstellung in **Eigen- und Fremdkapital** erfolgen. Kapital, welches aus einer Gewinnthesaurierung stammt[524] oder unbefristet zur Verfügung gestellt wird und an Chancen und Risiken des Unternehmens teilhat, wird als Eigenkapital bezeichnet.[525] Die Eigenkapitalquote mittelständischer Unternehmen betrug durchschnittlich 29,7 % im Jahr 2015 und verzeichnete einen gleich hohen Wert wie im Jahr zuvor. Bei Kleinstunternehmen (≤ neun Mitarbeiter) kann jedoch ein Rückgang der Eigenkapitalquote um 1,2 % festgestellt werden.[526]

Fremdkapital wird dem Unternehmen für einen begrenzten Zeitraum durch Dritte zur Verfügung gestellt. Finanzierungen über ausgegebene Anleihen, Bankkredite und Rückstellungen gehören zum Fremdkapital.

Als Mischform zwischen Eigen- und Fremdkapital existiert das Mezzanine-Kapital, welches eine Fremd- oder Eigenkapitalausrichtung oder eine Mischform (hybride

---

518 Vgl. Becker/Ulrich/Botzkowski (2015), S. 115.

519 Vgl. Becker/Ulrich/Botzkowski (2015), S. 116. Daten auf Basis einer Befragung im Rahmen eines Forschungsprojekts des Deloitte Mittelstandsinstituts an der Universität Bamberg, wo die Antwort zur Nutzung der Finanzierungsformen „sehr stark" lautete. Mehrfachnennungen waren möglich, insgesamt 209 Nennungen.

520 Studien anderer Autoren kommen zu ähnlichen Ergebnissen bezüglich des Finanzierungsmixes im Mittelstand, vgl. Becker/Ulrich/Botzkowski (2015), S. 116 und Paul/Stein (2013), S. 91.

521 Vgl. Becker/Ulrich/Botzkowski (2015), S. 18 und Langen (2015), S. 131 f.

522 Vgl. Becker/Ulrich/Botzkowski (2015), S. 20.

523 Vgl. Kaserer/Lenz (2009), S. 69.

524 Vgl. Wöltje (2016), S. 270.

525 Vgl. Wöhe et al. (2013), S. 14 ff.

526 Vgl. KfW Research (2016), S. 14.

Form) aufweisen kann.[527] Eigenkapitalähnliche Strukturen weisen Genussrechte und stille Beteiligungen auf, Fremdkapitalausrichtung weisen Nachrangdarlehen auf. Eine Mischform existiert bei Wandel- und Optionsanleihen. Im Insolvenzfall liegt Mezzanine-Kapital genau zwischen Eigen- und Fremdkapital. Es ist vorrangig gegenüber Eigenkapital aber nachrangig gegenüber Fremdkapital.[528]

Der Bankkredit wird am zweithäufigsten für die Finanzierung in KMU genutzt (vgl. Abb. 18). Mittelständische Unternehmen nutzen meistens Sparkassen oder Genossenschaftsbanken als Hausbanken im direkten Umfeld des Unternehmens, da aufgrund des Regionalprinzips zu diesen Banken leicht Beziehungen aufgebaut werden können. Auch besteht eine hohe Ähnlichkeit der Geschäftspartner, die für erfolgreiche Geschäftsbeziehungen notwendig ist (vgl. Kap. 2.1.4, S. 31), weil Sparkassen und Genossenschaftsbanken von ihrer Größe und Struktur mit KMU vergleichbar sind. Umgekehrt streben diese auch besonders die Finanzierung von KMU an.

Das **Hausbankprinzip** beschreibt eine enge, langjährige Beziehung zu einer oder wenigen Banken, über die alle benötigten Finanzdienstleistungen abgewickelt werden. 88 % aller mittelständischen Unternehmen in Deutschland verfolgen das Hausbankprinzip.[529] Die räumliche Nähe und die bereits beschriebene Ähnlichkeit der Geschäftspartner sorgen für eine langjährige Geschäftsbeziehung bspw. über die gesamte Dauer einer amtierenden Geschäftsführung zwischen Hausbank und mittelständischem Unternehmen.[530] Die Vorteile einer langjährigen Geschäftsbeziehung werden durch günstigere Finanzierungskosten und eine Verringerung von hinterlegten Kreditsicherheiten für das Unternehmen deutlich.[531]

Unterstützt wird die Nutzung des Hausbankprinzips von der Bankenlandschaft in Deutschland, die durch zwei sehr starke, dezentrale Verbundorganisationen geprägt ist, mit vielen unabhängigen Einzelinstituten (im Gegensatz bspw. zu der stark konkurrierenden Bankenlandschaft in den USA).[532] Ebenfalls zeigt sich, dass die Beziehungen zwischen Unternehmen und ihrer Hausbank deutlich stabiler als andere Unternehmen-Bank-Beziehungen durch die Krise gekommen sind, wenn auch das Vertrauen der KMU zu ihrer Hausbank in der Krise abgenommen hat. Dies zeigt

[527] Vgl. Wöltje (2016), S. 476.
[528] Vgl. Wöltje (2016), S. 490.
[529] Vgl. Becker/Ulrich/Botzkowski (2015), S. 135.
[530] Vgl. Berger/Udell (1995), S. 361.
[531] Vgl. Berger/Udell (1995), S. 377.
[532] Vgl. Bornheim/Herbeck (1998), S. 328.

sich daran, dass vor der Finanzkrise ca. 94 % von befragten KMU eine Hausbankbeziehung hatten (im Vergleich zu 88 % nach der Krise).[533]

Ebenfalls kann bezüglich der Hausbankbeziehung eine starke Branchenabhängigkeit ausgemacht werden. Gerade Unternehmen in Krisenbranchen (z. B. im Baugewerbe) hatten nach der Krise Probleme beim Zugang zu Krediten, weshalb Hausbankbeziehungen beendet wurden.[534]

Die Stakeholder in Form von Kreditinstituten und im Rahmen der Kreditvergabe auch Wirtschaftsauskunfteien treten damit erneut in den Vordergrund. Finanzierungsalternativen wie die Beteiligungs-, Kapitalmarkt und Mezzaninefinanzierung spielen im Finanzierungsmix der KMU eine untergeordnete Rolle.

Dies liegt unter anderem an dem Scheitern einiger Finanzierungsformen in der jüngsten Vergangenheit. Die Mezzanine-Programme für mittelständische Unternehmen sind nahezu komplett eingestellt. Ebenfalls haben die zahlreichen Verluste bei Mittelstandsanleihen einen stetigen Rückgang der Mittelstandsbonds zur Folge. Während im Jahr 2013 noch 46 Mittelstandsanleihen emittiert wurden, konnten im Jahr 2016 nur 14 emittierte Anleihen verzeichnet werden.[535] Das Handelssegment mit Mittelstandsanleihen, wie z. B. Bondm an der Stuttgarter Börse,[536] gilt als gescheitert.[537] Experten erwarten jedoch eine Stabilisierung des Anleihemarktes, weshalb die Mittelstandsanleihe als mögliche Finanzierungform bestehen bleibt[538] und auch die Finanzierung durch Mezzanine-Kapital kann wieder an Bedeutung gewinnen. Im Mai 2017 veröffentlichte die KfW das Förderprogramm *ERP-Mezzanine für Innovationen*,[539] welches ebenfalls für den Erhalt dieser Finanzierungsform spricht.

Dies wird auch deutlich bei einer Umfrage zu der geplanten Nutzung von Finanzierungsalternativen von KMU. Trotz der kritischen Sichtweise mittelständischer Unternehmen auf mögliche Finanzierungsalternativen scheint ein Umdenken, gerade nach der Krise und teilweise beendeten Hausbankbeziehungen, in Gang zu sein. Ein starker Zuwachs bei dem Vorhaben, Finanzierungsalternativen aufzunehmen, kann

[533] Vgl. Müller et al. (2006), S. 10.
[534] Vgl. Hommel/Schneider (2004), S. 580 f.
[535] Vgl. Kirchhoff Consult AG (2016), S. 17.
[536] www.boerse-stuttgart.de/de/boersenportal/segmente-und-initiativen/bondm/ [Stand: 12.07.2017].
[537] Vgl. Dohms (2015).
[538] Vgl. Kirchhoff Consult AG (2016), S. 20.
[539] Vgl. KfW Bankengruppe (2017).

bei der Aufnahme eines strategischen Investors (+78 %[540]), stillen Beteiligungen (+76 %), Minderheitsbeteiligungen (Private Equity) (+45 %) und Mezzanine-Finanzierungen (+31 %) verzeichnet werden.[541] Einige Unternehmen können sich ebenfalls vorstellen, Projekte mittels Crowdfunding zu finanzieren. Diese Finanzierungsform, bei jener zahlreiche Kapitalgeber kleine Beträge für ein Projekt in Form von Eigenkapital zur Verfügung stellen, nutzen oftmals Start-Up-Unternehmen.

Für die Finanzierungsalternativen ist die integrierte Finanzkommunikation das Mittel, um an Investoren zu gelangen und die Finanzierungskosten so gering wie möglich zu halten. Diese wird auch benötigt, wenn der Einstieg in alternative Finanzierungsformen mit Hilfe der Hausbank realisiert wird. Dabei kommt der bereits beschriebene Kooperationsansatz mit Kreditinstituten (vgl. Kap. 2.3.1, S. 71) zum Tragen, aus dem die Finanzkommunikation hervorgeht.

3.2.4 Anforderungen in der Kreditvergabe an mittelständische Unternehmen

Die Fremdkapitalaufnahme mittels eines Kredits bei der Hausbank stellt nach der Innenfinanzierung eine herausragende Form in der Finanzierung des deutschen Mittelstands dar. Seit der vermehrten Regulierung der Kreditinstitute ist die Kreditvergabe jedoch gerade für mittelständische Unternehmen anspruchsvoller geworden. Zwischen der Summe der ursprünglich geplanten Kredite und den tatsächlich realisierten Fremdkapitalaufnahmen klafft eine Lücke von fast 50 Mrd. Euro im Jahr 2015.[542] Insbesondere bei Kleinstunternehmen zeigt sich eine Kreditangebotslücke von 16,2 %. Das bedeutet, dass 16,2 % der nachgefragten Kredite von Kleinstunternehmen eine Ablehnung durch die Bank erhalten haben.[543] Im Kontrast dazu beträgt die Kreditangebotslücke des gesamten Mittelstands 8,6 %.[544] [545]

Auslöser sind unter anderem die Entwicklungen in der Aufsicht der Banken. Nach der Finanz- und Weltwirtschaftskrise beginnend im Jahr 2007 strafften die Aufsichtsbehörden stark die Anforderungen für Kreditinstitute. Lehren aus der Krise, wie die schwache Eigenkapitalbasis der Kreditinstitute, zahlreiche gescheiterte Verbriefungen und eine grenzwertige Liquidität einiger Institute, die dazu führte, dass Staatshilfen in Anspruch genommen werden mussten, wurden vom Basler

540 Erwartete Wachstumsraten der Finanzierungsalternativen, vgl. Kaserer/Lenz (2009), S. 73.
541 Vgl. Kaserer/Lenz (2009), S. 73.
542 Vgl. KfW Research (2016), S. 11.
543 Vgl. KfW Research (2016), S. 16.
544 Vgl. KfW Research (2016), S. 16.
545 Als Mittelstand wurden in der Studie Unternehmen mit einem jährlichen Umsatz unter 500 Mio. Euro betrachtet.

Ausschuss der Bank für Internationalen Zahlungsausgleich (BIZ) aufgenommen und in dem Rahmenwerk **Basel III** 2010 aufgearbeitet.[546]

Das Risikomanagement und die Unternehmensführung der Kreditinstitute soll durch Basel III gestärkt werden, um das Bankensystem widerstandsfähiger zu machen. Außerdem sieht die BIZ eine verstärkte Offenlegung und Transparenz der Kreditinstitute vor, um Missstände ans Licht zu bringen und nach der Krise das Vertrauen des Marktes zurück zu gewinnen.[547] Die Umsetzung des Rahmenwerks in nationales Recht erfolgte am 1. Januar 2014 mittels des Capital Requirements Directive (CRD)-Pakets. Dies besteht aus der Richtlinie 2013/36/EU (CRD IV) und der Verordnung (EU) Nr. 575/2013 (Capital Requirements Regulation, CRR). Für einige Neuerungen gibt es noch Übergangsfristen, z. B. für die Einhaltung der angepassten Eigenkapitalquoten.

Grundsätzlich bauen die Rahmenbedingungen zur Regulierung von Banken des Baseler Ausschusses auf den Baseler Akkord auf. Dieser besteht aus drei Säulen:

1. Mindestkapitalanforderungen,
2. bankaufsichtlicher Überprüfungsprozess,
3. Offenlegungsregelung / Marktdisziplin.[548]

Die erste Säule geht auf die Höhe und Qualität der vorzuhaltenden Eigenmittel, insbesondere zur Unterlegung von Kreditrisiken, ein. Auch die Mindestanforderungen zur Eigenkapitalunterlegung von operationellen Risiken und Marktrisiken (des Handelsbuchs) werden in der ersten Säule beschrieben.[549]

Die zweite Säule beschreibt die qualitative Gestaltung der Ablauforganisation und besonders den Umgang mit Risiken sowie die transparente Gestaltung der Abläufe für die Bankenaufsicht.[550] Der implementierte Prozess zur Quantifizierung, Messung und Steuerung von Risiken wird regelmäßig von der BaFin zusammen mit der Deutschen Bundesbank geprüft.

Die dritte Säule fordert eine transparente Berichterstattung und die regelmäßige Offenlegung von Informationen zur Umsetzung der unter den ersten beiden Säulen geforderten Sachverhalte seitens der Kreditinstitute. Die Berichterstattung muss

---

546 Vgl. Basler Ausschuss für Bankenaufsicht (2010a), S. 1 f.
547 Vgl. Basler Ausschuss für Bankenaufsicht (2010a), S. 1 f.
548 Vgl. Basel Committee on Banking Supervision (2004), S. 18.
549 Vgl. Basel Committee on Banking Supervision (2006), S. 12.
550 Vgl. Basel Committee on Banking Supervision (2006), S. 204.

konsistent mit dem Risikomanagement sein, welches vom Vorstand verantwortet wird.[551] Die Säulen sind nicht voneinander isoliert zu betrachten, sondern müssen integriert umgesetzt werden. Zusammen sollen die drei Säulen Kreditinstitute stabiler, krisenfester und transparenter machen.

Bedeutsam für die Kreditvergabe sind insbesondere die verschärften Regelungen bezüglich der Höhe und Qualität der Eigenmittel der Kreditinstitute in Säule 1. Die Kosten der Kreditinstitute für das vorzuhaltende Eigenkapital erhöhen sich um ca. ein Drittel durch die angepassten Anforderungen (vgl. Abb. 19).[552]

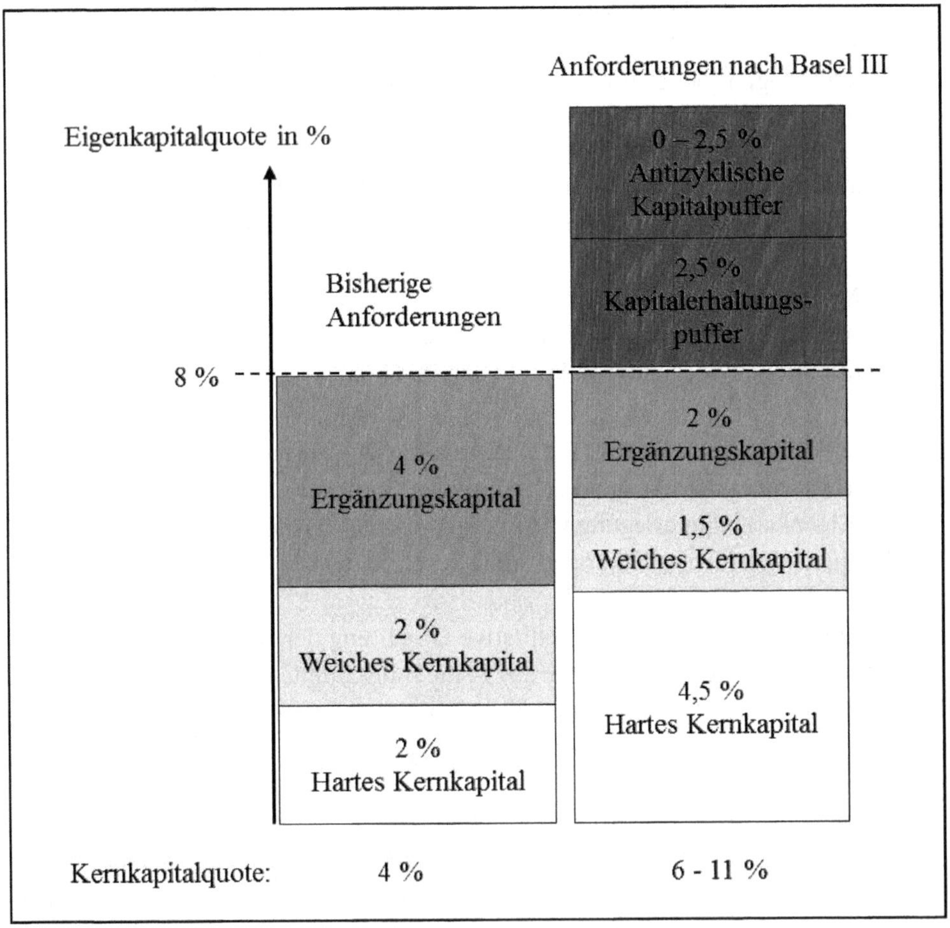

Abb. 19: Zusammensetzung der Eigenkapitalquote unter Basel III[553]

---

551 Vgl. Basel Committee on Banking Supervision (2006), S. 226.

552 Vgl. Bundesverband deutscher Banken e.V. (2013), S. 4.

553 Eigene Darstellung in Anlehnung an Hofmann/Schmolz (2014), S. 17.

Während Basel II eine Eigenkapitalquote (bezogen auf die risikogewichteten Aktiva) von 8 %, bestehend aus 2 % hartem und 2 % weichem Kernkapital sowie 4 % Ergänzungskapital forderte, müssen nach Basel III 4,5 % hartes Kernkapital, 1,5 % weiches Kernkapital sowie 2 % Ergänzungskapital vorgehalten werden. Dazu kommt ein Kapitalerhaltungspuffer von 2,5 %, der ebenfalls aus hartem Kernkapital besteht. Darüber hinaus muss ein antizyklischer Kapitalpuffer vorgehalten werden, der von der Größe und Systemrelevanz des Instituts abhängig ist (vgl. Abb. 19).

Das harte Kernkapital besteht aus von der Bank oder von konsolidierten Tochtergesellschaften ausgegebenen Stammaktien, einem etwaigen Aktienagio, einbehaltenen Gewinnen, offengelegten Rücklagen oder sonstigen dem Gesamtergebnis zugerechneten Erträgen und evtl. weiteren regulatorischen Anpassungen. Für Sparkassen und Genossenschaftsbanken werden die Kernkapitalkomponenten, bspw. in Form der Genossenschaftsanteile, ihrer Rechtsform entsprechend angepasst.[554] Voraussetzung zur Anrechnung als hartes Kernkapital ist die Nachrangigkeit des Kapitals, d. h. dass im Liquidationsfall das harte Kernkapital zuletzt zurückgezahlt wird.[555]

Kreditinstitute sollen mit der erhöhten Eigenkapitalquote und den strengeren Anforderungen an die Eigenmittel Risiken besser abfangen können und somit krisenfester werden. Dies impliziert auch, dass keine staatlichen Hilfen von Kreditinstituten in Anspruch genommen werden müssen.

Da mittelständische Unternehmen bevorzugt den Bankkredit als Finanzierungsform nutzen (vgl. Abb. 18), wirken auf sie besonders die aufsichtsrechtlichen Anforderungen, die Kreditinstitute bezüglich der Eigenkapitalunterlegung von Krediten erfüllen müssen.

Für die Modellierung von Kreditrisiken und den damit verbundenen Eigenkapitalkosten stehen Kreditinstituten zwei Ansätze zur Verfügung: der Kreditrisiko-Standardansatz (KSA)[556] sowie der auf internen Ratings basierende Ansatz (Internal Rating Based Approach, IRB). Dieser gliedert sich wiederum in einen Basisansatz

[554] Vgl. Deutsche Bundesbank (2011), S. 9.
[555] Vgl. Basler Ausschuss für Bankenaufsicht (2010a), S. 14 f.
[556] Zum KSA-Ansatz brachte der Basler Ausschuss für Bankenaufsicht 2015 ein zweites Konsultationspapier heraus, vgl. Basel Committee on Banking Supervision (2015). Änderungen sind vor allem bezüglich der Risikogewichte vorgesehen. Die Ausführungen in dieser Dissertation beziehen sich auf geltendes Recht, da die Umsetzung eines neuen KSA-Ansatzes erst im Jahr 2019 zu erwarten ist.

und einen fortgeschrittenen Ansatz. Die Ansätze unterscheiden sich durch die verwendeten Ratings, mit denen Unternehmen einer Risikoklasse zugeordnet werden.[557]

Der Standardansatz nutzt hierzu Ratings externer Ratingagenturen (External Credit Assessment Institutions, ECAIs). Die Ratingagenturen müssen von der Bankenaufsicht anerkannt werden.[558] Die Umsetzung erfolgt in Deutschland mit Hilfe der Solvabilitätsverordnung (SolvV). Von der BaFin werden in Deutschland externe Ratings der folgenden Agenturen nach §§ 52–54 SolvV anerkannt:

- Creditreform Rating AG,
- Euler Hermes Rating GmbH,
- Dominion Bond Rating Service,
- Fitch Ratings,
- Moody's Investors Service,
- Standard & Poor's Ratings Services,
- Japan Credit Rating Agency.[559]

Der KSA wird insbesondere von Sparkassen und Genossenschaftsbanken zur Bestimmung der Eigenkapitalkosten genutzt. Im KSA-Ansatz werden für Unternehmen Risikogewichte vergeben, die an einer langfristigen Beurteilung des Unternehmens orientiert sind (vgl. Tabelle 8).

Bonitätsstufe	1	2	3	4	5	6
Risikogewicht	20 %	50 %	100 %	100 %	150 %	150 %
Zuordnung des Standard & Poors Rating[560]	AAA bis AA[561]	A	BBB	BB	B	CCC und schlechter

Tabelle 8: KSA-Risikogewichte mit zugehörigen externen Ratings von Standard & Poors[562]

[557] Vgl. Paul/Stein (2013), S. 46 ff.
[558] Vgl. Richtlinie 2006/48/EG Art. 81–83 und Verordnung (EG) Nr.1060/2009.
[559] Vgl. Deutsche Bundesbank (o. J.) und Paul/Stein (2013), S. 48.
[560] Vgl. Tabelle 9.
[561] Es sind jeweils alle Bereiche von + bis - inkludiert.
[562] Eigene Darstellung in Anlehnung an Art. 122 Abs. 1 CRR, vgl. Basel Committee on Banking Supervision (2006), S. 23 und Hofmann/Schmolz (2014), S. 54.

Unternehmen ohne ein externes Rating bekommen pauschal 100 % zugewiesen.[563] Konkret bedeutet dies, dass ein Institut, welches den KSA-Ansatz anwendet und einen Kredit über 150.000 Euro an ein Unternehmen ohne externes Rating vergibt, 12.000 Euro (150.000 Euro · 100 % · 8 %) Eigenkapital für dieses Geschäft unterlegen muss. Alle Parameter zur Bestimmung der Eigenkapitalunterlegung im KSA erfolgen somit extern und sind von den Kreditinstituten nicht beeinflussbar. Die je nach Risikogewicht differenzierte, benötigte Eigenkapitalunterlegung hat auch Einfluss auf die Preisgestaltung des Kreditgeschäfts.[564] Unternehmen mit besseren Bonitäten können sich günstiger finanzieren und vice versa.

Eine Sonderregelung gilt für das Mengengeschäft bzw. den Retail-Bereich. Kredite, die diesem Bereich zugeordnet werden, erhalten pauschal ein Risikogewicht von 75 %. Es handelt sich dabei überwiegend um Kredite an Privatkunden, aber auch an Unternehmen.

Beim IRB-Ansatz werden die Risikoklassen auf Basis interner Ratings bestimmt. Wird im Rahmen des IRB-Ansatzes der Basisansatz genutzt, schätzt das Kreditinstitut die Ausfallwahrscheinlichkeiten selbst und nutzt standarisierte Vorgaben für die Ausfallquoten, die Laufzeiten und die Korrelationen. Beim fortgeschrittenen Ansatz schätzt das Kreditinstitut bis auf die Korrelationen alle Risikoparameter selbst.[565]

Es kann davon ausgegangen werden, dass das Hausbankprinzip Kreditinstituten bei Anwendung des IRB-Ansatzes oftmals einen Vorteil bei der Bestimmung der Eigenkapitalbasis gegenüber externen Ratingagenturen verschafft, da diese auf zahlreiche Informationen der vergangenen Jahre des Kreditnehmers zugreifen können und das eigene Rating somit genauer als ein externes Rating ist. Außerdem verfügt die Mehrzahl der mittelständischen Unternehmen über kein externes Rating.[566] Dies führt zu einer geringeren Eigenkapitalunterlegung als bei einem externen Rating. Dies trifft jedoch nur für eine geringe Anzahl an Kreditinstituten zu, da Hausbanken meist Sparkassen oder Genossenschaftsbanken sind (vgl. Kap. 3.2.3, S. 126), die wiederum meistens nicht den IRB-Ansatz nutzen.

---

[563] Vgl. Deutsche Bundesbank (2012), S. 3.

[564] Vgl. Paul/Stein (2013), S. 49.

[565] Von den 1.888 Kreditinstituten in Deutschland in 2016 (vgl. Deutsche Bundesbank (2016), S. 1) haben 48 Institute die Zulassung der BaFin zur Verwendung eines internen IRB-Ansatzes. Dazu gehören bspw. die DekaBank, die Santander Consumer Bank und die Frankfurter Sparkasse, vgl. BaFin (2017).

[566] Vgl. Becker/Ulrich/Botzkowski (2015), S. 63 f.

Um die Kreditvergabe an mittelständische Unternehmen trotz der angepassten Regulatorik zu gewährleisten, wurde unter Basel II im Jahre 2004 das **Mittelstandspaket** geschaffen, welches auch unter Basel III noch gültig ist.[567] Allein aufgrund der angepassten Eigenkapitalregeln unter Basel III bestand die Gefahr, dass der Umsatz von mittelständischen Unternehmen um zwei Prozent sinken könnte.[568] Dieses Paket umfasst drei Maßnahmen zur leichteren Kreditvergabe an KMU:

1. Kreditinstitute, die den KSA-Ansatz nutzen, können Kredite an KMU dem Retailsegment zuordnen. Dafür darf die Gesamtschuld des Unternehmens, welches den Kredit in Anspruch nimmt, höchstens 1,5 Mio. Euro betragen.[569] Das kreditgebende Institut muss zusätzlich über ein hinreichend diversifiziertes Kreditportfolio verfügen, sodass Ausfälle einzelner Kredite nicht existenzgefährdend für das Institut sind.[570]

2. Nutzt das kreditgebende Institut den IRB-Ansatz, können Kredite ebenfalls dem Mengengeschäft zugeordnet werden, wenn obige Bedingungen erfüllt sind. Darüber hinaus können auch Kredite über eine Mio. Euro zum Mengengeschäft gerechnet werden, wenn der Umsatz des kreditnehmenden Unternehmens 50 Mio. Euro (jährlich) nicht übersteigt,[571] was der quantitativen Umsatzgrenze für KMUs nach der Definition dieser Arbeit entspricht.

3. Im KSA werden außerdem bestimmte Kredite bevorzugt, die mit Immobilien besichert werden. Diese Kredite werden nur mit einem Risikogewicht von 50 % angerechnet, wenn die zugrunde liegende Immobilie gewerblich genutzt wird. Bei einer Wohnimmobilie liegt die Anrechnung sogar nur bei 35 %.

Die Regelungen für die Mittelstandskredite werden von Banken und der Wirtschaft vielfach diskutiert. Der Bundesverband mittelständische Wirtschaft fordert bspw. eine weitere Herabsenkung der Risikogewichte für Kredite an mittelständische Unternehmen im KSA-Ansatz von 75 % auf 50 %, sowie eine Herabsetzung der Risikogewichte im IRB-Ansatz. Weiter soll die Umsatzgrenze von Unternehmen von 50 Mio. auf 250 Mio. Euro ausgeweitet werden.[572] Die Deutsche Bundesbank sieht jedoch keine Einschränkung in der Versorgung der Realwirtschaft mit Krediten[573]

---

[567] Vgl. Langer/Eschenburg/Eschbach (2013), S. 32.
[568] Vgl. Kersting (2011).
[569] Vgl. Bundesverband deutscher Banken e.V. (2013), S. 10.
[570] Vgl. Langer/Eschenburg/Eschbach (2013), S. 32.
[571] Vgl. Langer/Eschenburg/Eschbach (2013), S. 32.
[572] Vgl. Berg/Uzik (2011), S. 25.
[573] Vgl. Lautenschläger (2012).

und daher keine Notwendigkeit für weitere Anpassungen. Fallen Kredite in das Mengengeschäft mit einem Risikogewicht von 75 %, muss das entsprechende Kreditgeschäft nur mit 6 % anstatt 8 % (bei einem Risikogewicht von 100 %) unterlegt werden, sodass sich eine deutliche Ersparnis an Eigenkapital für die Kreditinstitute ergibt.

Für Kredite oberhalb der Grenze von 1,5 Mio. Euro zeigt sich insbesondere für Unternehmen mittlerer und schlechter Bonität und einer Modellierung mittels des KSA-Ansatzes eine deutliche Verteuerung (50 % höhere Eigenkapitalkosten für das kreditgebende Institut bei einem externen Rating unter BB- gegenüber Basel I) der Kreditfinanzierung.[574] Dies trifft insbesondere mittelständische Unternehmen in Deutschland, da diese größtenteils kein Rating im Investment-Grade-Bereich (vgl. Kap. 3.3.1, S. 141) vorweisen können. Ein klassisches Mittelstandsportfolio eines Kreditinstituts weist ca. 50 % der Engagements im BB-Bereich auf.[575]

Ergänzend kommen zu den Veränderungen im Bereich der Eigenmittel die Höchstverschuldungsquote (Leverage Ratio)[576] sowie Anforderungen an die Liquidität (Liquidity Coverage Ratio, LCR und Net Stable Funding Ratio, NSFR) hinzu.[577]

Als Ergänzung zu den risikobasierten Eigenkapitalanforderungen dient die Höchstverschuldungsquote für Kreditinstitute.[578] Die Leverage Ratio zielt auf die Begrenzung hoher, risikoreicher Volumina ab. Da viele dieser Volumina außerbilanziell waren, fielen sie in der Finanzkrise erst spät, zum Teil erst bei massiven Notverkäufen, auf. Daher umfasst die Leverage Ratio sowohl die bilanzwirksamen als auch die außerbilanziellen Risikopositionen von Kreditinstituten:[579]

$$\frac{\text{Kernkapital}}{\text{Gesamtengagement}} \geq 3\ \% .$$

Die Leverage Ratio drückt aus, wie viel des Gesamtengagements durch Kernkapital gedeckt wird. Die Kennzahl ist nicht risikosensitiv. Das Gesamtengagement besteht aus den bilanzwirksamen Engagements, den derivativen Engagements, den Enga-

574 Vgl. Paul/Stein (2013), S. 52.
575 Vgl. Hofbauer/Bergmann (2008), S. 25 und Kley (2003), S. 52.
576 Vgl. Basler Ausschuss für Bankenaufsicht (2010a), S. 2.
577 Vgl. Basler Ausschuss für Bankenaufsicht (2010a), S. 10.
578 Vgl. Basler Ausschuss für Bankenaufsicht (2014), S. 1.
579 Vgl. Basler Ausschuss für Bankenaufsicht (2014), S. 2 ff.

gements im Rahmen von Wertpapierfinanzierungsgeschäften und weiteren außerbilanziellen Positionen.[580] Die Leverage Ratio dient als ein wichtiger Indikator für die Ausfallwahrscheinlichkeit von Banken. Da die Kennzahl nicht risikosensitiv ist, kann sie in der Kreditvergabe negativ auf Export- und Handelsfinanzierungen sowie Förderkredite wirken, die in das Gesamtengagement zählen, aber mit wenig Eigenkapital unterlegt werden. Für KMU ergeben sich durch die Einführung der Leverage Ratio kaum Einschränkungen, da die Hausbanken diese Kennzahl bereits weitestgehend erfüllen.[581]

Für die Kreditvergabe an Unternehmen sind neben den Veränderungen der Eigenkapitalunterlegung die Liquiditätsvorschriften für Kreditinstitute bedeutsam. Die LCR ist eine Kennzahl zur Beurteilung des kurzfristigen Liquiditätsrisikos einer Bank. Sie ist definiert als:[582]

$$\frac{\text{Bestand erstklassiger Aktiva}}{\text{Nettoabflüsse in den nächsten 30 Tagen}} \geq 100\ \%\,.$$

Die Erfüllung der LCR soll dazu führen, dass Kreditinstitute auch in schwierigen Situationen ihren Liquiditätsbedarf für mindestens 30 Tage decken können, auch wenn in dieser Zeit die gesamten Barmittel (netto) abfließen.

Die NSFR stellt hingegen eine Liquiditätskennzahl zur Sicherstellung der mittel- bis langfristigen Refinanzierung dar und ist definiert als:[583]

$$\frac{\text{Verfügbarer Betrag stabiler Refinanzierungen}}{\text{Erforderlicher Betrag stabiler Refinanzierungen}} > 100\ \%\,.$$

Die verfügbare stabile Refinanzierung beschreibt in diesem Zusammenhang Eigen- und Fremdkapital, welches über den Zeitrahmen von einem Jahr auch unter dauerhaften Stressbedingungen als zuverlässige Mittelquelle zur Verfügung steht.[584] Damit hat diese Kennzahl Einfluss auf die Höhe der Fristentransformation, die von Kreditinstituten betrieben wird. Um die Kennzahl einhalten zu können, müssen Kreditinstitute entweder langfristige Refinanzierungsmittel aufnehmen oder die Laufzeiten auf der Aktivseite verkürzen. Dies bedeutet, dass tendenziell weniger

---

580 Vgl. Basler Ausschuss für Bankenaufsicht (2014), S. 3.
581 Vgl. Berg/Uzik (2011), S. 6 f.
582 Vgl. Basler Ausschuss für Bankenaufsicht (2010b), S 4.
583 Vgl. Basler Ausschuss für Bankenaufsicht (2010b), S. 28.
584 Vgl. Basler Ausschuss für Bankenaufsicht (2010b), S. 29.

langfristige Kredite vergeben werden, um den Liquiditätsstandards gerecht zu werden.[585]

Ergänzt wird die Umsetzung der aufsichtsrechtlichen Anforderungen nach der Krise in nationales Recht durch die Novellierung des Kreditwesengesetzes (KWG) und der Mindestanforderungen an das Risikomanagement (MaRisk) zuletzt im Jahr 2012. Die MaRisk bilden den Rahmen für die qualitativen Anforderungen der zweiten Baseler Säule auf Basis von § 25a Abs. 1 KWG. Ausgangspunkt der MaRisk ist die Gestaltung der internen Kontrollsysteme eines Kreditinstituts. Dazu gehören die verschiedenen Prozesse zur Organisation und Dokumentation, das Risikomanagement und die Compliance.[586] Die Ausführungen zur Abbildung von Risikokonzentrationen im Rahmen der Risikotragfähigkeit,[587] Stresstests[588] und Liquiditätsrisiken[589] halten Kreditinstitute ebenfalls an, bewusster und sorgsamer mit Risiken, insbesondere bei der Kreditvergabe, umzugehen. Weiter erhöhen sich durch die gehobenen Anforderungen an das Risikomanagement von Kreditinstituten die Bearbeitungskosten von Krediten, die ebenfalls auf die Preisgestaltung von Unternehmenskrediten wirken.[590]

Als Zwischenfazit lässt sich festhalten, dass die Auswirkungen der Bankenregulierung für die Finanzierung mittelständischer Unternehmen weniger drastisch als erwartet ausgefallen sind. Dies stimmt mit den Erwartungen mittelständischer Unternehmen überein. Nur 20 % der KMU glaubten an eine erschwerte Kreditaufnahme, während 36 % von keinerlei Auswirkungen von Basel III ausgingen.[591] [592] [593] Die befürchtete „Kreditklemme“ ist ausgeblieben, dennoch wurden Kreditkonditionen, -angebot und -laufzeit, motiviert durch die Eigenkapital- und Liquiditätsvorschriften, angepasst.[594] Damit ergeben sich gestiegene Zins- und Prolongationsrisiken für mittelständische Unternehmen.

---

585 Vgl. Paul/Stein (2013), S. 82.
586 Vgl. BaFin (2012), AT 1.
587 Vgl. BaFin (2012), AT 4.1.
588 Vgl. BaFin (2012), AT 4.3.3.
589 Vgl. BaFin (2012), BTR 3.
590 Vgl. Paul/Stein (2013), S. 107.
591 Vgl. Euler Hermes Kreditversicherungs-AG (2013), S. 17.
592 Repräsentative Umfrage unter 700 mittelständischen, nicht börsennotierten Unternehmen. 90 % der Unternehmen haben weniger als 50 Beschäftigte und weniger als 10 Mio. Euro Umsatz jährlich.
593 Anzumerken ist jedoch, dass ca. 20 % der befragten Unternehmen die Inhalte aus Basel III nicht kannten.
594 Vgl. Paul/Stein (2013), S. 83.

Die Entscheidung zur Kreditvergabe, die Kosten der Finanzierung sowie Höhe und Laufzeit hängen unter Basel III stark von der Bonität des Kreditnehmers ab. Eine hohe Eigenkapitalquote, werthaltige Sicherheiten und ein optimiertes Rating sowie ein erhöhter Informationsbedarf im Rahmen der Quasi-Verpflichtung gegenüber Kreditinstituten in Form einer transparenten Finanzkommunikation haben seit Basel III noch mehr an Bedeutung gewonnen.[595] Dabei sind vor allem interne und externe Ratings von Bedeutung. Im Kreditvergabeprozess sind interne Ratings, die jede Bank unabhängig von dem verwendeten Verfahren zur Berechnung der Eigenkapitalkosten nutzt, entscheidend.[596] Für die Kalkulation des Kreditzinses und damit den Kosten für das Unternehmen, sind Risikogewichte auschlaggebend (vgl. Tabelle 8),[597] die wiederum von externen (KSA-Ansatz) oder internen Ratings (IRB-Ansatz) abhängen. Da insgesamt das Rating eines Unternehmens ein wichtiges Element für die (Kredit-) Finanzierung von KMU und die zentrale Kennzahl der integrierten Finanzkommunikation ist, wird dieses im folgenden Kapitel weiter beschrieben.

[595] Vgl. Bundesverband deutscher Banken e.V. (2013), S.4 und Hofmann/Schmolz (2014), S. 61.
[596] Vgl. Langen (2015), S. 180.
[597] Vgl. Paul/Stein (2013), S. 107.

3.3 Ratings als Instrument der Finanzkommunikation

3.3.1 Die Bedeutung des Ratings für den Mittelstand

Allgemein bezeichnet das **Rating** (übersetzt „Bewertung" oder „Einstufung")[598] eines Unternehmens, einer Person oder eines Staates die Bonität und damit die Kreditwürdigkeit des bewerteten Subjekts. Es drückt die Wahrscheinlichkeit aus, wie gut ein Kreditnehmer auch in wirtschaftlich schwierigen Zeiten zahlungsfähig bleibt (oder anders herum, wann ein Kreditnehmer ausfällt: Ausfallwahrscheinlichkeit; Probability of Default, PD)[599] und eignet sich damit im Besonderen für die Beurteilung der finanziellen Lage eines Unternehmens.

Ratings sind zukunftsorientiert, liefern also eine Prognose der Zahlungsfähigkeit, und geben immer einen Ausblick, ob das Unternehmen (bspw. innerhalb des nächsten Jahres) zahlungsfähig bleibt.[600] Basierend auf einem mathematisch-statistischen Beschreibungsmodell, das die ausfallrelevanten Merkmalsausprägungen eines Kreditnehmers in eine Bonitätsaussage (Ratingnote, Ausfallwahrscheinlichkeit) transformiert, werden Ratings erstellt. Hierzu werden vor allem quantitative (hard facts) aber auch qualitative (soft facts, vgl. Kap. 2.2.2.4, S. 54) Faktoren des zu bewertenden Subjekts analysiert.[601]

Die Vermögens-, Ertrags- und Finanzlage und deren Entwicklung, eine Analyse des Cashflows sowie die angewandte Bilanzpolitik gehören zu den hard facts. Insbesondere Finanzkennzahlen, die im Rahmen einer Bilanzanalyse aus dem Jahresabschluss abgeleitet werden, dienen zur Beurteilung der Bonität.[602] Es werden dabei historische Daten und die Entwicklung des zu bewertenden Objekts, z. B. in den letzten drei Jahren, herangezogen.[603] Bei Staaten wird der Staatshaushalt analysiert.

Zusätzlich fließen qualitative Faktoren, wie die Qualität des Managements und des Controllings im Unternehmen, die Unternehmensstrategie und die Zukunftsperspektiven (z. B. die Nachfolgeregelung) und die Abhängigkeit des Unternehmens von Geschäftspartnern (insbesondere Kunden und Lieferanten) in das Rating ein.[604] Gerade für KMU sind soft facts besonders wichtig, da oftmals nur wenige Finanz-

---

[598] Vgl. Langer/Eschenburg/Eschbach (2013), S. 21.
[599] Vgl. Langen (2015), S. 177.
[600] Vgl. Langer/Eschenburg/Eschbach (2013), S. 39.
[601] Vgl. Füser/Heidusch (2002), S. 27.
[602] Vgl. Hofmann/Schmolz (2014), S. 52 f.
[603] Vgl. Langer/Eschenburg/Eschbach (2013), S. 39.
[604] Vgl. Paul/Stein (2013), S. 130.

kennzahlen im Unternehmen bestimmt werden und keine umfangreiche Datenhistorie existiert.[605] Des Weiteren sind qualitative Faktoren beständiger und schwanken im Zeitverlauf nicht so stark wie quantitative Faktoren. Soft facts werden ebenfalls weniger von makroökomischen Rahmenbedingungen beeinflusst.[606] Eine Aktualisierung der Ratings erfolgt jährlich,[607] um den Veränderungen des Unternehmens aber auch der Gesamtwirtschaft Rechnung zu tragen.

Die maßgebliche Aufgabe eines Ratings ist die Marktinformationsfunktion, d. h. bestimmte Anspruchsgruppen mittels der publizierten Ratings mit Informationen zu versorgen.[608] Gerade externe Ratings unabhängiger Ratingagenturen gelten als die „Visitenkarte" von Unternehmen und wirken besonders vertrauensvoll auf die Stakeholder.[609] Ratings sind ein Bestandteil der Investor Relations (vgl. Kap. 2.2.2.4, S. 53) und optimal für die Finanzkommunikation geeignet, da diese im engeren Sinne genau die Bonität des Unternehmens kommunizieren (vgl. Kap. 2.3.1, S. 63) und eine entsprechende Signalwirkung haben (vgl. Kap. 2.3.1, S. 64).[610]

Für Kreditinstitute bieten Ratings den Ausgangspunkt zur Beurteilung des Kreditrisikos (Adressenausfallrisiko) einzelner Kreditnehmer und der damit verbundenen notwendigen Eigenkapitalunterlegung (vgl. Kap. 3.2.4, S. 131 ff.) und schließlich der Entscheidung zur Kreditvergabe. Damit stellen Ratings für Unternehmen ein zentrales Entscheidungskriterium bei der Kreditvergabe und den Kreditkonditionen dar.

Es kann dabei zwischen externen und internen Ratings unterschieden werden. Externe Ratings werden bei der Kalkulation der Eigenkapitalkosten mittels des KSA-Ansatzes von Kreditinstituten berücksichtigt (vgl. Kap. 3.2.4, S. 131). Diese Ratings und die Vorgehensweise zur Bonitätsbeurteilung werden von (anerkannten) Ratingagenturen (vgl. Kap. 3.2.4, S. 132) veröffentlicht.

Ratings werden in Symbolen, in Form eines „Ratingkürzels" mittels Buchstaben oder Zahlen ausgedrückt. Das Kürzel gibt an, in welche Ratingkategorie das Bonitätsurteil des zu bewertenden Subjekts fällt.[611] Die Einteilung in Ratingkategorien erfolgt grob nach Ratings guter Bonität (zum Investment geeignet; Investment-

[605] Vgl. Grunert/Norden (2012), S. 401.
[606] Vgl. Grunert/Norden (2012), S. 403 f.
[607] Vgl. Basel Committee on Banking Supervision (2004), S. 99.
[608] Vgl. Schroeter (2014), S. 5.
[609] Vgl. Hofbauer/Bergmann (2008), S. 45.
[610] Vgl. Becker/Ulrich/Botzkowski (2015), S. 62.
[611] Vgl. Schroeter (2014), S. 23.

Grade), Ratings mittlerer Bonität (nicht zum Investment geeignet), ausgefallenen und nicht gerateten Subjekten. Die Ratingagentur Standard & Poors unterscheidet zwischen 10 Ratingkategorien im langfristigen Bereich (vgl. Tabelle 9) sowie einer Kategorie für nicht geratete Subjekte.

Kategorie	Einstufung	Investment-Grade
AAA	Sehr gute Bonität, kein Ausfallrisiko	Zum Investment geeignet
AA	Gute Bonität, sehr hohe Zahlungswahrscheinlichkeit, wirtschaftliche Gesamtlage muss beachtet werden	
A		
BBB	Befriedigende Bonität, angemessene Deckung von Zahlungsverpflichtungen, teilweise spekulativ und bei Veränderungen des wirtschaftlichen Umfelds nicht hinreichend abgesichert	
BB	Zunehmend spekulative Anlagen. Bei der Verschlechterung der wirtschaftlichen Lage ist mit Ausfällen zu rechnen	Nicht zum Investment geeignet
B		
CCC		
CC		
C		
D	Zahlungsunfähig oder in Zahlungsverzug	
NR	Nicht geratet	

Tabelle 9: Standard & Poors Ratingkategorien[612]

Die 10 Ratingkategorien können weiter ergänzt werden durch die Kategorie R, die dafür steht, dass das Subjekt unter regulatorischer Aufsicht steht und SD für Zahlungsausfälle in einigen Bereichen. Ebenfalls können alle Kategorien mit einem „+“ oder „-“ ergänzt werden, um die Stellung innerhalb der Kategorie zu verdeutlichen. Ein „+“ bedeutet, dass sich die Bonität im oberen Drittel der Kategorie befindet, ohne einen Zusatz im Mittleren und mit einem „-“ versehen im unteren Drittel.

Andere Ratingagenturen nutzen ähnliche Kategorisierungen für ihre Ratings. Denkbar sind auch Zahlen als Ratingkürzel (beginnend bei „1“ für eine ausgezeichnete Bonität). Dennoch lassen sich die Bonitätsurteile unterschiedlicher Ratingagentu-

[612] Eigene Darstellung in Anlehnung an Standard & Poors Global Ratings (2016).

ren nicht zwangsläufig ineinander überführen, da manche Agenturen die Ausfallquote im Falle eines Ausfalls mit in ihr Rating integrieren, während andere dies nicht berücksichtigen.

Weiter kann zwischen dem Emittenten- und dem Emissionsrating unterschieden werden.[613] Das Emittentenrating (Corporate Credit Rating) stellt das Rating eines Unternehmens dar, welches immer wieder Kapital in unterschiedlicher Form auf dem Finanzmarkt[614] aufnimmt. Emittentenratings werden daher besonders für Banken und Versicherungen genutzt. Die in Tabelle 9 aufgezeigten Ratings von Standard & Poors verkörpern Emittentenratings.

Das Emissionsrating bezieht sich konkret auf einen Finanztitel, z. B. eine Anleihe oder ein Zertifikat. Das Emissionsrating leitet sich aus dem Emittentenrating ab und kann von diesem abweichen. Eine mögliche Abweichung kommt durch den Einsatz von Vertragsklauseln (Covenants) zustande, die das Emissionsrating gegenüber dem Unternehmensrating verbessern können. Auch für mittelständische Unternehmen ist dies relevant, wenn diese Mittelstandsanleihen ausgeben möchten, da Emissionsratings als Markteintrittsvoraussetzung für eine Emission gelten.

Interne Ratings, die in Kreditvergabeprozessen von allen Banken erstellt werden und die bei der Bestimmung von Eigenkapitalkosten mittels des IRB-Ansatzes (vgl. Kap. 3.2.4, S. 131) genutzt werden, sind nicht frei zugänglich. Sie werden von den kreditgebenden Instituten erstellt und können von dem bewerteten Subjekt eingesehen werden.[615] Interne und externe Ratings für dasselbe Unternehmen können unterschiedlich ausfallen, da die verwendeten Daten sowie die historische Datenbasis zur Ratingerstellung unterschiedlich sein können.

Da die meisten mittelständischen Unternehmen über kein externes Rating verfügen[616] [617] und in jedem Kreditvergabeprozess ein internes Rating zum Tragen

---

613 Vgl. Schroeter (2014), S. 28.

614 Der Finanzmarkt ist der Oberbegriff für alle Märkte auf denen Handel mit Kapital stattfindet. Der Kapitalmarkt bildet eine Unterkategorie davon.

615 Vgl. Langen (2015), S. 186.

616 Vgl. Becker/Ulrich/Botzkowski (2015), S. 63 f.

617 Im Jahre 2006 verfügten 10 % von 6.000 befragten mittelständischen Unternehmen über ein externes Rating, vgl. Langen (2015), S. 176. In Zukunft möchten sich mehr KMU extern raten lassen. Dort sind deutliche Unterschiede nach Branchen, in denen KMU tätig sind, zu verzeichnen. Fast 30 % der KMU im Handel wollen sich in Zukunft raten lassen, dagegen nur 14 % in der Industrie, vgl. Becker/Ulrich/Botzkowski (2015), S. 64 f.

kommt, gewinnen diese für KMU zunehmend an Bedeutung.[618] Dass mittelständische Unternehmen nicht über ein externes Rating verfügen, liegt oftmals an den nicht unerheblichen Kosten[619] einer externen Bonitätseinschätzung.[620] [621] Die hervorgehobene Stellung von internen Ratings bedeutet wiederum, dass das Beziehungsmanagement zu Kreditinstituten intensiver durch Finanzkommunikation unterstützt werden muss.

Zusammenfassend lässt sich festhalten, dass für kleine und mittelständische Unternehmen Ratings aus drei Gründen besonders bedeutsam sind:

1. Zur internen Auseinandersetzung mit der Bildung und Optimierung des Unternehmensratings und im Zusammenhang mit der Betrachtung der internen Prozesse im Controlling, Risikomanagement, der Unternehmensstrategie und -kultur zusammengeführt mit Hilfe der Risk Governance (vgl. Kap. 4.1.3).
2. Zur Kommunikation der wirtschaftlichen und finanziellen Lage des Unternehmens.
3. Zur Verbesserung der Stellung in Kreditverhandlungen mit Kreditinstituten im Zuge der angepassten Regulatorik unter Basel III.

Im ersten Schritt setzt sich das Unternehmen mit der eigenen Bonität auseinander und optimiert seine internen Prozesse mit dem Ziel einer Verbesserung des eigenen Ratings. Oftmals steckt hinter der mangelnden externen Publizität nicht nur die ablehnende Haltung der mittelständischen Unternehmer (vgl. Kap. 3.1.3, S. 109), sondern auch eine mangelnde interne Transparenz,[622] die mittels der integrierten Finanzkommunikation verbessert werden kann.

Als Mittel dafür eignet sich das **Selbstrating**. Bei einem Selbstrating steht nicht die Ermittlung der Bonität des Unternehmens im Mittelpunkt, sondern der Ratingprozess wird als Grundlage zur Verbesserung der internen Unternehmensprozesse, vor allem in der Unternehmensführung und -steuerung sowie im Risikomanagement genutzt.[623] Orientiert an einem bankinternen Ratingsystem und den Kriterien von Ratingagenturen sollen möglichst allgemeingültige Kriterien bei einem Selbstrating

---

618 Vgl. Becker/Ulrich/Botzkowski (2015), S. 62.
619 Die Kosten für ein externes Rating liegen bei ca. 5.000–50.000 Euro, vgl. Sultze (2001), S. 35.
620 Vgl. Becker/Ulrich/Botzkowski (2015), S. 62.
621 Mehr als die Hälfte von 6.000 befragten mittelständischen Unternehmen wurden intern schon einmal beurteilt, vgl. Langen (2015), S. 176.
622 Vgl. Hausch (2004), S. 140 f.
623 Vgl. Müller et al. (2006), S. 20.

berücksichtigt werden. Die eigene Bewertung des Unternehmens erfolgt auf Basis von drei Kernpunkten:

1. einer quantitativen Analyse,
2. einer Branchenanalyse und
3. einer qualitativen Analyse.[624]

Die quantitative Analyse erfolgt mittels der Jahresabschlussdaten und daraus bestimmbaren Finanzkennzahlen. Denkbar ist z. B. die Bestimmung von 10 Kennzahlen, die die Insolvenzgefahr des Unternehmens widerspiegeln.[625] Diese können anhand historischer Entwicklungen (dynamische Analyse) abgeleitet oder als Momentaufnahme aus dem aktuellen Jahresabschluss generiert werden. In diesem Zusammenhang ist auch ein Vergleich mit den Mitbewerbern und eine Einordnung in die zugehörige Branche des Unternehmens sinnvoll. Dies ermöglicht eine Branchen- oder Benchmarkanalyse.

Eine Branchenanalyse liefert zum einen wichtige Vergleichswerte für die quantitative Analyse. Zum anderen stellt sie das Marktumfeld dar und bildet damit den Ausgangspunkt zur Bewertung der Kriterien aus der quantitativen Analyse.[626]

Als letzter Punkt erfolgt die qualitative Analyse mit den bereits angesprochenen soft facts (vgl. Kap. 3.3.1, S. 139). Diese Analyse kann bspw. in die Bereiche des Produkts und des zugehörigen Marktes, das Personal und Management des Unternehmens, die Prozesse Planung und Kontrolle im Unternehmen und das Risikomanagement aufgeteilt werden.[627] Die Ergebnisse der Analysen werden anschließend gewichtet zu einem Zwischenergebnis verarbeitet (vgl. Abb. 20). Denkbar ist die quantitative Analyse mit 50 % zu berücksichtigen, die Branchenanalyse mit 10 % und die qualitative Analyse mit 40 %.[628]

In einem weiteren Schritt werden Warnsignale in die Bonitätseinstufung integriert. Für bestimmte Kriterien gibt es Mindeststandards, die erfüllt werden müssen. Die Mindeststandards legen die Wichtigkeit der Kriterien fest und sorgen bei Nichterfüllung zu einer Abwertung des Ratings. Für mittelständische Unternehmen kann u. a. eine nicht vorhandene Nachfolgeregelung für eine Abwertung des Ratings sorgen. Anschließend kann das Zwischenergebnis aus den Analysen, kombiniert mit

[624] Vgl. Müller et al. (2006), S. 23 ff.
[625] Vgl. Müller et al. (2006), S. 29.
[626] Vgl. Müller et al. (2006), S. 31.
[627] Vgl. Müller et al. (2006), S. 28.
[628] Vgl. Müller et al. (2006), S. 28 und 128.

den Warnsignalen, zu einer internen Unternehmensbewertung zusammengeführt werden (vgl. Abb. 20).

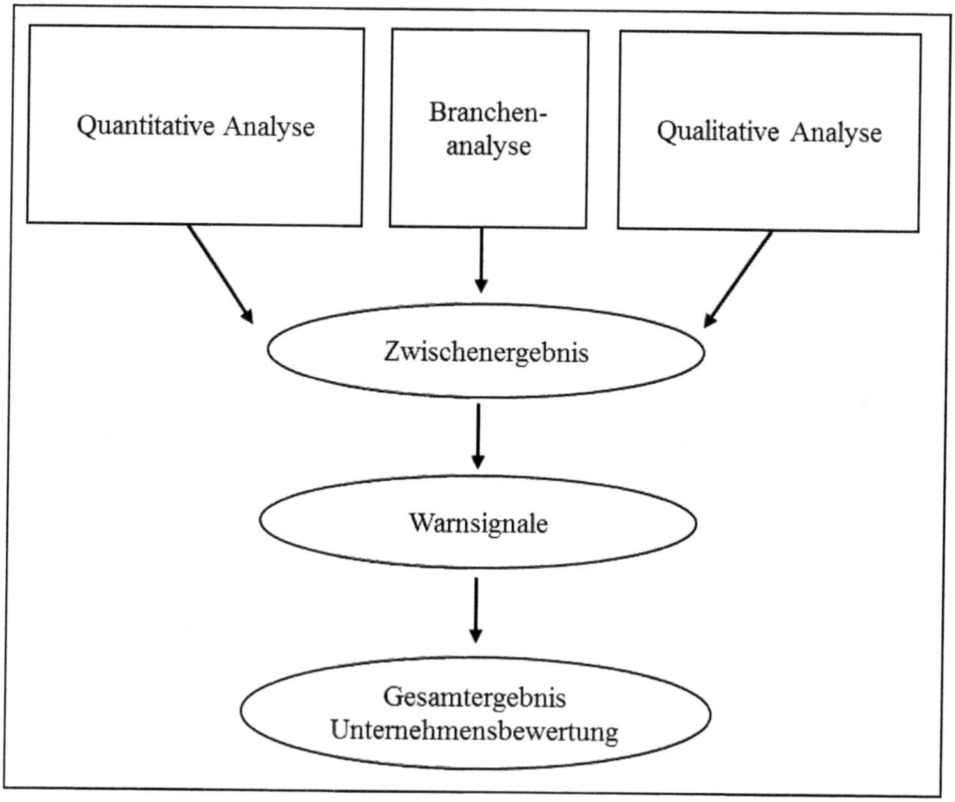

Abb. 20: Ermittlung eines Selbstratings[629]

Das Selbstrating hat nicht den Anspruch, eine Ausfallwahrscheinlichkeit wie bei einem externen oder bankinternen Rating zu generieren (vgl. Kap. 3.3.1, S. 139).[630] Dazu fehlt die nötige Datenbasis, insbesondere für die Bestimmung von Gewichtungsfaktoren, im Unternehmen. Lediglich die bestehenden Systeme innerhalb des Unternehmens sollen optimiert (und ggf. eingeführt) und bezüglich ihres Einflusses auf Bonitätseinschätzungen sensibilisiert werden. Beurteilt und optimiert werden daher die Inputfaktoren, die in die internen und externen Ratings eingehen. Besonders lohnenswert kann ein Selbstrating auch sein, wenn das Unternehmen bereits geratet wurde und nur wenig von einem Rating im Investment-Grade-Bereich entfernt ist. Gleiches kann gelten, wenn das Gespräch mit dem Firmenkundenberater

[629] Eigene Darstellung in Anlehnung an Müller et al. (2006), S. 128.
[630] Vgl. Langen (2015), S. 185.

offenbart, dass das Unternehmen ebenfalls an der Schwelle zu einer besseren Ratingkategorie steht. Die Optimierung des unternehmensinternen Controllings und Risikomanagements kann zu der gewünschten Verbesserung des Ratings führen.

Der zweite Punkt bezüglich der Relevanz des Ratings für den Mittelstand thematisiert die Kommunikation des Ratings. Wurde das Unternehmen bereits extern beurteilt, gilt es, diese Unternehmensbewertung offen zu legen. Als ein Mittel der Finanzkommunikation geschieht die Kommunikation der Zahlungsfähigkeit zunächst in der internen Unternehmenskommunikation. Die interne Kommunikation der Bonität kann auch erfolgen, wenn das Unternehmen von einem Kreditinstitut geratet wurde und die Bonitätsbeurteilung kennt. Alle Mitarbeitergruppen, jedoch im Besonderen solche, die in keiner Verbindung mit finanziellen Themen stehen, z. B. in der Fertigung und Produktion, bekommen die Bonität dargelegt. Dies unterstützt die Etablierung und Akzeptanz der Finanzkommunikation im Unternehmen und entspricht der Zuordnung von Finanzkommunikation auf der untersten Stufe der Unternehmenskultur (vgl. Kap. 2.3.2, S. 80).

Im nächsten Schritt wird die Bonität des Unternehmens extern kommuniziert. Ein externes Rating kann direkt kommuniziert werden. Wurde das Unternehmen noch nicht extern beurteilt, kann dieses statt dem externen Rating, Ergebnisse des Selbstratings in Form von Finanzkennzahlen und Entwicklungen der letzten fünf Jahre veröffentlichen. Wie bereits beschrieben, trifft dies für die Mehrzahl der mittelständischen Unternehmen zu, die aufgrund von mangelndem Know-How der Geschäftsführung sowie knappen Ressourcen in Personal und Kapital nicht über ein externes Rating verfügen. Ebenfalls spricht die verschwiegene Unternehmenskultur (vgl. Kap. 3.1.3, S. 109) gegen die Auftragserteilung zur Erstellung einer Bonitätseinschätzung bei einer Ratingagentur.

Die Bereitschaft, Finanzinformationen preiszugeben, sorgt jedoch für einen guten Ausgangspunkt in Bankgesprächen. Dies führt zum letzten Punkt, der Notwendigkeit von Ratings. Der dritte Punkt knüpft an die Erfüllung des obersten Ziels der Finanzkommunikation an (vgl. Abb. 7). Geht ein Unternehmen transparent mit seiner finanziellen Lage und seiner wirtschaftlichen Entwicklung um, hilft dies bei der Akquise verschiedener Finanzierungsformen. Dies gilt auch für Unternehmen, die außerhalb der oberen Ratingkategorien, die für eine gute Bonität stehen, geratet sind. Für diese sind zukunftsorientierte soft facts sehr wichtig, die Kapitalgebern und weiteren Stakeholdern signalisieren, dass das Unternehmen um seine Situation Bescheid weiß und seine Entwicklungspotenziale kennt. Dies kann trotz befriedigender Bonität zu einer Kreditzusage führen.

Die drei beschriebenen Aspekte bezüglich der Relevanz des Ratings für den Mittelstand sind nicht isoliert voneinander zu betrachten, sondern knüpfen an die Pyramide der Finanzkommunikation an (vgl. Abb. 7). Die intensive unternehmensinterne Beschäftigung mit der Thematik mittels eines Selbstratings kann externe und institutsinterne Ratings verbessern. Die Kommunikation unternehmensintern und extern erhöht die Transparenz und Akzeptanz bei den Stakeholdern und führt zu einem guten Ausgangspunkt im Bankgespräch und bei Verhandlungen mit Kapitalgebern und kann somit leichter zu einer Kreditzusage und günstigen Finanzierungskosten führen. Dies gilt auch für potenzielle Stakeholder, wie bspw. Kreditinstitute die noch keine Geschäftsbeziehung mit dem Unternehmen führen.

3.3.2 Signalisierung der Bonität von mittelständischen Unternehmen

3.3.2.1 Bonitätszertifikat CrefoZert von Creditreform als Grundlage der Empirie

Aufbauend auf den Erkenntnissen aus Kap. 3.3.1 wurde eine empirische Studie zur Einhaltung der Publizitätspflichten, Etablierung einer Finanzkommunikation und Nutzung des externen Ratings durchgeführt. Dazu wurden Daten der Creditreform Rating AG genutzt.[631]

Creditreform hat ein eigenes Ratingsystem für Unternehmen entwickelt. Die Einteilung in Risikoklassen für Unternehmen ist im Vergleich zu dem bereits beschriebenen Standard & Poors Rating (vgl. Kap. 3.3.1, S. 141) in Tabelle 10 zu sehen.

Im Investment-Grade-Bereich befinden sich Unternehmen, die von Creditreform nicht schlechter als 208 Punkte eingestuft werden (Klasse I-Unternehmen). Ein Bonitätsindex von 500 bis 600 bedeutet einen Ausfall in dem von Creditreform konzipierten Klassensystem.

[631] Die Creditreform Rating AG gehört zu den von der BaFin anerkannten Ratingagenturen und Wirtschaftsauskunfteien in Deutschland (vgl. Kap. 3.2.4, S. 125). National und international sammelt Creditreform Daten über Unternehmen und Privatpersonen und führt diese zu einer Bonitätseinschätzung zusammen. Die Bonitätsprüfung von Privatpersonen und Unternehmen gehört zum Kerngeschäft von Creditreform (vgl. Verband der Vereine Creditreform e.V. (2017c), S. 3) und wird vor allem von mittelständischen Unternehmen genutzt.

	Risikoklasse					
Unternehmen	I	II	III	IV	V	VI
Creditreform Bonitätsindex	100-208	209-238	239-282	283-301	302-355	356-600
Standard & Poors	AAA - BBB	BBB - BB+	BB+ - BB	BB - B+	B+ - B-	ab B-

Tabelle 10: Creditreform Bonitätsindex im Vergleich zum S&P-Rating[632]

Die Zuteilung zu den Risikoklassen erfolgt über die Ausfallwahrscheinlichkeit, die darstellt, ob ein Unternehmen innerhalb eines Jahres ausfällt (vgl. Tabelle 11).

Risikoklasse	Bereich	PD in %
I	Unternehmen mit sehr guter bis guter Bonität	bis 0,3
II	Unternehmen mit guter bis zufriedenstellender Bonität	0,3 bis 0,7
III	Unternehmen mit befriedigender Bonität	0,7 bis 1,5
IV	Unternehmen mit überdurchschnittlichem bzw. erhöhtem Risiko	1,5 bis 3,0
V	Unternehmen mit hohem Risiko	3,0 bis 8,0
VI	Unternehmen mit sehr hohem Risiko	ab 8,0

Tabelle 11: Bedeutung der Risikoklassen[633] [634]

Unternehmen der Risikoklasse I weisen erwartungsgemäß die niedrigsten Ausfallwahrscheinlichkeiten mit lediglich bis zu 0,3 % innerhalb eines Jahres auf. Bei Unternehmen mit einem sehr hohen Risiko beträgt die Ausfallwahrscheinlichkeit hingegen 8 % oder mehr.

632 Eigene Darstellung in Anlehnung an Verband der Vereine Creditreform e.V. (2017a).
633 Orientiert an den Basel II-Kriterien für Risikogewichte.
634 Eigene Darstellung in Anlehnung an Verband der Vereine Creditreform e.V. (2017a).

Creditreform verarbeitet qualitative und quantitative Merkmale mittels eines mathematisch-statistischen Verfahrens, um den Bonitätsindex zu generieren.[635] Zu den berücksichtigten Kriterien zählen:

- Krediturteil,
- Zahlungsweise,
- Bilanzbonität,
- Jahresabschlussdaten,
- Branchenrisiko,
- Unternehmensentwicklung,
- Umsatz,
- Rechtsform,
- Unternehmensalter,
- Regionenrisiko,
- Auftragslage,
- Kapital,
- Erfahrung Management,
- Anzahl Mitarbeiter,
- Relation Umsatz/Mitarbeiter,
- Relation Kapital/Umsatz,
- Externe Zahlungserfahrungen.[636]

Neben den hard facts wie Jahresabschlussdaten und Umsatz spielen auch soft facts, wie die Erfahrung des Managements eine Rolle. Ergänzt wird dies durch historische Entwicklungen, zukunftsorientierte Merkmale (Auftragslage) und Informationen über die Gesamtwirtschaft (Branchen- und Regionenrisiko). Kritisch zu hinterfragen ist an dieser Stelle, inwiefern die Kriterien überschneidungsfrei sind. Das erste und letzte Merkmal scheinen nahezu identisch. Ebenfalls zu hinterfragen ist, wo der Unterschied zwischen einem Krediturteil und dem Bonitätsindex ist.

Einige Faktoren werden stärker gewichtet als andere (jeweils 25 % Gewicht bekommen die beiden ersten Faktoren). Alle bonitätsrelevanten Merkmale werden zu einem Bonitätsindex zwischen 100 und 600 verdichtet. Wurde ein Unternehmen von Creditreform geratet, kann das Unternehmen das Bonitätszertifikat von Creditreform (CrefoZert) beantragen.

Das Bonitätszertifikat CrefoZert kann erlangt werden, wenn:

---

[635] Vgl. Verband der Vereine Creditreform e.V. (o. J.).
[636] Vgl. Verband der Vereine Creditreform e.V. (o. J.).

- der Creditreform Bonitätsindex einen Wert zwischen 100 und 249 aufweist,[637]
- die Bilanzbonität mit CR7[638] oder besser bewertet wird,
- die Jahresabschlussanalyse auf Basis von Jahresabschlüssen erfolgt, die jünger als 10 Monate ab Erstellung der Bilanz sind,
- die kompakte Befragung des Unternehmens hinsichtlich der aktuellen Situation und der Zukunftsperspektiven keine maßgeblichen Bonitätsrisiken erkennen lässt.[639]

Die Auszeichnung erfolgt nicht automatisch, wenn ein Unternehmen einen guten Bonitätsindex aufweist. Das CrefoZert muss vom Unternehmen beantragt werden und wird gegen eine Gebühr für *ein Jahr* ausgestellt. Das CrefoZert bescheinigt dem Unternehmen, dass es zu den 1,7 % der deutschen Unternehmen gehört, die eine besonders gute Bonität aufweisen.[640]

Für Unternehmen gibt es, ausgehend von verschiedenen Stakeholdern, Gründe um das CrefoZert zu beantragen:

- eine bevorstehende Kreditaufnahme oder ein geplantes Finanzierungsvorhaben,
- eine bessere Verhandlungsposition bzgl. Zahlungskonditionen mit Lieferanten,
- der Aufbau oder die Verbesserung der Unternehmensreputation,
- der Ausbau des Marketings,
- die Stärkung der Wettbewerbsposition,
- die bevorstehende Bewerbung auf ein Projekt (Pitch),
- die Erwartung wirtschaftlicher oder konjunktureller Änderungen.[641]

Alle Gründe für die Beantragung des CrefoZerts setzen eine intensive Auseinandersetzung mit dem Thema Finanzkommunikation voraus, da für die Beantragung personelle, zeitliche und finanzielle Ressourcen benötigt werden.

---

637 Dies entspricht einer ausgezeichneten bis guten Bonität mit einer maximalen PD von 0,55 % (betrachteter Zeitraum 01.07.2014 bis 30.06.2015), vgl. Verband der Vereine Creditreform e.V. (o. J.).

638 Eine Bilanzbonität von CR7 deutet auf eine Ausfallwahrscheinlichkeit innerhalb eines Jahres von 0,73 % oder besser hinsichtlich der Bilanz hin, vgl. Verband der Vereine Creditreform e.V. (2017c), S. 6.

639 Vgl. Verband der Vereine Creditreform e.V. (2017b).

640 Vgl. Verband der Vereine Creditreform e.V. (2017b).

641 Modifizierte Darstellung, abgeleitet aus den Gründen für ein externes Rating, vgl. Heyken (2001), S. 27 f. und Sultze (2001), S. 38.

Wurde das CrefoZert erlangt, eignet es sich zur Publikation auf verschiedenen Kommunikationskanälen, insbesondere in der Online-Kommunikation für die Unternehmenshomepage.[642]

3.3.2.2 Status quo der Finanzkommunikation im Mittelstand

Um den Status quo der Finanzkommunikation von mittelständischen Unternehmen aus externer Sicht beurteilen zu können und die Sichtweise der bestehenden Forschung (vgl. Tabelle 7) erweitern zu können, wurde eine empirische Auswertung erstellt. Betrachtet wurden Unternehmen, die innerhalb eines halben Jahres (Mai - November 2016) das CrefoZert verliehen bekommen haben. Die Zertifizierung ist für ein Jahr gültig. Die Unternehmen, welche aktuell das CrefoZert tragen, können unter www.crefozert.de abgerufen werden.[643] Der aufgebaute Datensatz enthält 162 Unternehmen bundesweit. Mit Hilfe der Unternehmensdatenbank von Hoppenstedt[644] wurden weitere Unternehmensmerkmale in den Datensatz integriert. Die Merkmale Rechtsform, Bundesland, Mitarbeiteranzahl, Umsatzgröße, Unternehmensalter, Konzernzugehörigkeit und die angegebenen Hausbanken wurden aufgenommen.

In einem nächsten Schritt wurde überprüft, ob die Unternehmen unter die gewählte Mittelstandsdefinition (< 500 Mitarbeiter, < 50 Mio. Euro Umsatz jährlich sowie keine Konzernzugehörigkeit, vgl. Abb. 14) fallen. Ein weiteres Kriterium, welches bisher nicht betrachtet wurde, wurde mit aufgenommen. In wissenschaftlichen Studien wird oft das Unternehmensalter angegeben. Ein Großteil der mittelständischen Unternehmen in Deutschland ist älter als 10 Jahre.[645] Das Unternehmensalter bietet somit einen weiteren Ansatzpunkt zur Beurteilung der Zugehörigkeit von Unternehmen zum Mittelstand.[646] Es wurden daher Unternehmen, die ein geringeres Un-

[642] Vgl. Verband der Vereine Creditreform e.V. (2017c), S. 8.
[643] Letzter Abruf am 10.05.2017.
[644] www.hoppenstedt-hochschuldatenbank.de [Stand: 05.04.2017].
[645] Vgl. Hummel et al. (2011), S. 28.
[646] Start-Up-Unternehmen werden mit dieser Abgrenzung vom Mittelstand differenziert. Die Gruppe der Start-Up-Unternehmen gehört größtenteils zu den Einzel- und Kleinstunternehmen. Mit Start-Ups werden junge Unternehmen, die ein hoch innovatives Geschäftsmodell vertreten und im Allgemeinen schnell wachsen, bezeichnet, vgl. Blank/Dorf (2012), S. XVII. Mit durchschnittlich 12 Mitarbeitern in 2016 (vgl. KPMG Deutschland (2016), S. 35) rücken diese Unternehmen quantitativ in den Fokus von KMU-Definitionen. Auch die Verbindung von Eigentum und Leitung kann bei Start-Up-Unternehmen beobachtet werden. Start-Up-Unternehmen sind jedoch per Definition jünger als 10 Jahre, vgl. KPMG Deutschland (2014), S. 11. Außerdem sind Start-Up-Unternehmen vor allem in der Informations- und Kommunikationsbranche (vgl. Kollmann (2016), S. 4 f.) und nicht in klassischen Wirtschaftszweigen tätig, weshalb sie von KMU abgegrenzt werden.

ternehmensalter als 10 Jahre aufweisen, aus dem Datensatz entfernt. Insgesamt fielen damit 22 Unternehmen aus dem Datensatz heraus und weitere 33 Unternehmen, weil keine Informationen über diese Unternehmen verfügbar waren. Es verblieben somit **107** Unternehmen für die empirische Analyse.

Die meisten Unternehmen kommen aus Nordrhein-Westfalen (21 %) und Baden-Württemberg (13 %). Die anderen Bundesländer sind mit jeweils ca. 7 % im Datensatz vertreten. Dies ist repräsentativ für die allgemeine Unternehmensverteilung in Deutschland, nach der die meisten Unternehmen in Nordrhein-Westfalen ansässig sind (vgl. Kap. 3.1.1, S. 89).

Die Auswertung der zugehörigen Wirtschaftszweige erfolgte mittels der Verordnung (EG) Nr. 1893/2006 Anhang 1 des Europäischen Parlaments. Die Verordnung unterscheidet 21 Wirtschaftszweige und weist diesen bestimmte Kennzahlenbereiche zu, die in den Unternehmensmerkmalen zu finden sind. Sind Unternehmen in mehreren Branchen tätig, wurde der Wirtschaftszweig gewählt, in dem das Kerngeschäft des Unternehmens liegt.

Die meisten Unternehmen sind im verarbeitenden Gewerbe (21,5 %), verschiedenen Dienstleistungen (insgesamt 20,56 %) und im Baugewerbe (14,95 %) tätig. Ähnlich ist die Verteilung über alle Unternehmen, die bisher mit dem CrefoZert zertifiziert wurden. Am stärksten sind dort Dienstleistungen, Metall, Großhandel und Bau vertreten.[647] Einem Unternehmen konnte kein Wirtschaftszweig zugeordnet werden. Insgesamt repräsentiert der Datensatz alle Wirtschaftszweige (vgl. Tabelle 12) und spiegelt ebenfalls die Verteilung über alle bisher zertifizierten Unternehmen wider.

Die durchschnittliche Mitarbeiteranzahl der betrachteten Unternehmen beträgt 61 Mitarbeiter im Jahr 2016 und durchschnittlich 8,65 Mio. Euro Umsatz im Jahr 2015. Das durchschnittliche Unternehmensalter beläuft sich auf 43,8 Jahre. Das älteste Unternehmen datiert sein Gründungsjahr auf das Jahr 1412.

Zu 90 der analysierten Unternehmen konnten Angaben zur Hausbank gefunden werden. Viele Unternehmen gaben zwei Banken als hauptsächliche Partner für ihre Finanzgeschäfte an. 61 (67,78 %) mittelständische Unternehmen stehen mit der/den regionalen Sparkassen in einer Beziehung und 27 Unternehmen mit der/den Volks-

[647] Vgl. Verband der Vereine Creditreform e.V. (2017c), S. 7.

und Raiffeisenbanken. 20 der analysierten Unternehmen pflegen Kontakt zur Deutschen Bank, Postbank, UniCredit, BNP Paribas und der Commerzbank.

Branche	**Anteil am Datensatz**
Verarbeitendes Gewerbe	21,50 %
Baugewerbe	14,95 %
Erbringung von sonstigen Dienstleistungen	10,28 %
Information und Kommunikation	8,41 %
Grundstücks- und Wohnungswesen	7,48 %
Verkehr und Lagerei	7,48 %
Erbringung von freiberuflichen, wissenschaftlichen und technischen Dienstleistungen	6,54 %
Handel; Instandhaltung und Reparatur von Fahrzeugen	4,67 %
Wasserversorgung; Abwasser- und Abfallentsorgung und Beseitigung von Umweltverschmutzungen	4,67 %
Energieversorgung	4,67 %
Erbringung von sonstigen wirtschaftlichen Dienstleistungen	3,74 %
Land- und Forstwirtschaft, Fischerei	1,87 %
Bergbau und Gewinnung von Steinen und Erden	0,93 %
Öffentliche Verwaltung; Verteidigung; Sozialversicherung	0,93 %
Gastgewerbe	0,93 %

Tabelle 12: Branchenzugehörigkeit der Unternehmen im Datensatz (n: 107)

Das Hausbankprinzip (vgl. Kap. 3.2.3, S. 126) zu den regionalen Sparkassen und Genossenschaftsbanken spiegelt sich in dem Datensatz erwartungsgemäß wider. Andere Bankbeziehungen werden jedoch nicht generell abgelehnt und oftmals zusätzlich genutzt.

Für die Analyse der Unternehmen, die die Auszeichnung des CrefoZert erlangt haben, wurde ein Score genutzt, der den Stand der Finanzkommunikation dieser mittelständischen Unternehmen aus **externer Sichtweise** abbildet. Zunächst wurde betrachtet, ob die Unternehmen die gesetzlichen Rahmenbedingungen erfüllen. Dazu wurden die Pflichtveröffentlichung der betrachteten Unternehmen gemäß Größe und Rechtsform, sowie weitere freiwillige Informationen, im elektronischen Bundesanzeiger überprüft.

Mit dem besonderen Blick auf die Online-Kommunikation wurden ebenfalls die Homepages (falls vorhanden) der Unternehmen einer qualitativen Analyse unterzogen. Dort wurde untersucht, ob das Unternehmen das CrefoZert veröffentlicht hat und wo (z. B. auf der Startseite der Unternehmenshomepage), ob es über einen Bereich auf der Homepage verfügt, auf dem Instrumente von Investor Relations zur Finanzkommunikation dargestellt werden und ob ein Bereich mit erlangten Zertifikaten und Qualifikationen vorhanden ist. Dafür wurde ein Score bezüglich der Online-Finanzkommunikation entwickelt (vgl. Abb. 21).

Online-Finanzkommunikation

Das Unternehmen…

…erfüllt die Pflichtveröffentlichung im Bundesanzeiger.	☐	Punkte
…veröffentlicht freiwillig Daten im eBAnz.	☐	Punkte
…hat eine Homepage.	☐	Punkte

Auf der Unternehmenshomepage…

…gibt es einen Finanzkommunikations-/Kennzahlen-Bereich.	☐	Punkte
…werden ausgestellte Zertifikate/Qualifikationen veröffentlicht.	☐	Punkte
…ist das CrefoZert zu finden.	☐	Punkte
… ist das CrefoZert auf der Startseite zu finden.	☐	Punkte

Abb. 21: Score für Online-Finanzkommunikation

Alle Fragen, mit Ausnahme der freiwilligen Veröffentlichung im eBAnz, können mit „ja“ oder „nein“ beantwortet werden. Grundsätzlich gibt es bei einer Antwort mit „ja“ einen Punkt und ansonsten wird kein Punkt vergeben. Lediglich zwei besonders wichtige Aussagen werden bei der Bejahung doppelt gewertet (grau hinterlegt in Abb. 21). Dies ist zunächst die Existenz eine Homepage, die als Ausgangspunkt für die Online-Kommunikation gilt. Außerdem wird der Einsatz des CrefoZert auf der Startseite der Unternehmenshomepage doppelt gewertet, da dies eine effektive Verwendung des CrefoZert und einen hohen Signaling-Effekt zeigt.

Die Kategorie der zusätzlichen Informationen im eBAnz kann nach der folgenden Skala bewertet werden:

1 = trifft gar nicht zu
2 = trifft etwas zu
3 = teils teils
4 = trifft größtenteils zu
5 = trifft voll zu

Wenn ein Unternehmen, obwohl es gesetzlich aufgrund der Unternehmensgröße und Rechtsform nicht dazu verpflichtet ist, zusätzlich GuV, Lagebericht und weitere soft facts im eBAnz veröffentlicht, können bis zu maximal fünf Punkte erreicht werden. Im ersten Abschnitt können somit maximal acht Punkte (bei doppelter Wertung der letzten Frage) und fünf Punkte bezüglich der Unternehmenshomepage erreicht werden (vgl. Abb. 21). Es können somit insgesamt über alle Fragen 13 Punkte maximal erreicht werden.

Zur externen Beurteilung der Online-Finanzkommunikation wird der Score in verschiedene Bereiche eingeteilt (vgl. Tabelle 13).

Punktebereich des Scores	**Beurteilung der Online-Finanzkommunikation**
11-13	sehr gut
9-10	gut
5-8	befriedigend
3-4	ausreichend
0-2	mangelhaft

Tabelle 13: Punkteverteilung für die Beurteilung des Scores für Online-Finanzkommunikation

Erreicht das Unternehmen in der externen, qualitativen Analyse 11 oder mehr Punkte, wird die Online-Finanzkommunikation mit „sehr gut“ bewertet. Bei mehr als neun Punkten liegt der Score im guten Bereich. Erreicht das Unternehmen weniger als zwei Punkte, wird die Online-Finanzkommunikation mit „mangelhaft“ bewertet.

Zunächst wurden die Voraussetzungen für die Pflichtveröffentlichung der betrachteten Unternehmen ausgewertet. Ein Großteil der Unternehmen nimmt die Rechtsform der GmbH an (84,1 %). Die GmbH gehört zu den Kapitalgesellschaften und in den vorliegenden Größenordnungen fällt die Kategorisierung auf kleine und mittelgroße Kapitalgesellschaften. Kleine Kapitalgesellschaften müssen im elektronischen Bundesanzeiger lediglich Bilanz und Anhang als Pflichtveröffentlichung bereit stellen (vgl. Tabelle 2). Für mittelgroße Kapitalgesellschaften gelten erweiterte Offenlegungspflichten. GuV und weitere Angaben müssen ebenfalls veröffentlicht werden.

Für die betrachteten Unternehmen bedeutet dies, dass alle mit Ausnahme eines Unternehmens, welches aufgrund seiner Rechtsform nicht zur Veröffentlichung verpflichtet ist, mindestens eine Kurzbilanz sowie einen kurzen Anhang im eBAnz veröffentlichen müssen. Diese Angaben waren bei allen Unternehmen zu finden, jedoch teilweise auch bei jenen Unternehmen, die gesetzlich zu weitreichenderen Veröffentlichungen verpflichtet sind (mittelgroße Kapitalgesellschaften). Bei diesen Unternehmen waren die Angaben im eBAnz unvollständig. Freiwillige Angaben über die Pflichtveröffentlichung hinaus, z. B. in Form der GuV, wurden lediglich bei 5,61 % der Unternehmen vorgefunden.

Über eine Homepage verfügen ebenfalls bis auf ein Unternehmen alle betrachteten mittelständischen Unternehmen. Die durchschnittlich erreichte Punktzahl des ersten Fragenblocks der qualitativen Analyse aus Abb. 21 beträgt drei von maximal acht zu erreichenden Punkten. Dies kommt zustande durch einen Punkt für die Pflichtveröffentlichung und der doppelten Wertung des Vorhandenseins einer Homepage (zwei Punkte).

Bei der Auswertung des zweiten Blocks bezüglich der Darstellung der Finanzkommunikation auf der Unternehmenshomepage konnte festgestellt werden, dass nur 37,38 % der mittelständischen Unternehmen das CrefoZert online stellen (Aggregation der Fragen drei und vier). Die Veröffentlichung von Finanzkennzahlen oder weiteren Instrumenten der Investor Relations (vgl. Kap. 2.2.2.4) zur Finanzkommunikation ist bei lediglich 4,67 % der untersuchten Unternehmen zu finden. Zertifikate und erworbene Qualifikationen (Frage zwei im unteren Block in Abb. 21) veröffentlichen 18,69 % der betrachteten Unternehmen. Zu den dort publizierten Dokumenten gehören z. B. Nachweise über ein CSR-System.

Verdichtet man alle Fragen zu einem Score, erreicht kein mittelständisches Unternehmen eine Bewertung der Online-Finanzkommunikation im sehr guten Bereich (vgl. Abb. 22). Fast alle Unternehmen gehen der gesetzlichen Publizitätspflicht nach und verfügen über eine Unternehmenshomepage. Diese stellt die Produkte des Kerngeschäfts und z. B. die Firmenhistorie des Unternehmens dar. Weitere Aspekte für ihre Finanzkommunikation können über die Unternehmenshomepage nicht abgerufen werden. Es befinden sich daher 71 % der betrachteten Unternehmen im ausreichend bis mangelhaften Bereich im Hinblick auf ihre Online-Finanzkommunikation (vgl. Abb. 22).

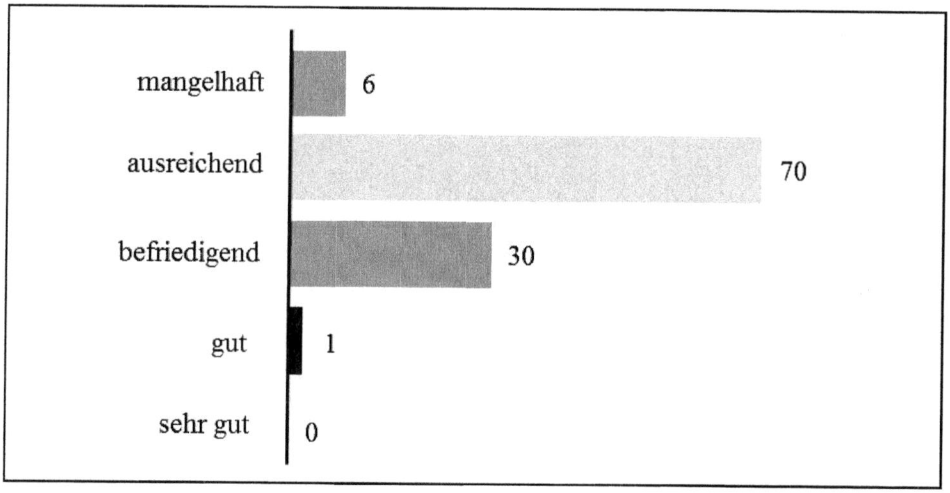

Abb. 22: Auswertung des Scores für Online-Finanzkommunikation der betrachteten Unternehmen

Zusammen mit den Ergebnissen der bisherigen Forschung (vgl. Tabelle 7) kann der Status quo in Bezug auf die Finanzkommunikation abgeleitet werden:

- KMU erfüllen größtenteils die Pflichtpublizität und kommen den Offenlegungspflichten nach Unternehmensgröße und Rechtsform nach.
- Darüber hinaus werden nur wenige Informationen veröffentlicht.

- Über eine Homepage verfügen nahezu alle mittelständischen Unternehmen. Diese enthält jedoch nur Angaben zu den Leistungen des Unternehmens und wird nicht für Finanzkommunikation genutzt.
- Unternehmen guter Bonität haben die Wichtigkeit und Notwendigkeit von Finanzkommunikation erkannt und viele bemühen sich um das CrefoZert. Der Einsatz des Bonitätszertifikats erfolgt dann aber sehr zurückhaltend und das Potenzial zur Verbesserung der Finanzkommunikation, des Marketings usw. wird nicht ausgeschöpft. Es fehlt auch gut geratenen Unternehmen an einem strategischen Prozess für Finanzkommunikation.
- Lediglich wenige (Best-Practice-) Unternehmen verfügen über eine integrierte Finanzkommunikation.

Welche Informationen die untersuchten Unternehmen ihren Kapitalgebern, Lieferanten und anderen Stakeholdern (auf Nachfrage) zur Verfügung stellen, kann nicht abschließend beurteilt werden und war nicht Teil der Untersuchung. Zusammen mit den bereits vorhandenen Studien ergibt sich jedoch das umfassende, beschriebene Bild des Status quo bezüglich der Finanzkommunikation in mittelständischen Unternehmen.

4 Finanzkommunikation als Teil der Risk Governance

4.1 Risk Governance im Mittelstand

4.1.1 Corporate Governance

Da Finanzkommunikation im Unternehmen etabliert und auch in der Unternehmenskultur auf der Stufe der grundlegenden Annahmen angesiedelt wird (vgl. Kap. 2.3.2, S. 80), werden im Folgenden die internen Prozesse im Unternehmen detailliert betrachtet, um Finanzkommunikation auf operativer Ebene einzuordnen. Ebenfalls werden die Rollen der Akteure im Unternehmen, die Finanzkommunikation gestalten, diskutiert. Besonders hervorzuheben sind in diesem Kontext unternehmensintern die Geschäftsführung und die Führungskräfte, die die Finanzkommunikation einführen und vorleben und gemeinsam mit den Mitarbeitern[648] ausführen.

Die Qualität des Managements und des Controllings im Unternehmen, die Unternehmensstrategie und die Zukunftsperspektiven (z. B. in Form einer Nachfolgeregelung) fließen in Ratings als zentrale Kennzahl der Finanzkommunikation ein (vgl. Kap. 3.3.1, S. 139). Dies sind allesamt Kriterien, die Berücksichtigung in der Corporate Governance finden. Wie der aktuelle Stand im Bereich der Corporate Governance in KMU aussieht, soll daher im Folgenden betrachtet werden.

Corporate Governance kann mit „Grundsätzen der Unternehmensführung“ übersetzt und definiert werden und stellt damit eine Verbindung des Unternehmens (Corporate) mit der Governance, die (aus dem Französischen und Lateinischen) übersetzt „führen“ und „leiten“ bedeutet, dar. Dies ist eine sehr weite Definition der Corporate Governance, die an dieser Stelle am besten in das Konstrukt der Arbeit passt.[649] In diese weite Definition lassen sich auch alle Stakeholder und nicht nur Akteure, die Eigentum, Leitung und Kontrolle im Unternehmen innehaben, integrieren.[650] Die Corporate Governance bezeichnet ein übergreifendes, internes System, welches ein Unternehmen leitet (Unternehmensleitbild) und kontrolliert.[651] Im *Innenverhältnis* gestaltet, optimiert und lenkt Corporate Governance alle Prozesse

---

648 Mitarbeiter sind auch die wichtigste Anspruchsgruppe von KMU, vgl. Schneider (2015), S. 486 gefolgt von den anderen Stakeholdern des Unternehmens (vgl. Abb. 9).

649 Es wird die betriebswirtschaftliche Definition genutzt. Rechtliche Definitionen sind kein Bestandteil der Arbeit.

650 Eine einheitliche Begriffsdefinition und eindeutige Übersetzung des Begriffs der Corporate Governance existiert nicht. Engere Definitionen umfassen die Befriedigung von Residualansprüchen von Shareholdern durch Aktiengesellschaften. Dies impliziert die Trennung von Eigentum und Leitung und wird durch große Kapitalgesellschaften motiviert, vgl. Becker/Ulrich (2008), S. 261.

651 Vgl. Calder (2008), S. 12.

rund um Planung, Entscheidung und Kontrolle im Unternehmen. Im *Außenverhältnis* des Unternehmens konkretisiert Corporate Governance das Beziehungsmanagement (vgl. Kap. 2.1) zu allen Stakeholdern des Unternehmens.[652] Die Corporate Governance ist langfristig und strategisch ausgerichtet.

Zu den Zielen der Corporate Governance, unter dem Oberziel der langfristigen Überlebensfähigkeit des Unternehmens, gehören drei Ansatzpunkte im Innenverhältnis:

1. die Implementierung eines wertorientierten Managements,
2. die Optimierung und ggf. Veränderung von Organisationsstrukturen,
3. die Finanzplanung[653] und eine geeignete Gestaltung von Anreizsystemen für Führungskräfte.[654]

Im Außenverhältnis werden ebenfalls drei Bereiche durch Corporate Governance verwaltet:

1. das Beziehungsmanagement zu den Stakeholdern,
2. die Bonität bzw. das Rating bei Kreditinstituten,
3. die Due Diligence in Zusammenhang mit Beteiligungen.[655]

Wissenschaftstheoretisch baut das Konstrukt der Corporate Governance auf der Prinzipal-Agent-Theorie auf (vgl. Kap. 2.2.1). Dabei steht die Zusammensetzung und Gestaltung der Geschäftsführung mit Informationsasymmetrien, die aus Eigentum, Leitung und Kontrolle entstehen, im Mittelpunkt. Dies ist historisch aus der Entwicklung der Corporate Governance gewachsen. Nachdem bereits Adam Smith 1776 Interessenkonflikte zwischen Managern und Eigenkapitalgebern beschrieb, wurde in den 1930er-Jahren in den USA zunehmend das Auseinanderfallen von Aktionärsinteressen und dem Vorstand beobachtet und untersucht.[656] Dies mündete in eine umfassende Forschung für börsennotierte Unternehmen, bei denen die Konstellationen von Leitung und Eigentum sowie die Trennung von Leitung und Kontrolle, verkörpert durch Vorstand und Aufsichtsrat, in einem dualistischen System (Two-Tier-Board Model) betrachtet wird.[657]

---

652 Vgl. Becker/Ulrich (2010), S. 8.
653 Vgl. Spielmann (2012), S. 73.
654 Vgl. Becker/Ulrich (2008), S. 261.
655 Vgl. Spielmann (2012), S. 74.
656 Vgl. Gräwe (2013), S. 25.
657 Vgl. Welge/Eulerich (2014), S. 41.

Wenn Eigentum und Leitung nicht miteinander übereinstimmen, treten Informationsasymmetrien auf. Dies führt dazu, dass Mitglieder des Managements einen Informationsvorsprung zu den Eigentümern (Prinzipals), die nicht an der Geschäftsführung beteiligt sind, haben. Diesen Vorsprung können Mitglieder des Managements zu ihren Gunsten nutzen.[658] Der Abbau der Informationsasymmetrien ist gemäß der Prinzipal-Agent-Theorie mit Agenturkosten verbunden. Die oben genannten Ziele sollen allesamt dazu dienen, die Unternehmensführung effektiv und effizient zu gestalten und die Informationsasymmetrien und damit die Agenturkosten zu reduzieren.[659] Somit kann die Güte der Corporate Governance oder eines Corporate Governance-Systems mittels der Agenturkosten gemessen werden.[660] Weitere Ausführungen zu Agenturkosten finden sich in Kap. 4.3.2.

Zusätzlich sollen die Stewardship-Theorie und die Property-Rights-Theorie als wissenschaftstheoretische Grundlage betrachtet werden.[661]

Die **Stewardship-Theorie** geht davon aus, dass Personen der Geschäftsführung nicht zwangsläufig opportunistisch handeln, sondern als „Verwalter" (steward) fungieren, die ihr Handeln an den Ansprüchen der Prinzipale orientieren.[662] Eigentümer sind ebenfalls nicht ausschließlich an der Wertsteigerung ihrer Beteiligungen und damit des Unternehmens interessiert. Die Stewardship-Theorie wird als ein Sonderfall der Prinzipal-Agent-Problematik aufgefasst. Vorhandene Informationsvorsprünge werden in dieser Theorie nicht ausgenutzt und das Konfliktaufkommen in Beziehungen ist daher gering.[663] Ein solches altruistisches Verhalten ist z. B. in Eltern-Kind-Beziehungen in Familienunternehmen anzutreffen.[664] Die Stewardship -Theorie eignet sich daher sowohl für Unternehmen, in denen Eigentum und Leitung voneinander getrennt sind, als auch solche, wo Eigentum und Leitung vereint sind. Damit eignet sich die Stewardship-Theorie besonders für mittelständische Unternehmen.

Die **Property-Rights-Theorie** ist eine Theorie der *Verfügungsrechte*. Die Grundidee der Property-Rights besteht darin, Güter als Zusammenschluss von Rechten zu

---

658 Vgl. Becker/Ulrich (2008), S. 261 f., Calder (2008), S. 10 und Henschel/Heinze (2016), S. 38 f.
659 Vgl. Ulrich (2011), S. 138.
660 Vgl. Ulrich (2011), S. 69.
661 Vgl. Becker/Ulrich (2008), S. 261.
662 Vgl. Davis/Schoorman/Donaldson (1997), S. 21.
663 Vgl. Caers et al. (2006), S. 29.
664 Vgl. Schulze et al. (2001), S. 102.

sehen. Der Tausch von Gütern wird abgebildet in Form eines Tauschs von Rechten.[665] Verfügungsrechte können die Handlung und Nutzung, die ein bestimmtes Gut betrifft, einschränken. Ein Beispiel hierfür sind Emissionszertifikate. Solange ein Unternehmen die Ressource Luft kostenlos nutzen kann, gibt es keinen ökonomischen Anreiz, auf den Grad der Luftverschmutzung Wert zu legen. Werden Emissionszertifikate und damit Verfügungsrechte ausgegeben, kommt es zu einer „effizienten" Nutzung der Luft, denn das Unternehmen wird die Kosten für das Zertifikat einplanen.[666] Im Unternehmenskontext können mittels Property-Rights-Strukturen verschiedene Unternehmenstypen beschrieben werden. Insbesondere bei Unternehmen, wo eine Trennung von Eigentum und Leitung vorliegt, lassen sich Strukturen und Zuständigkeiten mittels Verfügungsrechten theoretisch modellieren[667] aber auch komplexere Governance-Strukturen können mit der Property-Rights-Theorie beschrieben werden.[668]

Für die weite Definition von Corporate Governance sind außerdem die bereits beschriebene Ressourcentheorie (vgl. Kap. 2.1.2) und der Stakeholder-Ansatz (vgl. Kap. 2.1.3) zur Abbildung der Ansprüche der Stakeholder relevant. Vorwiegend werden, entstanden aus der historischen Entwicklung der Corporate Governance, in der Diskussion um Eigentum, Leitung und Kontrolle Shareholder betrachtet, es existieren jedoch auch zahlreiche Ansätze zur Berücksichtigung von Stakeholdern in der Forschung zur Corporate Governance. Einen Beitrag liefert an dieser Stelle u. a. auch Freeman.[669] Durch den Einbezug verschiedener Anspruchsgruppen zusätzlich zu der unternehmensinternen Gestaltung der Geschäftsführung werden die Informationsasymmetrien ausgeweitet. Dies hat unternehmensintern zur Folge, dass verhandlungspolitische Probleme, z. B. durch Eingehen von Kompromissen, gelöst werden müssen.[670] In börsennotierten Unternehmen fungiert der Aufsichtsrat als Kontroll- und Überwachungsorgan des Vorstandes und sorgt für die Wahrung der Interessen bestimmter Stakeholder.

Für die Corporate Governance gelten in Deutschland verschiedene gesetzliche Vorschriften. Hier sind im Wesentlichen das Gesetz zur Kontrolle und Transparenz im Unternehmensbereich (KonTraG) sowie das Bilanzrechtsmodernisierungsgesetz (BilMoG) zu nennen. Weitere Gesetze für börsennotierte Unternehmen, die Vergütung und Transparenz im Unternehmen thematisieren, sind das Aktiengesetz, das

665 Vgl. Demsetz (1967), S. 347.
666 Vgl. Höll (2011), S. 153.
667 Vgl. Tietzel (1981), S. 222 f.
668 Vgl. Gubitta/Gianecchini (2002), S. 283 f.
669 Vgl. Freeman/Reed (1983).
670 Vgl. Witt (2001), S. 107 ff.

Handelsgesetz, das Transparenz- und Publizitätsgesetz (TransPuG), das Bilanzrechtsreformgesetz (BilReG) und das Vorstandsvergütungs-Offenlegungsgesetz (VorstOG).

Einzelne Paragraphen der Gesetze thematisieren verschiedene Aspekte, die in den Bereich der Corporate Governance fallen. Beispielsweise, dass der Vorstand ein Überwachungssystem einrichten muss, das frühzeitig negative Entwicklungen für das Unternehmern erfasst.[671] Gesamtheitlich fordert § 161 AktG, dass der Deutsche Corporate Governance Kodex (DCGK) von börsennotierten Unternehmen umgesetzt wird. Die Erklärung zur Umsetzung, oder auch warum Empfehlungen des DCGK nicht umgesetzt werden, muss via Online-Kommunikation offen gelegt werden. Somit kann die Güte der Corporate Governance auch an der Entsprechungserklärung zu § 161 AktG festgemacht werden.[672] Die Regelungen für börsennotierte Unternehmen und somit große Kapitalgesellschaften färben auch auf mittelgroße und kleine Kapitalgesellschaften ab.

Der Deutsche Corporate Governance Kodex soll nicht nur den gesetzlichen Rahmen für börsennotierte Unternehmen bilden, sondern auch Anreize und Empfehlungen für die Umsetzung von Corporate Governance in Unternehmen geben.[673] Der Kodex richtet sich primär an börsennotierte Unternehmen und deren Leitung und Überwachung, wird aber auch nicht kapitalmarktorientierten Unternehmen empfohlen.[674] Der DCGK beinhaltet Standards für eine gute und verantwortungsvolle Unternehmensführung, die national und international anerkannt sind. Das Ziel des Kodexes ist es, das Vertrauen von Investoren aber auch Mitarbeitern, Kunden und der Gesellschaft in (börsennotierte) Unternehmen zu fördern.[675]

Entwickelt wird der DCGK von der Regierungskommission Corporate Governance, welche sich vor allem aus Mitgliedern von Vorständen und Aufsichtsräten börsennotierter Unternehmen in Deutschland aber auch Wissenschaftlern zusammensetzt. Der DCGK geht auf die Organe der Führungspositionen, den Vorstand und Aufsichtsrat, sowie deren Vergütung ein. Außerdem thematisiert er das Instrument der Hauptversammlung und appelliert für eine hinreichende Transparenz für alle Investoren. Dies kann laut des DCGKs mit der Online-Kommunikation erreicht

[671] § 91Abs. 2 AktG.
[672] Vgl. Ulrich (2011), S. 87.
[673] Abzurufen unter www.dcgk.de [Stand: 16.05.2017]. Aktuelle Fassung vom 07.02.2017.
[674] Vgl. Regierungskommission Deutscher Corporate Governance Kodex (2017), S. 2.
[675] Vgl. Regierungskommission Deutscher Corporate Governance Kodex (2017), S. 1.

werden.[676] Der Kodex soll somit die Ziele der Corporate Governance (vgl. Kap. 4.1.1, S. 160) konkretisieren und umsetzen.

Der DCGK spricht Teilaspekte der Finanzkommunikation an. Ebenfalls stellen der DCGK und die gesetzlichen Regelungen die herausragende Stellung der Online-Kommunikation dar, die auch für die Finanzkommunikation ein wichtiges Mittel ist.

Aus der Definition von Corporate Governance, den Gesetzen und dem Kodex lassen sich allgemein die wesentlichen Attribute, die Corporate Governance umfasst, ableiten:

- Transparenz,
- Kommunikation,[677]
- Leitung und Kontrolle,
- Planung und Steuerung,
- Vergütung,
- CSR.[678]

Transparenz ist eine hauptsächliche Funktion, auf die der DCGK seine Empfehlungen aufbaut. Besonders eignet sich Transparenz als ein Mittel der Kontrolle bspw. bei der Bekanntmachung von Managemententscheidungen. Außerdem trägt diese stark zur Glaubwürdigkeit der Geschäftsführung bei.[679]

Die für Corporate Governance essentielle Transparenz lässt sich nur mittels Kommunikation (Corporate Governance Communication) umsetzen. Damit ist zunächst die interne Unternehmenskommunikation (vgl. Kap. 2.2.2.2) zur Gestaltung der Corporate Governance im Innenverhältnis gemeint. Nur mittels Kommunikation können Führungskräfte Sachverhalte erkennen, planen und steuern und Ergebnisse wiederum top-down verbreiten. Ein häufig genutztes Mittel der Kommunikation für die Corporate Governance im Unternehmen stellen Reports dar, die Informationen z. B. via Intranet, weitergeben.[680] Auch für die weiteren Attribute Leitung und Kon-

[676] Vgl. Regierungskommission Deutscher Corporate Governance Kodex (2017), S. 13.
[677] Vgl. Gnecchi (2006), S. 52.
[678] Vgl. Gnecchi (2006), S. 52.
[679] Vgl. Cromme (2005), S. 364.
[680] Vgl. Gnecchi (2006), S. 56.

trolle, Planung und Steuerung ist Kommunikation ein wichtiges Mittel. Im Außenverhältnis ist Kommunikation (vgl. Kap. 2.2.2.3 bis 2.2.2.6) das maßgebliche Instrument zum Vertrauensaufbau im Beziehungsmanagement.

Aus den Attributen der Corporate Governance lassen sich verschiedene Funktionen im Unternehmen, die zur Umsetzung einer guten Corporate Governance nötig sind, ableiten. Um die Grundlage für Transparenz (in der Unternehmenskommunikation) zu schaffen, wird eine Informationsaufbereitung und -verbreitung sowie ein Berichtswesen benötigt. Hier kommen die Abteilungen des internen Rechnungswesens und Controllings an erster Stelle. Im Rechnungswesen werden Informationen für die interne und externe Unternehmenskommunikation verarbeitet. Eng zusammen mit dem Rechnungswesen hängt das Controlling. Dort werden vor allem finanzielle Kennzahlen aufbereitet und geplant. Im Controlling werden Aufgaben zur Planung, Steuerung, Kontrolle und Informationsverarbeitung bearbeitet, die das oberste Unternehmensziel unterstützten. Somit ähneln sich Aufgaben und Ziele, wie z. B. die Finanzplanung, von Controlling und Corporate Governance.[681] Das Controlling kann im Unternehmen eine unterstützende Funktion für die Corporate Governance übernehmen.[682] Überraschend ist in diesem Zusammenhang, dass der DCGK das Controlling nicht erwähnt.[683] [684] Controlling und Rechnungswesen sind ebenfalls Ausgangspunkte für Investor Relations (vgl. Kap. 2.2.2.4), deren Instrumente für die Finanzkommunikation verwendet werden.

Alle Funktionen im Unternehmen stehen in der Verantwortung der Geschäftsführung. Dazu gehören auch die Schaffung von Anreizsystemen und das ethisch und moralisch korrekte Verhalten im und vom Unternehmen (CSR). Wesentliche Aspekte guter Unternehmensführung beinhalten dabei die Compliance (vgl. Kap. 3.2.2, S. 118).

Auch für mittelständische Unternehmen, die nicht börsennotiert sind und somit nicht unter die genannten Gesetze fallen, stellt Corporate Governance ein relevantes, betriebswirtschaftliches Thema dar. 61 % von 113 befragten mittelständischen

---

681 Vgl. Becker/Ulrich (2010), S. 18 ff.
682 Vgl. Becker/Ulrich (2010), S. 19 ff.
683 Lediglich auf S. 6 findet sich ein Hinweis zum Risikocontrolling, vgl. Regierungskommission Deutscher Corporate Governance Kodex (2017), S. 6.
684 Vgl. Becker/Ulrich (2010), S. 18.

Unternehmen geben an, dass Corporate Governance für sie von sehr hoher Relevanz ist. Gefolgt wird dies vom Controlling (41 %) und Steuerrecht (33 %).[685] [686] Die Anpassung der Corporate Governance an die Unternehmensgröße und -struktur stellt ein neueres Forschungsgebiet dar, welches beginnend im Jahre 2004 von verschiedenen Autoren thematisiert wird.[687]

Während für börsennotierte Unternehmen besonders die Prinzipal-Agent-Theorie als Basis der Corporate Governance gilt spielt diese für KMU im Grundgerüst der theoretischen Fundierung eine untergeordnete Rolle, sofern Eigentum und Leitung in einer Hand sind. Dies trifft für eigentümergeführte KMU zu. Da die Verbindung von Eigentum und Leitung in der gewählten KMU-Definition der Arbeit nicht vorausgesetzt wird (vgl. Kap. 3.1.3, S. 106), kann die Prinzipal-Agent-Theorie nicht ganz unberücksichtigt bleiben, muss jedoch um weitere Theorien ergänzt werden.[688] Da häufig die Verbindung zwischen Eigentum und Leitung anzutreffen ist, oder Geschäftsführung und Eigentümer in einem engen Verhältnis zueinander stehen, ist die Stewardship-Theorie für KMU eine besonders geeignete Theorie. Geschäftsführer und Eigentümer wird dabei ein altruistisches, auf das Unternehmensziel fokussiertes Verhalten unterstellt.[689] Ebenfalls möglich ist eine Kombination der verschiedenen Theorien, die zu einer integrierten Corporate Governance führen.[690]

Für die Definition von Corporate Governance im Mittelstand stehen Ziel- und Mitarbeiterorientierung, Wertorientierung sowie Kommunikation und Transparenz im Vordergrund. Compliance und ein funktionierendes Controlling spielen hingegen nur eine untergeordnete Rolle. [691] [692]

Bei der Gestaltung der Corporate Governance in mittelständischen Unternehmen kommen der Unternehmensführung, Unternehmenskultur und dem Controlling eine

685 Umfrage unter Unternehmen mit mindestens 50 Mitarbeitern und einer Umsatzgröße zwischen 12,5 Mio. und 500 Mio. Euro Umsatz im Jahr. Beantwortung erfolgte zu 66 % durch Mitglieder der Geschäftsführung.
686 Vgl. Becker/Ulrich/Baltzer (2009), S. 8.
687 Vgl. Ulrich (2011), S. 121.
688 Vgl. Ulrich (2011), S. 78.
689 Vgl. Henschel/Heinze (2016), S. 41.
690 Vgl. Hilb (2016), S. 8.
691 Vgl. Becker/Ulrich/Baltzer (2009), S. 9.
692 Umfrage unter Unternehmen mit mindestens 50 Mitarbeitern und einer Umsatzgröße zwischen 12,5 Mio. und 500 Mio. Euro Umsatz im Jahr. Mehrfachnennungen möglich, 89 Unternehmen insgesamt.

hohe Relevanz zu.[693] Doch gerade der Aufbau einer Unternehmenskultur, die Gestaltung des Managements sowie der strategischen Geschäftsbereiche kann sich als komplexe Aufgabe herausstellen, da Entscheidungen oftmals intuitiv und nicht kennzahlenbasiert getroffen werden. Dies beruht auf der Eigenschaft von KMU, dass Entscheidungsprozesse weniger institutionalisiert sind und Entscheidungen „aus dem Bauch heraus“ getroffen werden (vgl. Kap. 3.1.3, S. 107).[694]

Mittelstandsspezifische Ziele der Corporate Governance sind

- die Existenzsicherung,
- die Unternehmenswertsteigerung,
- die Mitarbeiterzufriedenheit,
- die Standortsicherheit.[695]

Alle Ziele sind langfristig orientiert.[696]

Da das Beziehungsmanagement zu den Stakeholdern von der Geschäftsführung geleitet und gesteuert wird, ist die Betrachtung der Zusammenhänge von Eigentum und Leitung ebenfalls ein Element der Corporate Governance im Mittelstand. Veränderungen in der Eigentums- und Leitungsstruktur führen zu Veränderungen im Unternehmensnetzwerk.[697]

Für die Notwendigkeit und Zielsetzung der Corporate Governance gilt daher zunächst eine Unterscheidung je nach Gestaltung der Geschäftsführung im Unternehmen. Die Schaffung von Anreizsystemen ist bspw. nur relevant, wenn Eigentum und Leitung voneinander getrennt sind. Je nach der Positionierung in der Eigentums- und Leitungsstruktur weisen KMU daher unterschiedliche Corporate Governance-Probleme auf. Diese werden umso spezifischer, je mehr sich das Unternehmen im Einzelbesitz und unter der Leitung des Einzelnen (eigentümergeführtes Unternehmen) befindet (vgl. Abb. 23). Die Unterscheidung der Unternehmenstypen nach der Gestaltung der Eigentumsverhältnisse ist daher für die Corporate Governance- Problematik im Mittelstand wesentlich.

[693] Vgl. Becker/Ulrich/Baltzer (2009), S. 10.
[694] Vgl. Posch/Speckbacher (2012), S. 8.
[695] Vgl. Becker/Ulrich (2008), S. 265.
[696] Vgl. Henschel/Heinze (2016), S. 47.
[697] Vgl. Ulrich (2011), S. 34.

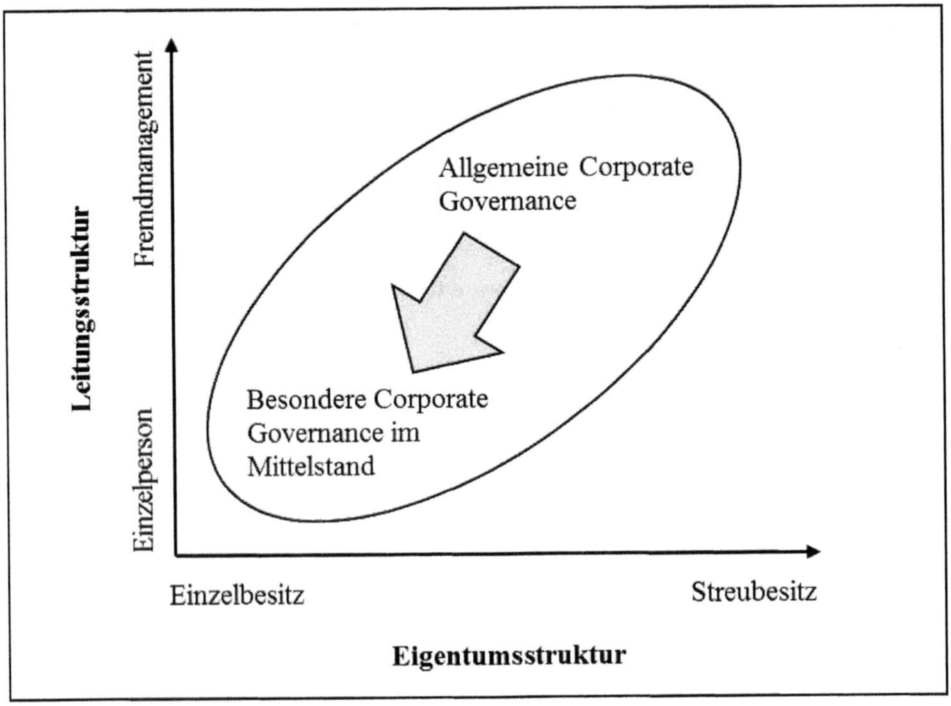

Abb. 23: Corporate Governance für unterschiedliche Eigentum/Leistungs-Kombinationen[698]

Als erster Unternehmenstyp werden **fremdgeführte mittelständische Unternehmen** betrachtet. Fremdgeführte Unternehmen zeichnen sich dadurch aus, dass sich das Unternehmen im Besitz einer Person oder Familie befindet, die jedoch nicht an der operativen Leitung beteiligt ist. Eigentum und Leitung sind somit eindeutig getrennt. Diese Unternehmen kommen der allgemeinen Corporate Governance am nächsten, da dort klassische Prinzipal-Agent-Problematiken zu finden sind. Die mittelstandsspezifischen Ziele der Eigentümer können im Gegensatz zu den Zielsetzungen externer Manager stehen. Dies hat eine komplexe Beziehung zwischen Eigentümern und Managern zur Folge.[699] Die Harmonisierung der Ziele von Eigentümern und externen Managern sowie ggf. externen Führungskräften gehören zu den Hauptaufgaben der Corporate Governance in fremdgeführten mittelständischen Unternehmen, damit die Geschäftsführung effizient und effektiv arbeiten kann. Dies impliziert auch eine hohe Bedeutung von Anreizmechanismen.[700] Fremdge-

[698] Eigene, modifizierte Darstellung in Anlehnung an Becker/Ulrich (2008), S. 264.
[699] Vgl. Becker/Ulrich (2008), S. 265 f.
[700] Vgl. Becker/Ulrich (2008), S. 265 f.

führte Unternehmen mit Familientradition stehen zwischen den Unternehmenstypen der fremdgeführten Unternehmen und den Familienunternehmen, werden aber eher den Familienunternehmen zugeordnet.[701]

Als ein weiterer Unternehmenstyp folgen die Familienunternehmen. **Familienunternehmen** sind nicht zwangsläufig mittelständische Unternehmen, auch wenn diese Äquivalenz oftmals unterstellt wird (vgl. Kap. 3.1.3, S. 99). Charakteristisch für Familienunternehmen sind die beiden Merkmale

1. das Unternehmen ist überwiegend in Familienbesitz und
2. Familienmitglieder haben einen dominanten Einfluss in der Geschäftsführung.[702]

Bei Familienunternehmen existieren komplexe Informationsasymmetrien zwischen Eigentum und Leitung. Bspw. wird das Familienunternehmen noch vom Gründer geleitet, ist jedoch bereits an seine Nachkommen überschrieben. Interessenkonflikte innerhalb der Unternehmerfamilie sind in diesem Beispiel keine Seltenheit und verursachen Prinzipal-Agent-Problematiken.[703] Gleiches gilt, wenn neben der (Gründer-) Familie weitere Personen an der Geschäftsführung beteiligt sind. Für Familienunternehmen ergeben sich somit andere Schwerpunkte und spezifischere Probleme für die Corporate Governance als für fremdgeführte Unternehmen. Zwar sind auch in Familienunternehmen Effizienz und Effektivität der Unternehmensführung wichtige Aspekte, es gilt jedoch Konflikte innerhalb der Inhaberfamilie oder der Inhaberfamilien mit weiteren Beteiligten in der Geschäftsführung zu beseitigen. Dazu gehört bspw. die Implementierung von Kontrollgremien sowie ein effizientes Zielsystem, welches die Unternehmensziele wie auch die Ziele der Familie in Einklang bringt. In diesem Rahmen ist es oftmals hilfreich eine **Family Governance** zu etablieren. Diese bezeichnet eine effektive und effiziente Organisation der Familie im Einklang mit dem Unternehmen.[704] Besteht die Geschäftsführung unter dem obigen zweiten Merkmal ausschließlich aus Familienmitgliedern handelt es sich um ein Eigentümerunternehmen.

Der Unternehmenstyp, der sehr spezifische Corporate Governance-Probleme mitbringt (vgl. Abb. 23), sind die **Eigentümerunternehmen.** Diese zeichnen sich dadurch aus, dass der Eigentümer und die Geschäftsführung eine Person sind. Die

[701] Vgl. Ulrich (2011), S. 35 f.
[702] Vgl. Posch/Speckbacher (2012), S.7 f.
[703] Vgl. Becker/Ulrich (2008), S. 265.
[704] Vgl. Becker/Ulrich (2008), S. 265.

Merkmale Eigentum und Leitung sind an dieser Stelle somit eindeutig vereint. Informationsasymmetrien zwischen Eigentum und Leitung sind bei dieser Art von Unternehmen ausgeschlossen. Dies impliziert jedoch nicht, dass für diesen Unternehmenstyp keine Corporate Governance-Probleme bestehen. Effizienz und Effektivität der Unternehmensführung müssen wie bei den anderen Unternehmenstypen optimiert werden. Insbesondere steht bei Eigentümerunternehmen der Auf- und Ausbau von betriebswirtschaftlichen Steuerungsinstrumenten im Vordergrund. Dazu gehören Controlling, Rechnungswesen und Risikomanagement im Unternehmen. Auch eine frühzeitige Nachfolgeregelung soll im Rahmen der Corporate Governance angestrebt werden.[705]

Für die Modellierung des Zusammenwirkens von Unternehmen, Eigentum und Familie eignet sich bspw. das Modell von Gersick et al., das mittels drei Kreisen, die für Unternehmen, Eigentum und Familie stehen, ähnlich wie die Modelle von Mitchell/Agle/Wood (vgl. Kap. 2.1.3, S. 20) und Carroll/Schwartz (vgl. Kap. 3.2.2, S. 117) Gemeinsamkeiten und Unterschiede der Unternehmenstypen durch Schnittflächen der Kreise kenntlich macht.[706]

Neben der Betrachtung der Konstellation von Eigentum und Leitung als ein Aspekt der Corporate Governance in KMU ist der Stakeholder-Ansatz sehr wichtig für mittelständische Unternehmen, da sie von dem Netzwerk, in dem sie agieren, abhängig sind und daher die Bedürfnisse der verschiedenen Anspruchsgruppen unbedingt berücksichtigen müssen.[707] Dies wurde bereits durch die Ressourcentheorie, die vor allem für die Akquise und Beschaffung von Rohstoffen nötig ist, nachgewiesen (vgl. Kap. 2.1.2).[708] Die Mitbestimmung durch Mitarbeiter im Unternehmen sowie die Berücksichtigung unternehmensexterner Anspruchsgruppen sollte daher ein Teil der Corporate Governance in KMU sein. Flache Hierarchieebenen und ein kooperativer Führungsstil (vgl. Kap. 3.1.3, S. 106) ermöglichen die Berücksichtigung und Mitsprache der Mitarbeiter. Externe Stakeholder aus dem Unternehmensnetzwerk, z. B. Hausbanken, stehen häufig mit der Geschäftsführung direkt in Kontakt (vgl. Kap. 3.1.3, S. 106) und können entsprechend berücksichtigt werden. In mittelständischen Unternehmen jedes Unternehmenstyps fehlt jedoch eine Kontrolle der Geschäftsführung durch die Stakeholder ähnlich dem Aufsichtsrat. Dies kann

[705] Vgl. Becker/Ulrich (2008), S. 264 f.
[706] Vgl. Gersick et al. (1997), S. 6.
[707] Vgl. Henschel/Heinze (2016), S. 46.
[708] Vgl. Spielmann (2012), S. 90 f.

durch einen Beirat, der die Interessen der Stakeholder vertritt und der Geschäftsführung beratend zur Seite steht, gelöst werden.[709]

Da für die Umsetzung im Unternehmen die Übertragung des DCGK auf mittelständische Unternehmen kontrovers diskutiert wird, gibt es verschiedene Ansätze eines Corporate Governance Kodexes speziell für den Mittelstand. Diese beinhalten oftmals zusätzliche, landesspezifische Charakteristika, z. B. für die Schweiz, Dubai oder Kolumbien.[710] In Deutschland hat sich, ähnlich wie der DCGK, ein Governance Kodex für Familienunternehmen (GKFU) etabliert.[711]

Der 2004 erstmalig entwickelte GKFU wird von einer Kommission aus Familienunternehmern, Wissenschaftlern und Beratern kontinuierlich weiter entwickelt. Er hat reinen Empfehlungscharakter und ist nicht (gesetzlich) verpflichtend. Der GKFU geht in acht Unterkapiteln auf die spezifischen Probleme von Familienunternehmen und deren Eigentümerstrukturen sowie das Stakeholdermanagement ein und will damit eine erfolgreiche und nachhaltige Unternehmensführung unterstützen.[712] Der Kodex setzt sich mit der Unternehmensführung, einem Aufsichtsorgan, der Vergütung und Family Governance auseinander. Entscheidungsprozesse, Unternehmenskultur und Compliance werden ebenfalls thematisiert. Teil- oder Unternehmensbereiche werden im GKFU nicht explizit angesprochen. Erwähnenswert ist der letzte Abschnitt des Kodexes, welcher Familienunternehmen ermutigt, einen eigenen, individualisierten Governance-Kodex für ihr Unternehmen zu gestalten.[713]

Der Kodex berücksichtigt nicht die Heterogenität des Mittelstands, sondern betrachtet lediglich Familienunternehmen, welche auch nicht nach Unternehmensgröße und Zusammensetzung der Geschäftsführung differenziert werden. Der GKFU bietet daher Anhaltspunkte zur Gestaltung einer Corporate Governance in KMU, ist aber für Kleinstunternehmen und kleine Unternehmen zu umfassend konzipiert.[714]

Um für die spezifischen Corporate Governance-Problematiken im Mittelstand den richtigen Ansatz zu finden, haben sich in der Forschung unterschiedliche Modelle

[709] Vgl. Welge/Witt (2013), S. 193 f.
[710] Vgl. Hilb (2016), S. 31 f.
[711] Abzurufen unter www.kodex-fuer-familienunternehmen.de [Stand: 21.05.2017]. Aktuelle Fassung vom 29.05.2015.
[712] Vgl. Kommission Governance Kodex für Familienunternehmen (2015), S. 9.
[713] Vgl. Kommission Governance Kodex für Familienunternehmen (2015), S. 35 f.
[714] Vgl. Spielmann (2012), S. 127 f.

etabliert.[715] Explizit gehen die meisten Modelle jedoch auf Familienunternehmen ein. Fasst man die Ergebnisse verschiedener Veröffentlichungen zusammen, kommt dem Fit des Modells, also die Anpassung des Governance-Modells auf die Unternehmensspezifika, eine herausragende Rolle zu.[716] Einfach gestaltete, kleine Unternehmen sollten eine einfache Corporate Governance-Struktur aufweisen, mittlere Unternehmen eine mittlere, der Komplexität entsprechende Struktur usw.[717] Zu diesen Forschungsergebnissen kommen auch Gubitta/Gianecchini, die vier Governance-Modelle je nach Grad der Offenheit und Grad der Ausdehnung des Unternehmens unterscheiden. Diese Attribute beziehen sich wieder auf die Gestaltung der Geschäftsführung. Der Grad der Offenheit beschreibt, wie gut es gelingt, externe Führungskräfte in Familienunternehmen zu integrieren. Die Ausdehnung bezeichnet zusätzlich die Verteilung von Verantwortlichkeiten und ob Management- und Kontrollprozesse im Unternehmen etabliert sind.[718]

Das *starre* Governance-Modell eignet sich nach Gubitta/Gianecchini besonders für kleinere Unternehmen, wo neben der Familie kaum externe Personen in der Geschäftsführung beschäftigt sind. Daher sind ebenfalls kaum formale Entscheidungsprozesse notwendig. Für solche Unternehmen ist eine starre Corporate Governance-Struktur am einfachsten umzusetzen. Das *familiäre* Governance-Modell verfügt über eine hohe Formalisierung der Entscheidungsprozesse im Unternehmen, weshalb der Grad der Ausdehnung groß ist. Der Grad der Offenheit ist jedoch niedrig und bedeutet, dass ebenfalls nur wenige externe Manager im Unternehmen tätig sind. Der Sprung von einem starren zu einem familiären Governance-Modell kommt bspw. durch einen Generationswechsel zustande. Familiäre Governance-Modelle eignen sich besonders für mittelgroße Unternehmen, die in mindestens zweiter Familiengeneration geführt werden.[719]

Das *geschäftsführende* Governance-Modell kommt zum Tragen, wenn externe Manager in das Unternehmen geholt werden. Meist geschieht dies aufgrund eines starken Wachstums. Daher eignet sich das Modell besonders für mittelgroße Unternehmen. *Flexible* Governance-Modelle als letzter Typ zeichnen sich durch einen hohen Grad an Offenheit und Ausdehnung aus. Unternehmen mit externen Personen in der Geschäftsführung und klaren Kompetenzzuweisungen wenden am besten flexible

715 Eine Übersicht findet sich in Ulrich (2011), S. 122 ff.
716 Vgl. Nötzli Breinlinger (2006), S. 130.
717 Vgl. Ulrich (2011), S. 126.
718 Vgl. Gubitta/Gianecchini (2002), S. 285 f.
719 Vgl. Gubitta/Gianecchini (2002), S. 288 ff.

Governance-Modelle an. In der Studie von Gubitta/Gianecchini waren Unternehmen, die flexible Modelle anwenden ebenfalls jünger in Bezug auf das Unternehmensalter.[720]

Die Entwicklung eines Unternehmens kann sich von der Nutzung des starren Governance-Modells in alle Richtungen verändern, je nachdem wie sich die beiden Grade der Flexibilität entwickeln. Die Merkmale von Eigentum und Leitung spielen dabei eine hervorgehobene Rolle, da sich durch die Hinzunahme externer Manager der Grad der Offenheit verändert. Insbesondere wachsende Unternehmen benötigen Strukturen, die in Richtung der flexiblen Governance-Modelle zeigen.

Zusammenfassend kann festgehalten werden, dass sowohl wissenschaftstheoretisch wie auch in der Anwendung im Unternehmen die Komplexität von Corporate Governance-Strukturen im Mittelstand durch die Vielfalt an Formen und Strukturen sehr hoch ist. Ebenfalls wird deutlich, dass sich die Anforderungen an die Corporate Governance je nach Unternehmenstyp unterscheiden, in der Forschung abschließend aber fast ausschließlich Familienunternehmen betrachtet werden.

In unmittelbarem Zusammenhang mit der Corporate Governance steht auch der bewusste Umgang mit Risiken. Dieser gehört zu einer wertorientierten und nachhaltigen Unternehmensführung. Gesetzlich wird laut KonTraG ein internes Überwachungssystem (in börsennotierten Unternehmen) gefordert. Umgesetzt wird dies in Unternehmen durch ein angemessenes Risikomanagement und eine interne Revision. Laut dem DCGK wird ebenfalls die Implementierung eines Risikomanagements und -controllings durch den Vorstand vorgesehen.[721] Da es sich beim Risikomanagement um einen eigenen Forschungszweig handelt, wird dieser im Folgenden getrennt von der Corporate Governance beschrieben.

4.1.2 Risikomanagement

Das Risikomanagement wird abgeleitet vom Begriff des **Risikos**, der zunächst eine Abweichung von einer erwarteten Größe bedeutet. Da diese Abweichung generell auch positiv sein kann, sind Chancen und Risiken eng miteinander verbunden. Die Darstellung der Chancen und Risiken wird auch im Lagebericht eines Unternehmens gefordert.[722]

[720] Vgl. Gubitta/Gianecchini (2002), S. 293 f.
[721] Vgl. Regierungskommission Deutscher Corporate Governance Kodex (2017), S. 6.
[722] § 289 HGB.

Eine einheitliche Definition des Risikobegriffs gibt es in der betriebswirtschaftlichen Forschung nicht. Gerade im unternehmerischen Kontext wird jedoch eine negative Abweichung, die mit einer Vermögensminderung einhergeht, als Risiko angesehen. Oftmals resultiert diese Verlustgefahr aus vorangegangenen Entscheidungen. Darüber hinaus wird zwischen einem versicherbaren und spekulativen Risiko unterschieden.[723] Andere Begriffe für diese Risiken können auch erwartete und unerwartete Risiken sein.

Das Eingehen von Risiken gehört zu einem wesentlichen Merkmal unternehmerischer Tätigkeiten[724] und bedarf daher der Planung und Steuerung. Dies geschieht mittels einem im Unternehmen etablierten Risikomanagement. Das **Risikomanagement** bezeichnet die operativ ausgerichtete Identifizierung, Messung, Bewertung und Steuerung bzw. Kontrolle von Risiken. Das Risikomanagement zielt darauf ab, kritische Situationen und Verläufe in Unternehmenstätigkeiten frühzeitig zu erkennen und sorgt dafür, die Wirkung von Risiken auf das Unternehmen zu reduzieren oder sogar dafür, dass Risiken nicht schlagend werden.[725] Ebenfalls ist das bewusste Eingehen und die anschließende Überwachung von Risiken ein Teil des Risikomanagements. Damit trägt das Risikomanagement zum wesentlichen Unternehmensziel, der Sicherung und Steigerung der Überlebensfähigkeit des Unternehmens, bei. Da das Risikomanagement gerade nicht versicherbare Risiken durch Identifikation und Messung kontrolliert, handelt es sich ebenfalls um ein **Frühwarnsystem** für das Unternehmen.[726] [727] Ein solches System ist darauf ausgelegt mögliche Risiken und Gefährdungen für das Unternehmen im Voraus zu signalisieren. Dies schafft Zeit für Entscheidungen und Maßnahmen, die bezüglich der Risiken getroffen werden müssen. Frühwarnsysteme basieren auf Kennzahlen und Planungshochrechnungen.[728]

Insgesamt ist das Risikomanagement eng mit den Unternehmenszielen und der Unternehmensstruktur sowie der Risikokultur verknüpft. Die Durchführung des Risikomanagements kann an einem Kreislauf verdeutlicht werden (vgl. Abb. 24). An erster Stelle steht immer die Risikoidentifikation, also eine Analyse des Unternehmens in Bezug auf Risiken, die intern und extern auf das Unternehmen wirken. Dazu kann im Unternehmen eine **Risikoinventur** vorgenommen werden. Bei einer

723 Vgl. Henschel (2010), S. 9.
724 Vgl. Baetge/Jerschensky (1999), S. 171.
725 Vgl. Brauweiler (2015), S. 1.
726 Vgl. Baetge/Jerschensky (1999), S. 175.
727 § 91 AktG Abs. 2 fordert ein Überwachungssystem, was ebenfalls als Frühwarnsystem interpretiert werden kann, vgl. Baetge/Jerschensky (1999), S. 173.
728 Vgl. Krystek/Müller (1999), S. 177 f.

Risikoinventur wird ermittelt, welche Risiken im (und um) das Unternehmen existieren und ob diese einen Einfluss auf den Unternehmenserfolg haben.[729]

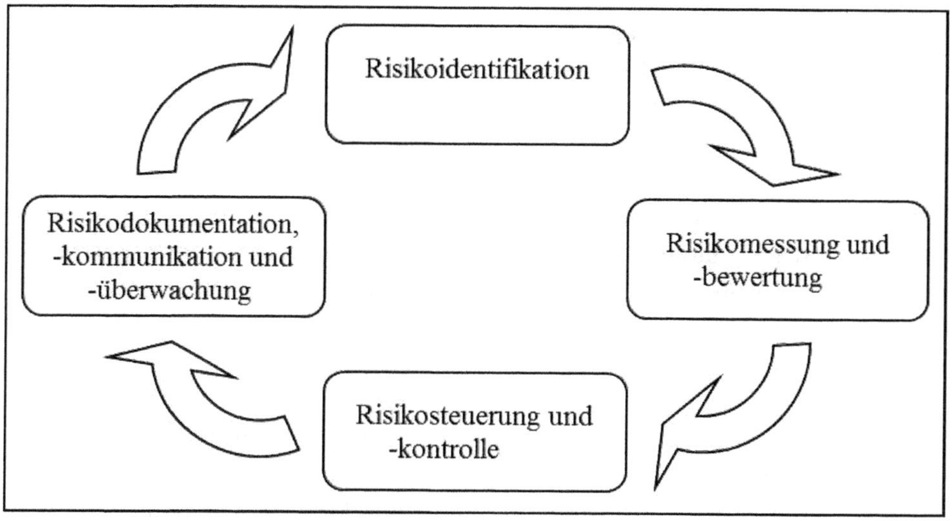

Abb. 24: Risikomanagement-Kreislauf[730]

Diese Risiken werden mit Unternehmensrisiken bezeichnet. Sie bezeichnen alle Arten von Risiken, die einem Unternehmen im Rahmen der Geschäftstätigkeit begegnen. Eingeschlossen werden dabei Unternehmen aller Branchen und Wirtschaftszweige.[731] [732]

Als wesentliche Unternehmensrisiken haben sich fünf Risikoarten herausgestellt:

1. Betriebsrisiken,
2. organisationale Risiken,
3. Liquiditätsrisiken,
4. Ausfallrisiken,
5. Marktpreisrisiken.

Betriebsrisiken oder auch operationelle Risiken sind zum einen Risiken, die aus der Umwelt (extern) auf das gesamte Unternehmen wirken (z. B. eine verminderte

[729] Vgl. Wiedemann/Hager (2003), S. 224.
[730] Eigene Darstellung in Anlehnung an Henschel (2010), S. 10 und Reichling/Bietke/Henne (2007), S. 214.
[731] Ausgenommen werden an dieser Stelle Unternehmen im Bank- und Versicherungsbereich, da deren Geschäftsmodelle anders ausgerichtet sind und spezielle Anforderungen an das Risikomanagement gelten.
[732] Vgl. Templin (1998), S. 11.

Nachfrage) oder entlang der Wertkette (vgl. Kap. 2.3.1, S. 66) entstehen (z. B. Personal- und Beschaffungsrisiken) und zum anderen Risiken, die aus mangelhaften oder gescheiterten internen Prozessen, basierend auf Personen, Systemen oder externen Ereignissen, resultieren.[733] Das Unternehmen hat dabei zunächst keinen Einfluss auf die Entstehung der Risiken. Klassische operationelle Risiken sind Betriebsunterbrechungen. Gründe dafür können wiederum erkrankte Mitarbeiter oder IT- bzw. Cyberrisiken sein.

Die organisationalen Risiken umfassen Risiken, die aus der Corporate Governance entstehen und aus Führungsstil, Unternehmenskultur und Unternehmenskommunikation folgen. Ebenfalls gehören strategische Risiken zu den organisationalen Risiken, also die falsche Einschätzung und Planung langfristiger Potenziale des Unternehmens.

Die letzten drei Risikoarten gehören zu den finanziellen Risiken.[734] Ausfall- und Marktpreisrisiken gehören zu den Erfolgsrisiken, also zu jenen Risiken die direkt auf den Unternehmenserfolg wirken. Liquiditätsrisiken bezeichnen die mögliche Zahlungsunfähigkeit und die Kapitalausstattung des Unternehmens.[735]

Ausfallrisiken konzentrieren sich im Unternehmen insbesondere auf Forderungsausfälle. Diese entstehen bspw. wenn produzierte Güter bereits an einen Abnehmer (Debitor) geliefert wurden, die Zahlung aber nicht direkt erfolgt. Kann der Debitor die Forderungen nur teilweise oder gar nicht begleichen, ist das Unternehmen einem Ausfallrisiko ausgesetzt.

Die letzte Kategorie der Marktpreisrisiken bezeichnet alle Risiken, die aus Preis- und Wertschwankungen am Markt resultieren. Für Unternehmen spielen insbesondere Wechselkurse, Rohstoffpreise und Zinsen eine Rolle.

Reputationsrisiken werden in der Literatur meist nicht als eigene Kategorie in die Risikoarten aufgenommen. Diese Risikoart ist inhaltlich eng mit den operationellen Risiken verknüpft, wird aber davon differenziert[736] und als ein Teil der Betriebsrisiken gesehen. Dass diese Risikokategorie nicht einzeln ausgewiesen wird, liegt

733 Vgl. Basel Committee on Banking Supervision (2003), S. 8.
734 Vgl. Henschel/Heinze (2016), S. 98.
735 Vgl. Wiedemann (2003), S. 200.
736 Vgl. Basel Committee on Banking Supervision (2006), S. 144.

oftmals daran, dass die Verluste durch einen kollektiven Imageschaden schwer kalkulierbar und somit auch schwer zu steuern und abzusichern sind,[737] auch wenn sich deren Auswirkungen direkt im Aktienkurs wiederfinden.

Einer aktuellen Studie zufolge sind die Top drei der Unternehmensrisiken 2017 Betriebsunterbrechungen, Marktentwicklungen[738] und Cybervorfälle.[739] [740] Alle drei am meist gefürchtetsten Unternehmensrisiken gehören zu den operationellen Risiken.

Die anschließende Risikomessung und -bewertung aus dem Risikomanagement-Kreislauf basiert auf der Analyse des Ursachen-Wirkungs-Verhältnisses der Risiken im Unternehmen. Die Messung der Risiken kann einerseits quantitativ auf Basis von Eintrittswahrscheinlichkeiten der einzelnen Risiken erfolgen. Diese können aus Ereignissen in der Vergangenheit abgeleitet, simuliert oder durch Experten geschätzt werden. Die Bewertung und Priorisierung erfolgt anhand der Höhe des Schadenspotenzials, das von den Risiken für das Unternehmen ausgeht.[741] Das Ergebnis der Messung und -bewertung von Risiken lässt sich dann mittels eines Risikomaßes ausdrücken. Dieses beziffert den maximalen Verlust durch eine Risikoart in einem vorgegebenen Zeitraum mit einer vorgegebenen Wahrscheinlichkeit unter normalen Marktbedingungen.

Auf der anderen Seite lassen sich Risiken qualitativ bestimmen. Dies erfolgt mittels Umfragen und Expertenschätzungen und bringt im Ergebnis keinen konkreten Wert aus der Messung hervor. Viel mehr werden Eintrittswahrscheinlichkeiten mit *niedrig*, *mittel* und *hoch* quantifiziert.[742]

Risiken lassen sich zunächst isoliert voneinander messen und bewerten, werden jedoch im Anschluss zu einem Gesamtergebnis aggregiert. Diese Aggregation ist nötig, um die Höhe der Belastung des Unternehmens insgesamt gegenüber allen Risiken zu erkennen. Demgegenüber steht die **Risikotragfähigkeit**. Diese bezeichnet den Umfang der Risiken, die ein Unternehmen ohne Existenzgefährdung eingehen

[737] Vgl. Rosenkranz/Missler-Behr (2005), S. 32.
[738] Marktentwicklungen bezeichnen in diesem Zusammenhang die Entwicklung der Umwelt und der Gesamtwirtschaft.
[739] Laut einer Umfrage von Global Corporate & Specialty SE bei mehr als 1.200 Risikoexperten aus über 50 Ländern.
[740] Vgl. RiskNET Online (2017a).
[741] Vgl. Brauweiler (2015), S. 8.
[742] Vgl. Henschel/Heinze (2016), S. 102 f.

kann. Insbesondere die Höhe des Eigenkapitals und die Liquiditätsreserven bestimmen die Risikotragfähigkeit.[743]

Sind die Risiken im Unternehmen identifiziert und gemessen, kann als nächster Schritt im Rahmen der Steuerung entschieden werden, wie damit verfahren wird. Auch hier wird vom Ursachen-Wirkungs-Prinzip ausgegangen. Zu den ursachenbezogenen Maßnahmen gehören die Risikovermeidung, Risikoverminderung und Risikostreuung.[744] Die ursachenbezogenen Maßnahmen werden auch als *aktive* Maßnahmen bezeichnet, da die Risiken direkt beeinflusst werden, bspw. durch eine Risikoreduzierung.[745] Die wirkungsbezogenen Maßnahmen beinhalten die Risikoüberwälzung und die Risikoakzeptanz.[746] Es handelt sich hierbei um *passive* Maßnahmen, die die Risiken an sich nicht verändern, sondern die Wirkung der Risiken verlagern, bspw. durch eine Versicherung oder ein Finanzderivat.[747] Die Steuerungsmaßnahmen orientieren sich insbesondere an der Risikokultur und -strategie und der Risikotragfähigkeit, also daran, inwieweit Risiken vom Unternehmen übernommen werden können. Im Rahmen der Steuerung und Strategie werden auch Akzeptanzgrenzen und Limite für verschiedene Risikoarten und -kategorien festgelegt.[748] Diese dienen der besseren Planung und späteren Soll-Ist-Überwachung.

Als letzter Schritt im Risikomanagement-Kreislauf werden die identifizierten, gemessenen und gesteuerten Risiken überwacht, dokumentiert und kommuniziert. Die Dokumentation der Ergebnisse aus dem bisherigen Risikomanagement-Kreislauf und die anschließende Kommunikation an die Geschäftsführung oder den Vorstand ist ein zentraler Bestandteil eines Risikomanagement-Systems. Insbesondere geschäftsgefährdende Risiken müssen umgehend und transparent an verantwortliche Personen kommuniziert werden. Hier gelten im Besonderen die in Kap. 2.2.2.1, S. 38 f. erarbeiteten kommunikationspolitischen Ziele. Weiter müssen die Ergebnisse der Risikolage je nach Unternehmensform und -größe auch extern kommuniziert werden. Kommunikation und Finanzkommunikation sind somit ein Teil des Risikomanagements.

---

743 Vgl. Gleißner/Romeike (2014), S. 30.
744 Vgl. Reichling/Bietke/Henne (2007), S. 216.
745 Vgl. Brauweiler (2015), S. 11.
746 Vgl. Reichling/Bietke/Henne (2007), S. 216.
747 Vgl. Brauweiler (2015), S. 11.
748 Vgl. Reichling/Bietke/Henne (2007), S. 216.

Ebenfalls werden die Risiken im letzten Schritt der Überwachung in einem Soll-Ist-Zustand verglichen. Es erfolgt damit eine Hinterfragung der identifizierten Risiken und die Überprüfung der Risikotragfähigkeit. Anschließend beginnt der Risikomanagement-Kreislauf von vorn.

Alle Schritte des Risikomanagement-Kreislaufs werden mittels eines **Risikomodells** im Unternehmen verankert. Dieses übernimmt als Kernpunkt vor allem die quantitative oder qualitative Modellierung der Eintrittswahrscheinlichkeiten der Risiken und deren Schadenshöhe. Das Gesamtergebnis des Kreislaufs lässt sich anschließend mittels einer Risiko-Landkarte (Risk Map) in Form einer Matrix bzw. Tabelle oder einem Diagramm darstellen.[749]

Damit das Risikomanagement im Unternehmen etabliert und umgesetzt werden kann, bedarf es eines gemeinsamen Verständnisses und der Akzeptanz der Mitarbeiter bezüglich des Umgangs mit Risiken. Diese Werte werden in der **Risikokultur** als Teil der Unternehmenskultur (vgl. Kap. 2.3.2) etabliert. Das Bewusstsein für Risiken (und Chancen) des Unternehmens bei den Mitarbeitern muss von der Ebene der grundlegenden Annahmen alle Bereiche der Unternehmenskultur durchdringen (vgl. Abb. 11).[750]

Die Verankerung der Risikokultur in den grundlegenden Annahmen weist Parallelen zur Einordnung der Finanzkommunikation im Unternehmen auf (vgl. Kap. 2.3.2, S. 80). Beide Aspekte werden in der Basis der Unternehmenskultur etabliert und sprechen somit alle Mitarbeiter im Unternehmen an.

Für börsennotierte Unternehmen muss nach § 91 AktG ein Überwachungssystem eingerichtet werden, welches Gefährdungen für das Unternehmen erkennt.[751] Die Anwendung von § 91 AktG wird auch für andere Rechtsformen, insbesondere die GmbH gefordert.[752] Grundsätzlich besteht für mittelständische Unternehmen somit kein gesetzlicher Anreiz und nur teilweise ein empfehlender Charakter für die Implementierung eines Risikomanagements.

Die Notwendigkeit für die Risikomessung und -steuerung in KMU ist dennoch vorhanden und kann aus dem Merkmal der geringen Risikotoleranz im Gegensatz zu Großunternehmen (vgl. Kap. 3.1.3, S. 107) abgeleitet werden.[753] Initial kann die

[749] Vgl. Brauweiler (2015), S. 8 ff.
[750] Vgl. Junginger (2005), S. 208.
[751] § 91 Abs. 2 AktG.
[752] Vgl. Fleischer (2015).
[753] Vgl. Acar/Göç (2011), S. 849.

Einführung eines Risikomanagements auch durch die Anforderungen von Stakeholdern erfolgen. Hierzu gehören besonders die externen Stakeholder wie Kreditinstitute, Wirtschaftsprüfer, Kunden und Lieferanten.[754] Den Anforderungen der Stakeholder und deren Berücksichtigung kommt an dieser Stelle wieder eine exponierte Rolle zu (vgl. Kap. 2.1.3.). Ob bei dem Aufbau und der Durchführung des Risikomanagements ebenfalls Hilfe aus dem Unternehmensnetzwerk genutzt wird (z. B. durch externe Berater), ist in der Forschung nicht eindeutig erkennbar.[755]

Auch der GKFU fordert ein Risikomanagement im Einklang mit den Werten und Zielen des Inhabers des mittelständischen Unternehmens.[756] Dies spiegelt stark ein charakteristisches Merkmal des Risikomanagements im Mittelstand wider: den Einfluss des Eigentümers oder der Eigentümerfamilie. Sowohl die Risikoeinstellung, die meist eher konservativ und somit risikoavers ist, sowie das Risikomanagement an sich werden stark vom Eigentümer und auch dessen Bildungsstand in Bezug auf Risiken und deren Management beeinflusst. Somit macht sich im Risikomanagement die Art des Zusammenhangs von Eigentum und Leitung ebenfalls bemerkbar. Externe Manager (Trennung von Eigentum und Leitung) bringen oftmals ein größeres Wissen und einen höheren Risikoappetit mit, während für Eigentümer von Familienunternehmen (Verbindung von Eigentum und Leitung) das Überleben für die Familie im Vordergrund steht.

Ebenfalls sind mittelständische Unternehmen risikoavers, da sie keine Möglichkeit zu einer breiten Diversifikation haben, sondern auf ein Produkt (-segment) spezialisiert sind. Diese Spezialisierung gehört umgekehrt zu den Vorteilen mittelständischer Unternehmen (Hidden Champions, vgl. Kap. 3.1.3, S. 106). Ein weiterer Grund für die Risikoaversion sind personelle und finanzielle Grenzen, neben dem fehlenden Know-How für das Risikomanagement.[757]

Betrachtet man den Risikomanagement-Kreislauf (vgl. Abb. 24) für KMU, ergeben sich aus den Charakteristika von mittelständischen Unternehmen (vgl. Kap. 3.1.3) auch Abweichungen im Vergleich zur allgemeinen Beschreibung des Kreislaufs für

754 Dies gaben 64 % der mittelständischen Unternehmer in einer Benchmarkstudie mit 343 Unternehmen in Deutschland an, vgl. Löffler/Bömelburg/Augsten (2011), S. 16.
755 Vgl. Falkner/Hiebl (2015), S. 137.
756 Vgl. Kommission Governance Kodex für Familienunternehmen (2015), S. 22.
757 Vgl. Hanslik (2013), S. 121 f.

Unternehmen. Beim ersten Schritt, der Risikoidentifikation, werden vor allem Einzelrisiken wahrgenommen, die bspw. aus der aktuellen Kosten- und Auftragslage des Unternehmens abgeleitet werden.[758]

Auch für mittelständische Unternehmen sind Betriebsrisiken von großer Bedeutung. Es ergeben sich in mittelständischen Unternehmen jedoch zudem sehr spezifische Risikoarten im Gegensatz zu den klassischen Unternehmensrisiken (vgl. Kap. 4.1.2, S. 175). Da die Geschäftsführung einen erheblichen Einfluss auf die Risikoeinstellung und das -management hat, entstehen **personelle Risiken** durch das Austreten langjähriger Mitarbeiter und Führungskräfte und dem damit verbundenen Wissensverlust. Ebenfalls stellt die Abhängigkeit des Unternehmens von dem Eigentümer in persona (vgl. Kap. 3.1.3, S.106) ein Risiko vor allem bei Eigentümerunternehmen und Familienunternehmen dar.[759] Die Abhängigkeit von dem Eigentümer trägt oftmals zum kollektiven Image des Unternehmens bei. Damit gehören Reputationsrisiken für mittelständische Unternehmen zu den bedeutendsten Risikoarten für KMU.[760]

Eine weitere, insbesondere für KMU spezifische Risikoart hängt mit der Unternehmensgröße zusammen. Sogenannte **Wachstumsrisiken** (Growth Risk) sind für KMU eine wesentliche Risikoart. Die starke Regionalität und das ausgeprägte Netzwerk in der Umgebung eines KMU führen dazu, dass die Internationalisierung und das Aufbrechen in neue Märkte ein Risiko für mittelständische Unternehmen darstellen. Wachstum wird daher von KMU teilweise nicht als strategischer Vorteil sondern als Risiko gesehen.[761] Dies führt dazu, dass KMU sich mitunter regelrechte Wachstumsgrenzen setzen.[762]

Die bereits erwähnte Abhängigkeit von einzelnen Produkten führt dazu, dass für KMU Wettbewerbsrisiken[763] [764] sowie weitere, spezifische Einzelrisiken relevant sind. Besonders hervorzuheben sind an dieser Stelle das Verpassen von Trends und somit mangelnde (technische) Entwicklungsmöglichkeiten.[765]

---

[758] Vgl. Henschel/Heinze (2016), S. 97.
[759] Vgl. Montag (2015), S. 28 f.
[760] Vgl. Löffler/Bömelburg/Augsten (2011), S. 23.
[761] Vgl. Gilmore/Carson/O'Donnell (2004), S. 356.
[762] Vgl. Gilmore/Carson/O'Donnell (2004), S. 353.
[763] Das Wettbewerbsrisiko bezeichnet die Konkurrenzintensität und das Marktverhalten von Mitbewerbern.
[764] Vgl. Blanc Alquier/Lagasse Tignol (2006), S. 273.
[765] Vgl. Stroeder (2008), S. 336.

Die Messung der Risiken erfolgt in KMU überwiegend qualitativ, indem die Mitarbeiter mittels Checklisten oder Workshops befragt werden.[766] Die Steuerung von Risiken erfolgt in mittelständischen Unternehmen ebenfalls auf spezielle Art und Weise. Meistens werden nur die Einzelrisiken betrachtet und isoliert voneinander gesteuert ohne eine Risikoaggregation, die eine Beurteilung der Gesamtrisikolage ermöglicht, durchzuführen.[767]

Die abschließende Dokumentation und Kommunikation im Risikomanagement-Kreislauf erfolgt in KMU häufig nicht formalisiert, weshalb die Informationen nicht allen Stakeholdern zur Verfügung gestellt werden. An dieser Stelle setzt die integrierte Finanzkommunikation an, um eine umfassende Transparenz in und um das Unternehmen zu schaffen.

Wie oft die Risikoidentifikation in KMU stattfindet, also in welchen Zeitintervallen sich der Risikomanagement-Kreislauf abspielt, ist in der Forschung nicht beschrieben.[768] Aufgrund der geringen Formalisierung des Risikomanagements in KMU wird jedoch von längeren Zeitintervallen (von mindestens einem Jahr) ausgegangen.

Zusammenfassend betrachtet ist die Art des Risikomanagements in KMU stark von der Eigentümerstruktur, der Unternehmensgröße und den Stakeholdern abhängig. Risiken gestalten sich sehr unternehmensspezifisch und weichen von den wesentlichen Risikoarten für Großunternehmen ab. Dies führt dazu, dass bei der Gestaltung eines Risikomanagement-Systems für KMU der Fit genauso relevant ist wie bei der schon erwähnten Gestaltung von CSR- und Governance-Modellen.

4.1.3 Risk Governance im Mittelstand

Auch wenn es eine beobachtbare Nähe von Corporate Governance und Risikomanagement gibt, z. B. dass Risikomanagement als Unterkategorie von Corporate Governance gesehen werden kann,[769] werden beide Themengebiete in Forschung und Praxis getrennt voneinander betrachtet. Es erfolgt eine sehr spezielle, intensive Auseinandersetzung mit beiden Thematiken, die inhaltliche Überschneidungen und

[766] Vgl. Henschel/Heinze (2016), S. 97.
[767] Vgl. Stroeder (2008), S. 255.
[768] Vgl. Falkner/Hiebl (2015), S. 137.
[769] Vgl. Gnändiger (2013), S. 183.

Verbindungen weitestgehend ausblenden. Die Funktionstrennung und Weiterentwicklung der beiden Teildisziplinen hat sicherlich Vorteile, stößt jedoch aufgrund der heutigen, komplexen Unternehmensstrukturen an ihre Grenzen.[770]

Beginnend mit dem TRUSTNET-Projekt, das von der Europäischen Kommission finanziert wurde, begann die Forschung zur Verbindung der beiden Teildisziplinen mittels der Risk Governance erst vor kurzem im Jahre 2001.[771]

In der Finanzbranche beschreibt der Baseler Ausschuss erstmalig Überschneidungen von Corporate Governance und Ereignissen aus operationellen Risiken (Basel II). Daher fordert der Ausschuss eine Vereinigung vom Management operationeller Risiken mit der Corporate Governance. Umgekehrt bewahrt eine gute Corporate Governance Kreditinstitute vor Verlusten aus operationellen Risiken.[772]

Das Committee of Sponsoring Organizations of the Treadway Commission (COSO)[773] fordert ein Enterprise Risk Management für Unternehmen (ERM) jeder Größe, welches stärker die Unternehmensstrategie einbezieht und die Stakeholder mitberücksichtigt.[774] Die Corporate Governance soll durch das ERM in wesentlichen Teilen in das Risikomanagement integriert werden. Dazu gehören insbesondere Strukturen, die Leitung und Kontrolle betreffen.[775] ERM steht weiter für ein gesamtheitliches Risikomanagement durch das gesamte Unternehmen hindurch. Risiken werden nicht individuell sondern ganzheitlich im Kontext der Unternehmensstrategie betrachtet und sind jedem Mitarbeiter im Unternehmen präsent.[776]

Auch die Organisation for Economic Co-operation and Development (OECD) stellt eine Verbindung zwischen Corporate Governance und Risikomanagement her. Eine besondere Betrachtung gilt dabei den unterstützenden Aufgaben der Corporate Governance während der Finanzkrise.[777] Weitere Institutionen folgten mit Richtlinien vor allem für die Finanzbranche. Aufsichtsorgane widmeten sich zusehends der Verbindung zwischen Risikomanagement und Corporate Governance sowie einem gesamtheitlichen Risikomanagement. Darunter auch das Secretariat to the Financial Stability Board Bank for International Settlements (Financial Stability

770 Vgl. Shaw (2003), S. 25.
771 Vgl. van Asselt/Renn (2011), S. 432.
772 Vgl. Egoavil (2003), S. 47.
773 Privatwirtschaftliche Organisation in den USA, die sich mit der Gestaltung und Entwicklung von ERM, Corporate Governance und Compliance beschäftigt, vgl. COSO (o. J.).
774 Vgl. COSO (2016), S. 1 ff.
775 Vgl. Lundqvist (2015), S. 442.
776 Vgl. Olson/Wu (2015), S. 6 ff.
777 Vgl. OECD (2014), S. 12.

Board, FSB).[778] Das FSB spricht ebenfalls in Bezugnahme auf die Finanzkrise von einem unternehmensweiten Risikomanagement im Rahmen der Risk Governance.[779] Bisher ist jedoch keines der Konzepte zur Verbindung von Corporate Governance und Risikomanagement für Unternehmen, sowie Kreditinstitute (gesetzlich) verpflichtend.

Risk Governance schließt die Lücke zwischen Corporate Governance und Risikomanagement und stellt eine Verbindung zwischen den beiden Disziplinen her.[780] Risk Governance stellt jedoch nicht nur eine Verbindung der beiden Unternehmensbereiche, z. B. in Form von Kommunikation dar, sondern agiert als eigene Disziplin und Philosophie zwischen den beiden Sparten. Corporate Governance und Risikomanagement bleiben weiterhin bestehen.[781] Neben risikobasierten Governance-Ansätzen und der operativen Steuerung und Überwachung von Risiken bildet die Risk Governance ein dynamisches, proaktives Konzept, welches im gesamten Unternehmen verwurzelt ist. Die Risk Governance stellt ein effektives Frühwarnsystem im Unternehmen her und übernimmt wichtige Monitoring-Funktionen im Unternehmen sowie in dessen Umfeld. Die Ausrichtung der Risk Governance ist langfristig[782] und agiert informell und ohne einen institutionellen Rahmen. Diese wirkt ganzheitlich im Unternehmen auf alle Entscheidungsprozesse im Rahmen der Risikosteuerung und verfolgt gleichzeitig ein ethisches und moralisches Grundverhalten (CSR, vgl. Kap. 3.2.2, S. 116), auch mit „Good Corporate Governance" bezeichnet.[783]

Risk Governance wird im strategischen Geschäftsmodell des Unternehmens platziert, indem die Stakeholder abgebildet werden.[784] Die Etablierung einer Risk Governance als eine eigene Philosophie im Unternehmen erfolgt somit auf der Ebene der grundlegenden Annahmen in der Unternehmenskultur (vgl. Kap. 2.3.2, S. 78) und weist Parallelen zur Risikokultur und Finanzkommunikation auf (vgl. Kap. 2.3.2, S. 80). Dabei stellt Risk Governance keine eigene Ressource des Unternehmens an sich dar (vgl. Kap. 2.1.2, S. 12), sondern hilft dabei die Ressourcen des Risikomanagements im Unternehmen optimal zu verteilen und zu nutzen.[785]

---

778 Finanzstabilitätsrat der Deutschen Bundesbank seit 2009 mit Sitz in Basel an der Bank für Internationalen Zahlungsausgleich.

779 Vgl. Financial Stability Board (2013), S. 11.

780 Vgl. Stein/Wiedemann (2016b), S. 820.

781 Vgl. Wiedemann/Stein/Quast (2016), S. 40.

782 Vgl. Stein/Wiedemann (2016b), S. 825.

783 Vgl. Wiedemann/Stein/Quast (2016), S. 40.

784 Vgl. RiskNET Online (2017b).

785 Vgl. Stein/Wiedemann (2016b), S. 827.

Diese Konzeption der Risk Governance weist inhaltliche Parallelen zum Konzept der integrierten Corporate Governance auf, welche die dynamische Anpassung eines Unternehmens an sein Umfeld und die Orientierung an allen Stakeholdern fordert.[786] Das Risikomanagement wird bei der integrierten Corporate Governance auch thematisiert, steht aber nicht so im Fokus wie bei der Risk Governance. Es durchdringt nicht das gesamte Unternehmen und bezieht nicht das Unternehmensnetzwerk mit ein, sondern beschränkt sich auf die Akteure der Geschäftsleitung und des „boards“ (Aufsichts- oder Verwaltungsrat).[787] Im Sinne dieser Arbeit ist dies zu eng gefasst.

Das Konzept des Enterprise Risk Managements, welches inhaltlich ebenfalls der Konzeption der Risk Governance ähnelt, geht auch nicht weit genug. Es orientiert sich zu stark an dem traditionellen Risikomanagement, lediglich erweitert um eine Governance-Komponente. Die Governance-Aspekte werden in der Risk Governance jedoch stärker betont und die Risk Governance hat als eigenständige Funktion Wirkung auf die Unternehmenssteuerung.[788] Auch Konzepte eines interdisziplinären Zusammenwirkens zwischen rechtlichen, wirtschaftlichen und Managementaspekten erfassen nicht den Grundgedanken der Risk Governance, da sie zu stark am traditionellen Risikomanagement orientiert sind, gehen aber in die richtige Richtung.[789]

Die Entwicklung eines Risk Governance-Frameworks wird seit 2003 insbesondere von dem International Risk Governance Council (IRGC)[790] vorangetrieben. Dabei formuliert die Stiftung eine noch deutlich breitere Definition von Risk Governance, die über die Verbindung der beiden Disziplinen hinausgeht. Zum einen betrachtet der IRGC die Internationalisierung und Globalisierung als Herausforderung der Risk Governance und damit übergreifende globale und systemische Risiken. Weiter beschreibt die Stiftung das Zusammenwirken von Regierung, Industrie, Universitäten und der Gesellschaft.[791] Damit werden Risiken und das Verständnis vom Umgang mit Risiken auf einer noch globaleren, komplexeren Ebene gesehen. Ebenfalls wirken Risiken nicht nur in einzelnen Unternehmen und auf dessen Stakeholder sondern können sich in internationalen Netzwerken regelrecht ausbreiten. Dies glie-

[786] Vgl. Hilb (2016), S. 10.
[787] Vgl. Hilb (2016), S. 178.
[788] Vgl. Stein/Wiedemann (2016b), S. 821.
[789] Vgl. Renn (2008a), S. 12 ff.
[790] Unabhängige Stiftung, die sich mit Themen rund um das Risikomanagement beschäftigt und Entscheidungsträgern wichtige Hinweise und aktuelle Trends liefert.
[791] Vgl. IRGC online (o. J.).

dert sich gut in die aktuelle Situation der Unternehmen ein, die vor allem Marktentwicklungen und Cybervorfälle (vgl. Kap. 4.1.2, S. 177) wie auch Naturkatastrophen und Terroranschläge als globale Risiken fürchten.[792] Für die vorliegende Arbeit ist die Sichtweise des IRGC jedoch zu global. Das Unternehmen soll im Vordergrund der Betrachtung stehen, sowie das Netzwerk indem es sich befindet. Gerade für KMU ist dieses jedoch primär regional und eine systemische Sichtweise ist nicht zielführend.

Um die Philosophie der Risk Governance im Unternehmen zu platzieren, formulieren Quast/Stein/Wiedemann vier Aufgabengebiete der Risk Governance (vgl. Abb. 25).

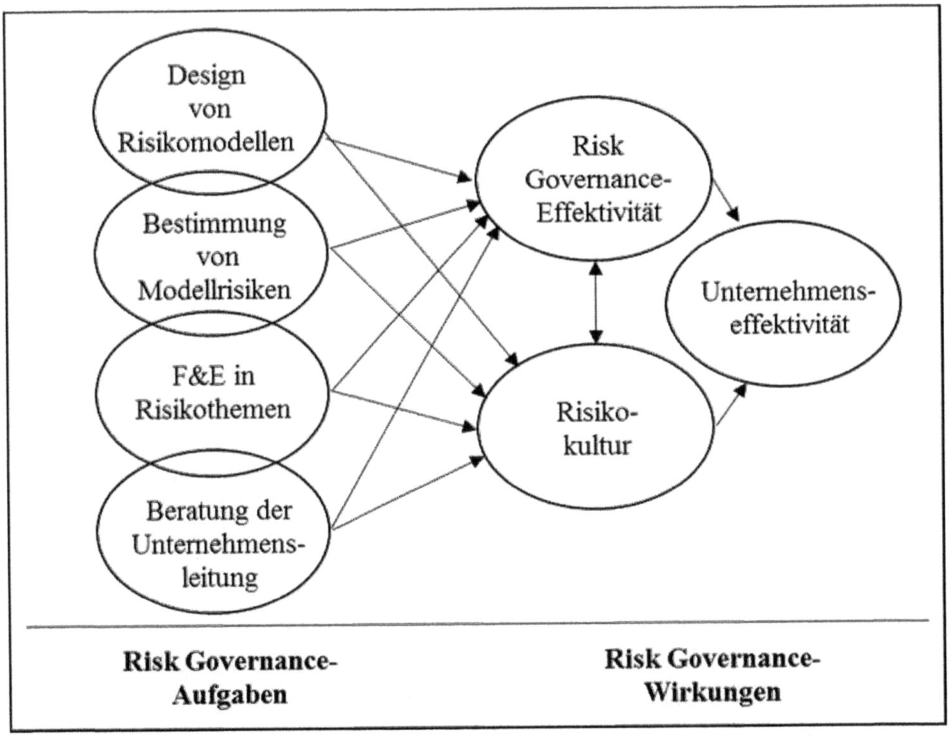

Abb. 25: Risk Governance-Aufgaben und -Wirkungen[793]

Die erste Aufgabe beschreibt das Design von Risikomodellen (vgl. Kap. 4.1.2, S. 179). Dies umfasst die laufende Wahrnehmung, Messung, Steuerung und Aggrega-

[792] Vgl. RiskNET Online (2017a).
[793] Eigene Darstellung in Anlehnung an Wiedemann/Stein/Quast (2016), S. 38.

tion von Risiken, also die konsequente Umsetzung des Risikokreislaufs im Unternehmen (vgl. Kap. 4.1.2, S. 175). Im Gegensatz zum klassischen Risikomanagement ist die erste Aufgabe jedoch dynamischer und proaktiver gestaltet. Nicht nur aktuelle sondern auch potenzielle Risiken sollen berücksichtigt werden.[794] Daher lassen sich mit Hilfe der Risk Governance auch Risiken, die schlecht messbar sind, händeln. Dazu gehören Reputationsrisiken (vgl. Kap. 4.1.2, S. 176) wie auch rechtliche oder politische Risiken.

Die zweite Aufgabe der Risk Governance ist eng mit der ersten Aufgabe verknüpft und umfasst die Bestimmung von Modellrisiken. Modellrisiken entstehen durch die Implementierung, Nutzung und Interpretation von internen Modellen.[795] Die dadurch entstandenen Verluste basieren also rein auf der Verwendung von Modellen, insbesondere Risikomodellen. Die Betrachtung von Modellrisiken hat seit der Finanzkrise enorm an Bedeutung gewonnen und wird vor allem in der Finanzbranche zunehmend gesetzlich gefordert, da zu den Modellrisiken auch Risiken gehören, die das Unternehmen betreffen, aber nicht im Modell implementiert sind. Somit ist eine laufende „Rekontextualisierung“ nötig. Weder das klassische Risikomanagement noch die Corporate Governance leisten bisher diese Aufgabe.[796]

Die dritte Aufgabe der Risk Governance besteht in der Forschung und Entwicklung von Risikothemen. Diese Kooperation von Wissenschaft und Praxis, bestenfalls durch eine eigene Forschungsabteilung im Unternehmen, optimiert das unter der ersten Aufgabe beschriebene Risikomodell. Ebenfalls können mit Hilfe von Forschung und Entwicklung Trends und Tendenzen ausgemacht und so potenzielle Risiken erkannt werden. Eine Möglichkeit, die sich dort zunutze gemacht werden kann, ist *Big Data*, also der Informationsgewinn, den ein Unternehmen aus seiner Vielzahl an (bereits vorhandenen) Daten hervorbringen kann.

Die Beratung der Geschäftsführung rundet die Risk Governance als letzte Aufgabe ab. Letztlich müssen Mitarbeiter und Führungskräfte die Erkenntnisse aus der dritten Aufgabe durch die Geschäftsführung bzw. den Vorstand kommuniziert bekommen, um diese umzusetzen und wiederum bottom-up zu berichten. Noch wichtiger ist die damit einhergehende Dezentralisierung durch Risk Governance. Quasi in einem Gegenstromverfahren erfolgt bottom-up die Beratung der Geschäftsführung, die dann top-down Erkenntnisse daraus delegiert. Es sind somit nicht nur die Geschäftsführung sondern auch weitere Organisationsebenen und Mitarbeiter in die

[794] Vgl. Wiedemann/Stein/Quast (2016), S. 40.
[795] Richtlinie 2013/36/EU Art. 3, Abs. 1 Nr. 11.
[796] Vgl. Stein/Wiedemann (2016b), S. 825 f.

Risk Governance eingebunden. Dies führt zu einem dynamischen Prozess, der angemessen und agil auf Veränderungen regieren und Ressourcen optimal für den Risikosteuerungsprozess verteilen kann.[797] Möglich wird dies durch eine effiziente Unternehmenskommunikation sowie eine strukturierte interne wie auch externe Berichterstattung.

Werden die vier Aufgaben der Risk Governance konsequent im Unternehmen angewandt, führt dies nicht nur zu einer hohen Risk Governance-Effektivität sondern beeinflusst auch die Risikokultur (vgl. Kap. 4.1.2, S. 179). Diese kann mittels der Risk Governance transparent und verantwortungsvoll gestaltet werden. Dass die Verbindung einer guten Risk Governance und Risikokultur einen echten Wertbeitrag für das Unternehmen leistet, konnten Wiedemann/Stein/Quast nachweisen. In ihrer Studie mit 96 Sparkassen und Genossenschaftsbanken konnten sie aufzeigen, dass die Erfüllung der Risk Governance-Aufgaben eine unmittelbare Erhöhung der Institutseffektivität mit sich bringt.[798] Für Unternehmen, insbesondere in der Finanzbranche, füllt Risk Governance die Lücken in der Kopplung von Risikomanagement und Good Corporate Governance und fördert das proaktive, dynamische Agieren von Unternehmen. Dies leistet insgesamt einen positiven Wertbeitrag für das Unternehmen.

Insgesamt ermöglicht die Risk Governance eine zeitgemäße Unternehmensführung, die dynamisch und proaktiv Risiken steuert. Außerdem geht sie auf die Ansprüche der Stakeholder ein, die immer stärker Aspekte wie Nachhaltigkeit und Compliance fordern. Andersherum wird das Netzwerk, in dem das Unternehmen agiert, genutzt, um Trends zu erkennen und in das Unternehmen zu integrieren, bspw. durch eine Kooperation mit Universitäten.

Die Ziele der Risk Governance agieren unter den Unternehmenszielen zur Gestaltung eines modernen Unternehmens, welches ein Höchstmaß an Agilität und Entwicklungsfähigkeit aufweist.[799] Die Ziele umfassen drei Aspekte:

1. ein lernendes Unternehmen mit einer transparenten Unternehmenskultur, die von allen Mitarbeitern gelebt wird,
2. eine dynamische, proaktive Unternehmensführung, die Ansprüche und Risiken der Stakeholder berücksichtigt,

---

797 Vgl. Stein/Wiedemann (2016b), S. 826 ff.
798 Vgl. Wiedemann/Stein/Quast (2016), S. 42 und Stein/Wiedemann (2017a), S. 239.
799 Vgl. Broicher (2008), S. V.

3. die Umsetzung von CSR-Grundsätzen und damit einer Good Corporate Governance.

Die Übertragung der Philosophie der Risk Governance auf mittelständische Unternehmen erfolgt über verschiedene Anknüpfungspunkte. Die Wahl einer Corporate Governance-Strategie hängt von der Konstellation von Eigentum und Leitung in KMU ab. Fehlentscheidungen werden oftmals getroffen, weil private und geschäftliche Interessen der Geschäftsführung miteinander vermischt werden.[800] Dies bringt KMU-spezifische Problematiken mit sich, wie die Harmonisierung der Interessen von Geschäftsführung und Familie (Family Governance, vgl. Kap. 4.1.1, S. 169). Weiter sollen die Anforderungen der Stakeholder im Unternehmen berücksichtigt werden, was zu komplexen Prinzipal-Agent-Problematiken führt, die im Unternehmen verhandlungspolitische Entscheidungen hervorrufen (vgl. Kap. 4.1.1, S. 162).

Im Risikomanagement zeigt sich, dass mittelständische Unternehmen neben den klassischen Risikoarten ebenfalls spezifische Risiken fürchten, die aus ihrer starken Verwurzelung im jeweiligen Umfeld resultieren. Außerdem erfolgt die Risikomessung meist qualitativ anstatt zahlenbasiert (vgl. Kap. 4.1.2, S. 182).

Beide Konzeptionen sind in KMU wenig institutionalisiert und formalisiert, sondern werden eher intuitiv von der Geschäftsführung gestaltet. Es konnte jedoch weiter festgestellt werden, dass ein großes Interesse an betriebswirtschaftlichen Themen vorherrscht (vgl. Kap. 4.1.1, S. 165) und der Rückbezug auf Normen und Werte in Form der CSR oftmals gelebt, aber nicht unter dem speziellen Begriff dokumentiert wird (vgl. Kap. 3.2.2, S. 120 f.).

Diese Erkenntnisse in Verbindung mit KMU-spezifischen Charakteristika verlangen regelrecht nach dem Konzept der Risk Governance. Die quasi per Definition unterstellte Flexibilität von kleinen und mittelständischen Unternehmen passt ebenfalls hervorragend zu der Philosophie der Risk Governance. Diese ist in ihrer Konzeption sehr flexibel und auf die mittelständische Unternehmensstruktur skalierbar.

Abb. 26 zeigt Ansatzpunkte der Risk Governance in mittelständischen Unternehmen. Ausgehend von den Anforderungen der aktuellen und potenziellen Stakeholder kann die Risk Governance aufgebaut werden, die Corporate Governance und Risikomanagement vereinigt und als eigene Philosophie im Unternehmen etabliert werden. Bei den spezifischen Corporate Governance Problematiken hilft die Risk

---

800 Vgl. Stroeder (2008), S. 363.

Governance, die unterschiedlichen Interessen bei verschiedenen Konstellationen von Eigentum und Leitung zu harmonisieren. Sie unterstützt im Rahmen der Stewardship Theorie ein altruistisches Verhalten der Geschäftsführung damit diese die Interessen der Stakeholder in den Vordergrund stellt. Ebenfalls trägt die Risk Governance zur Reduzierung von Prinzipal-Agent-Problematiken bei. Weiter trägt sie zu der Durchsetzung einer CSR-Strategie bei und somit zu einer Good Corporate Governance, die auch Compliance-Aspekte berücksichtigt. Dies führt zu einem Governance-Modell, welches auf die Unternehmensgröße und -struktur abgestimmt ist.

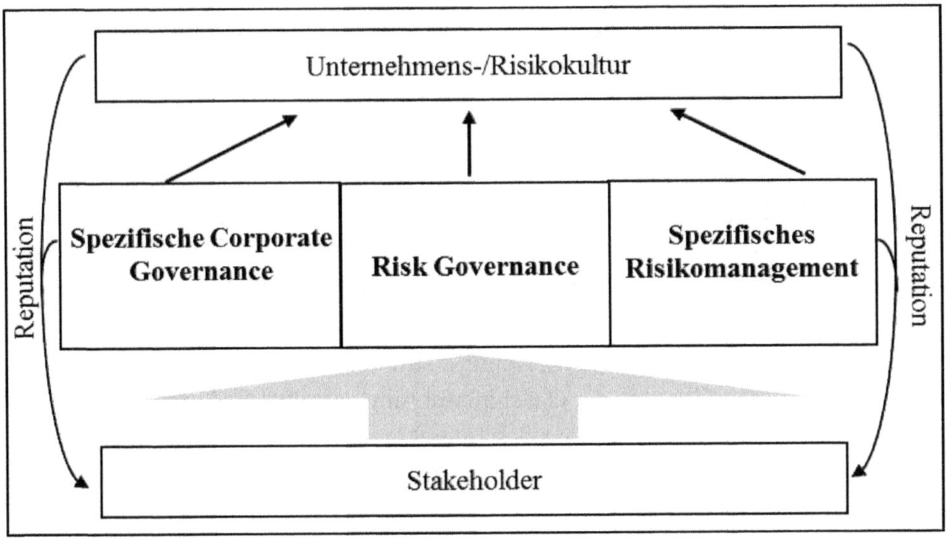

Abb. 26: Ansatzpunkte der Risk Governance im Mittelstand

Außerdem wird das Risikomanagement an das Unternehmen und dessen Besonderheiten angepasst und kein starres Risikomanagement-System verwendet. Dies hilft dabei, die unternehmens- und branchenspezifischen Risiken, gespiegelt an den Anforderungen der Stakeholder, zu erkennen. Ebenfalls kann das Unternehmen proaktiv auf Ereignisse im Unternehmen und in seiner Umwelt in Bezug auf Risiken reagieren. Gelingt diese Umsetzung wird damit ebenfalls ein für KMU und Finanzkommunikation sehr wichtiger Aspekt umgesetzt: der Beitrag zu einer positiven Reputation. Dieser beeinflusst wiederum die Stakeholder und deren Einstellungen und Anforderungen. Es kann quasi von einem Kreislauf der Risk Governance gesprochen werden. Beginnend bei der internen Gestaltung der Geschäftsführung und dem Einbezug der Mitarbeiter wird das Unternehmen dynamisch und flexibel gestaltet. Dies hilft wiederum die Anforderungen der Stakeholder mit einzubeziehen.

Gelingt dies und wird dies auch nach außen kommuniziert, bewirkt die Risk Governance positive Reaktionen bei den Anspruchsgruppen. Dadurch motiviert werden die internen Prozesse im Unternehmen weiter vorangetrieben.

Transformiert man diese KMU-spezifischen Anforderungen auf die vier Aufgaben der Risk Governance, sehen diese wie folgt aus: Die erste Aufgabe resultiert aus Abb. 26 und dient der optimalen Gestaltung eines an das Unternehmen angepassten, dynamischen Risikomodells unter Berücksichtigung der Stakeholder.[801] Die Tendenz sollte dabei zu einer gesamtheitlichen Steuerung und Risikoaggregation gehen, um der Risikotragfähigkeit die gesamte Risikosituation des Unternehmens gegenüber stellen zu können. Ob die Erfassung der Risiken quantitativ oder qualitativ erfolgt, ist dabei von untergeordneter Wichtigkeit. Die Einschätzung der Gesamtsituation des Unternehmens in Bezug auf Risiken und Chancen spielt eine wesentliche Rolle sowie die Einordnung in die Umwelt und das Netzwerk und die sich daraus ableitenden Steuerungsimpulse. Dies geschieht unter Einbezug eines Feedbacks seitens der Stakeholder, sodass die Ausrichtung zunächst bi-direktional erfolgt. Die Gestaltung erfolgt jedoch abgestimmt auf alle Stakeholder, also auch die Potenziellen.[802]

Die Bestimmung von Modellrisiken gestaltet sich je nach Unternehmensgröße. Bei kleinen Unternehmen kann von einem nicht allzu komplexen Risikomodell ausgegangen werden, welches trotzdem gut die Situation des Unternehmens wiedergibt. Die Identifikation von Modellrisiken in einem solchen Kontext ist dann nicht erforderlich. Wird der Begriff des Modells jedoch ausgeweitet und die Geschäftsführung sowie Führungskräfte als Anwender des Modells einbezogen, existiert ein Modellrisiko in persona durch die Geschäftsführung bzw. durch weitere Personen, von denen das Unternehmen in hohem Maße abhängig ist. Um dieses Risiko zu senken, eignet sich bspw. ein Beirat, der die Interessen der Stakeholder im Unternehmen vertritt (vgl. Kap. 4.1.1, S. 171).

Dies führt zur nächsten Aufgabe, der Forschung und Entwicklung von Risikothemen. Da hier die Ressourcen, gerade von kleinen Unternehmen, sehr eingeschränkt sind, sollte das Netzwerk des Unternehmens für die Forschung und Entwicklung genutzt werden. Dieses sollte der Geschäftsführung beratend zur Seite stehen ohne opportunistisch zu handeln. Dem Netzwerk, in dem sich mittelständische Unternehmen befinden, kommt daher eine herausragende Rolle zu, da die Umsetzung der Risk Governance praktisch durch den Ressourcenmangel, insbesondere in Form

801 Vgl. Wiedemann/Stein/Quast (2016), S. 40.
802 Vgl. Wiedemann/Stein/Quast (2016), S. 40.

von Personal und Know-how, begrenzt wird. Wichtig sind in diesem Zuge unter anderem Kreditinstitute und Wirtschaftsauskunfteien, also die definitiven Stakeholder des Unternehmens, die wichtige Anforderungen und Trends in Risikothemen kennen.

Abschließend kann davon ausgegangen werden, dass in KMU bereits einige Aspekte der Risk Governance intuitiv verfolgt werden, ohne sich diesen bewusst zu sein (ähnlich dem Konzept der CSR, vgl. Kap. 3.2.2, S. 120). Um die Philosophie jedoch ganzheitlich zu etablieren und die Mitarbeiter einzubeziehen, ist es nötig die Philosophie ausreichend einzuführen und auch zu dokumentieren.

4.1.4 Finanzkommunikation in der Risk Governance

Corporate Governance baut im Wesentlichen auf die Attribute Transparenz und Kommunikation auf (vgl. Kap. 4.1.1, S. 164) und die Arbeit von der Geschäftsführung und Führungskräften besteht maßgeblich aus Kommunikation (vgl. Kap. 2.2.2.1, S. 39). Intern trägt die Kommunikation wesentlich zur Unternehmensführung, -steuerung und -koordination bei und reduziert bestehende Prinzipal-Agent-Problematiken innerhalb der Geschäftsführung. Extern gestaltet Kommunikation das Beziehungsmanagement, die Überwindung von Informationsasymmetrien mit Stakeholdern und erfüllt die gesetzliche und freiwillige Offenlegung.

Auch für das Risikomanagement ist Kommunikation eine wesentliche Komponente, die maßgeblich zu einem erfolgreichen Risikomanagement beiträgt.[803] Der letzte Schritt im Risikomanagement-Kreislauf entspricht der Dokumentation, Kommunikation und Überwachung (vgl. Abb. 24). Dieser dient zunächst in der internen Unternehmenskommunikation dazu, dass Risiken sowohl Mitarbeitern wie auch Führungskräften bewusst gemacht werden. Die externe Kommunikation im Risikomanagement umfasst zusätzlich die Risikosituation, die im Lagebericht bspw. in Form eines Risikoberichts dargestellt wird und für Kapitalgesellschaften ab mittlerer Größe gesetzlich verpflichtend (vgl. Tabelle 2) ist. Auch die Dokumentation bezüglich des Umgangs mit Risiken stellt eine Anforderung externer Stakeholder dar.

In den beiden Teildisziplinen Corporate Governance und Risikomanagement stellt Kommunikation, in Form der internen wie auch externen Unternehmenskommunikation, somit ein wesentliches Instrument dar. Auch in der Risk Governance ist

---

803 Vgl. Renn (2008b), S. 48.

Kommunikation ein wirksames Instrument,[804] welches zur Erfüllung der vier Aufgaben und der Zielerreichung, insbesondere zur Gestaltung von Transparenz, dient.

Risk Governance durchdringt das Unternehmen von der untersten Ebene der Unternehmenskultur, den grundlegenden Annahmen, als eigene Philosophie. Der Anspruch einer Akzeptanz aller Mitarbeiter für finanzielle Themen und das Bewusstsein von Risiken im Unternehmen bilden das Fundament der Risk Governance. Die Einbeziehung der Stakeholder, die ausdrücklich erwünscht ist, benötigt eine Analyse und Kommunikation zusätzlich mit den externen Anspruchsgruppen des Unternehmens. Das Fundament der Risk Governance bildet somit den Rahmen für die Finanzkommunikation. Das erste Ziel der integrierten Finanzkommunikation, eine allgegenwärtige Transparenz im Unternehmen zu schaffen, wird durch die Risk Governance hergestellt.

Im Weiteren unterstützt Risk Governance mit ihren Aufgaben und Zielen die Finanzkommunikation. Besonders die proaktive, dynamische und auf den Interessen der Stakeholder basierende Ausrichtung ist für die Finanzkommunikation wichtig. Umgekehrt wird wiederum in Teilbereichen der Risk Governance Finanzkommunikation benötigt.

Die Basis bildet die Stakeholder-Analyse, auf deren Erkenntnissen die Risk Governance im Unternehmen aufbaut. Für die Finanzkommunikation wird an dieser Stelle deutlich, welche Stakeholder für das Unternehmen relevant sind und in welcher Phase des Beziehungszyklus diese einbezogen werden müssen.

Für die Beratung der Unternehmensleitung und die Forschung und Entwicklung sollte von KMU das Netzwerk, in dem sich das Unternehmen befindet, genutzt werden. Dadurch werden Geschäftsbeziehungen in Form einer Allianz angestrebt und eine langfristige Zusammenarbeit ermöglicht. Die Bedeutung des Netzwerkes steht dabei im Vordergrund. Da Unternehmen wiederum Stakeholder anderer Unternehmen sind (z. B. in Form von Lieferanten), entsteht die Möglichkeit des gegenseitigen Feedbacks. Dies funktioniert am besten mittels der persönlichen Zweiwegkommunikation. Durch die beiden Aufgaben der Risk Governance in Form von Beratung der Unternehmensleitung und Forschung und Entwicklung[805] lässt sich das Ziel der Finanzkommunikation in Form erfolgreicher Geschäftsbeziehungen umsetzen.

[804] Vgl. IRGC online (o. J.).
[805] Vgl. Wiedemann/Stein/Quast (2016), S. 40.

Die Umsetzung einer Good Corporate Governance im Rahmen der Risk Governance[806] sorgt für eine gute Reputation, welche das zweite Ziel der Finanzkommunikation unterstützt und wiederum zu erfolgreichen Geschäftsbeziehungen führt (drittes Ziel der Finanzkommunikation). Schließlich ist die Kommunikation des Risikostatus, der Governance-Grundsätze und der Nachhaltigkeitsberichterstattung ebenfalls ein Teil der Risk Governance. Diese soll im Unternehmen zu einer allgemeinen Transparenz beitragen. Mittels der Finanzkommunikation mit externen Stakeholdern wird die Umsetzung der Risk Governance kommuniziert und wiederum die Reaktionen und Anforderungen der Stakeholder aufgenommen.

Das oberste Ziel der Finanzkommunikation, eine günstige Unternehmensfinanzierung, wird durch die Etablierung der Risk Governance im Unternehmen ebenfalls unterstützt. Die proaktive Betrachtung von Umwelt und Risiken kann bspw. die Liquidität und damit Bonität von Unternehmen verbessern. Risk Governance kann insgesamt als Basis von Finanzkommunikation angesehen werden und es folgt eine gegenseitige Unterstützung der beiden Teildisziplinen (vgl. Abb. 27), wodurch Synergieeffekte erzielt werden können.

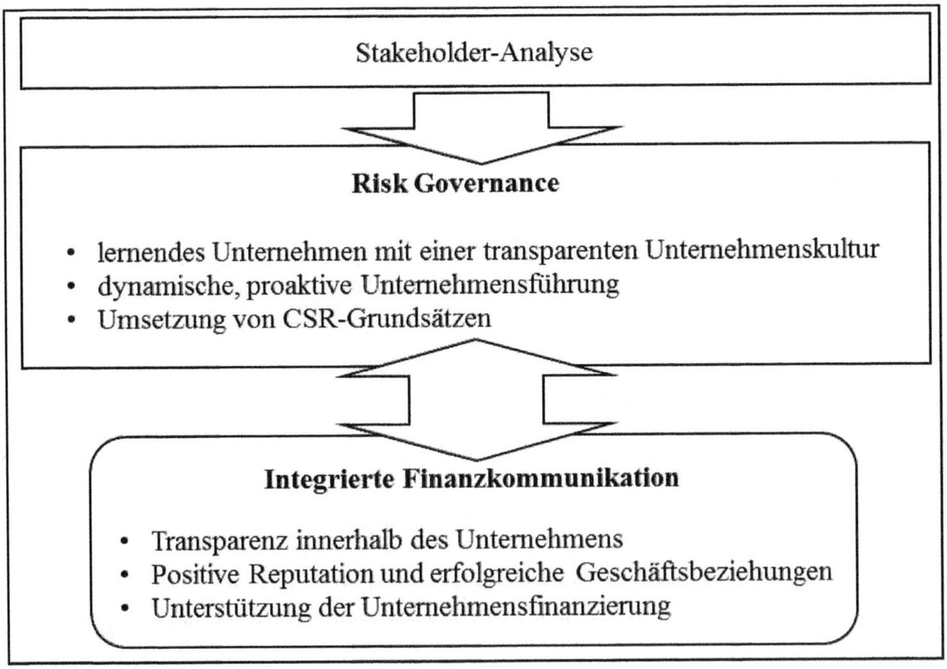

Abb. 27: Symbiose von Risk Governance und Finanzkommunikation

[806] Vgl. Stein/Wiedemann (2016b), S. 823.

Die Akteure, die die Risk Governance gestalten, sind auch für die Finanzkommunikation verantwortlich. Kommunikation, Berichterstattung und Dokumentation sind Aspekte in allen Unternehmensbereichen. Besonders Aufgaben, die von der Geschäftsführung und Führungskräften übernommen werden, sind stark von Kommunikation geprägt (vgl. Kap. 2.2.2.1, S. 39).

Die Risk Governance (in Großunternehmen) steht unter der direkten Leitung der Geschäftsführung und des Chief Risk Officers (CRO).[807] Dies harmonisiert mit der Perspektive „Finanzkommunikation ist Chefsache“.[808] Die Hauptverantwortung für Risk Governance und Finanzkommunikation liegt somit bei der Geschäftsführung und den Führungskräften im Unternehmen. Aufgrund der dynamischen Gestaltung übernehmen diese jedoch vor allem eine moderierende Funktion und geben der Philosophie einen geeigneten Rahmen im Unternehmen. Ebenfalls wichtig sind die Mitarbeiter des Unternehmens, da sie die Risk Governance und Finanzkommunikation gestalten und umsetzen. In Zusammenhang mit dem Unternehmensnetzwerk implementieren sie die Anforderungen der Stakeholder.

Übertragen auf mittelständische Unternehmen, die meist keinen CRO oder CFO beschäftigen,[809] trägt somit die Hauptverantwortung die Geschäftsführung. Diese übernimmt zusammen mit den Führungskräften die moderierende Funktion. Das regionale Netzwerk der KMU wird besonders eingebunden und mit Hilfe der Mitarbeiter angesprochen und wahrgenommen.

Die Philosophie der Risk Governance dient somit auch operativ als Fundament zur Implementierung der Finanzkommunikation im Unternehmen und gestaltet die Basis der transparenten Unternehmenskultur sowie die Rollenverteilung für die Finanzkommunikation.

---

807 Vgl. Stein/Wiedemann (2016a), S. 18.

808 Vgl. Verband der Vereine Creditreform e.V. (2017d), S. 6.

809 Bezogen auf die Definition des Mittelstands in dieser Arbeit. Werden die Kriterien ausgeweitet und auch größere mittelständische Unternehmen betrachtet, ist dort oftmals eine kaufmännische Leitung und somit ein CFO vorzufinden, vgl. Becker et al. (2011), S. 9 ff.

4.2 Etablierung der Finanzkommunikation mittels der Risk Governance

4.2.1 Veränderungsmanagement zur Einführung der Risk Governance im Unternehmen

Mittelständische Unternehmen sind flexibler und reagieren dynamischer als Großunternehmen auf Veränderungen in ihrem Umfeld (vgl. Kap. 3.1.3, S. 107). Dies ist vielfach notwendig, um dem Wettbewerbsdruck stand zu halten und weiterhin bestehen zu können. Dennoch besteht bei vielen KMU Nachholbedarf in der internen Unternehmensstruktur, insbesondere im Bereich des Risikomanagements. Trotz der enormen Wichtigkeit des Themas geben rund 40 % der mittelständischen Unternehmen an, kein Risikomanagement implementiert zu haben.[810] Dies erscheint nicht zeitgemäß, insbesondere nach der letzten Finanz- und Wirtschaftskrise und den gestiegenen Anforderungen durch die Umwelt wie Globalisierung und Digitalisierung sowie die wachsenden Anforderungen der Stakeholder. Über ein Governance-Modell verfügen deutlich mehr mittelständische Unternehmen, jedoch sind auch dort die Prozesse eher intuitiv und wenig formalisiert gestaltet (vgl. Kap. 3.1.3, S. 107).

Der Impuls, eine Risk Governance im Unternehmen zu etablieren, kann ähnlich wie beim Risikomanagement von außen, insbesondere durch definitive Stakeholder, oder unternehmensintern durch den Geschäftsführer erfolgen. Da mit der Einführung der Risk Governance ein Kulturwandel im Unternehmen vorgenommen werden muss, gilt es den Prozess der Einführung sorgsam zu planen und zu strukturieren. Besonders für KMU ist dies ein wichtiger Schritt weg von der verschwiegenen und introvertierten Unternehmenskultur (vgl. Kap. 3.1.3, S. 109) und der generellen Skepsis gegenüber Transparenz bezüglich ihres Unternehmens und in der Berichterstattung.

Der Wandel geschieht im Rahmen eines **Veränderungsmanagements** (Change Management). Das Veränderungsmanagement beschreibt alle Prozesse, die zu einer langfristigen und weitreichenden Veränderung im Unternehmen benötigt werden, vor allem zur Etablierung einer neuen Unternehmensstrategie und Unternehmenskultur.[811]

---

810 Vgl. Gossler, Gobert & Wolters Gruppe (2016), S. 1.
811 Vgl. Whelehan (1995), S. 1.

Die Implementierung der Risk Governance und damit einer integrierten Finanzkommunikation erfolgt auf der Ebene der grundlegenden Annahmen in der Unternehmenskultur (vgl. Kap. 2.3.2, S. 80) und benötigt daher einen grundlegenden Kulturwandel. Umgekehrt bildet die Ebene der grundlegenden Annahmen den Ausgangspunkt für ein Veränderungsmanagement.[812] Anschließend werden die Strukturen im Unternehmen an die neue Kultur und Strategie angepasst. Die Anpassung der Unternehmenskultur gestaltet sich als ein aufwendiger und langwieriger Prozess, da alle Mitarbeiter im Unternehmen ihre Meinungen, Gefühle und Einstellung anpassen und ggf. ändern müssen. Dies gilt auch für ihre darauf aufbauenden Handlungen.[813] Diese soft facts[814] auf emotionaler Ebene entscheiden im Endeffekt darüber, ob ein Veränderungsmanagement erfolgreich war.[815]

Die Durchführung von Veränderungsprozessen wurde bereits 1947 von Lewin beschrieben. Mittels eines 3-Phasen-Modells beschreibt er den Prozess von Veränderungen.

- Die erste Phase wird mit Auflockern oder Auftauen (unfreezing) bezeichnet. In dieser Phase werden der aktuelle Stand, die bisher gültigen Normen und Standards hinterfragt. Dies soll die Bereitschaft schaffen, eine Veränderung einzuleiten und bisher gelebte Werte und Einstellungen aufzugeben.

- Die zweite Phase bezeichnet Lewin mit Hinüberleiten oder Bewegen (moving). In dieser Phase wird der Veränderungsprozess umgesetzt und Strukturen verändert oder neu geschaffen. Die Mitarbeiter müssen in dieser Phase, geleitet durch die Geschäftsführung und Führungskräfte, ihre Verhaltensweisen ändern und dies auch nach außen repräsentieren. Erreicht wird dies durch Schulungen und Trainings.

- Als letzte Phase folgt das Verfestigen oder Einfrieren (freeezing). Die neuen Standards müssen gefestigt und verstetigt werden. Der Veränderungsprozess ist damit beendet. Um zu verhindern, dass Mitarbeiter in alte Gewohnheiten zurück fallen, muss in der letzten Phase immer wieder der Soll-Ist-Zustand überprüft werden.[816]

812 Vgl. Wien/Franzke (2014), S. 29.
813 Vgl. Hehn/Cornelissen/Braun (2016), S. 3.
814 Mit hard facts werden in diesem Zusammenhang die Ausstattung und die Finanzierung des Veränderungsmanagements bezeichnet, vgl. Wien/Franzke (2014), S. 112.
815 Vgl. Wien/Franzke (2014), S. 112.
816 Vgl. Lewin (1947), S. 34 f.

Das 3-Phasen-Modell von Lewin kann als Grundmodell des Veränderungsmanagements gesehen werden. Dieses sehr einfache Modell kommt jedoch an zwei Punkten an seine Grenzen. Zum einen werden externe Einflussfaktoren, die durch die Umwelt und verschiedene Stakeholder zustande kommen, nicht berücksichtigt. Die erste Phase ist unternehmensintern motiviert und berücksichtigt daher gerade nicht die Anforderungen der Stakeholder und nur indirekt Umwelteinflüsse. Zum anderen wird der Prozess der Veränderung als ein fester Punkt in Phase zwei gesehen. Die Dynamik von Veränderungen, die gerade die Risk Governance ausmachen, kommt nicht zum Tragen und ist nicht zeitgemäß, da sich Unternehmen stetig weiterentwickeln müssen und quasi in einem ständigen Wandel befinden.[817]

In der Literatur finden sich Modifizierungen des Modells von Lewin auf bspw. fünf Phasen[818] oder acht Stufen.[819] Die Risk Governance als Basis für die integrierte Finanzkommunikation kann am besten mittels des 8-Stufen-Modells von Kotter implementiert werden, da dieses sich für die Umsetzung in mittelständischen Unternehmen am besten eignet.

Insgesamt soll dabei nicht nur einmalig die Philosophie der Risk Governance im Unternehmen etabliert werden, sondern das Unternehmen an sich zu einem **lernenden Unternehmen** umgebaut werden, da dies zu den Zielen der Risk Governance gehört (vgl. Kap. 4.1.3, S. 188). Das heißt, dass das Unternehmen in seinen Strukturen und Prozessen eine hohe Reagibilität aufweist und sich die Beziehungen zu den Stakeholdern und der Umwelt kontinuierlich weiterentwickeln können.[820]

Ein lernendes Unternehmen zeichnet sich dadurch aus, dass seine Geschäftsführung und die Mitarbeiter lernen und sich weiterentwickeln. Die Personen innerhalb des Unternehmens spielen dabei eine zentrale Rolle, weshalb sie auch als Grundbaustein für die Finanzkommunikation ausgewählt wurden. Die Informationen, die zum Lernen innerhalb des Unternehmens benötigt werden, enthält das *Unternehmensgedächtnis*. Dieses beinhaltet den Produktionsprozess und damit die Wertkette des Unternehmens, die Unternehmenskultur, Aufbau und Strukturen, das Umfeld und die Stakeholder. [821] Dieses Konzept passt somit genau auf die Risk Governance. Weiter sollen lernende Unternehmen kaum formale Prozesse und Hierachiestufen aufweisen.[822] Das Unternehmen funktioniert durch eine Vernetzung untereinander

---

817 Vgl. Digitaler Mittelstand Online (2015).
818 Vgl. Krüger (2014), S. 40.
819 Vgl. Kotter (2014), S. 27 ff.
820 Vgl. Wildemann (1995), S. 2.
821 Vgl. Walsh/Ungson (1991), S. 63 ff.
822 Vgl. Staiger (2008), S. 84 f.

(*Netzwerk-Unternehmen*)[823] und das externe Netzwerk kann quasi „in das Unternehmen hineingezogen" werden. Dies passt besonders gut für mittelständische Unternehmen, da diese eine geringe Formalisierung, eine hohe Flexibilität und einen kooperativen Führungsstil (vgl. Kap. 3.1.3, S. 106) aufweisen.

Um ein lernendes Unternehmen zu schaffen, müssen die Führungskräfte und Mitarbeiter fünf Disziplinen beherrschen, die sie selbst und die Gemeinschaft der Mitarbeiter betrifft. Dies sind die eigene Selbstentwicklung, mentale Modelle und in der Gemeinschaft eine gemeinsame Vision, Lernen in Teams und systematisches Denken.[824] Diese entsprechen zum Teil den Elementen der Unternehmenskultur, die wiederum ein anpassungsfähiges Konstrukt (vgl. Kap. 2.3.2, S. 78) ist. Der Umbau eines Unternehmens zu einem lernenden Unternehmen kann mit den acht Stufen des Veränderungsmanagements gemäß dem Modell von Kotter erlangt werden (vgl. Abb. 28).

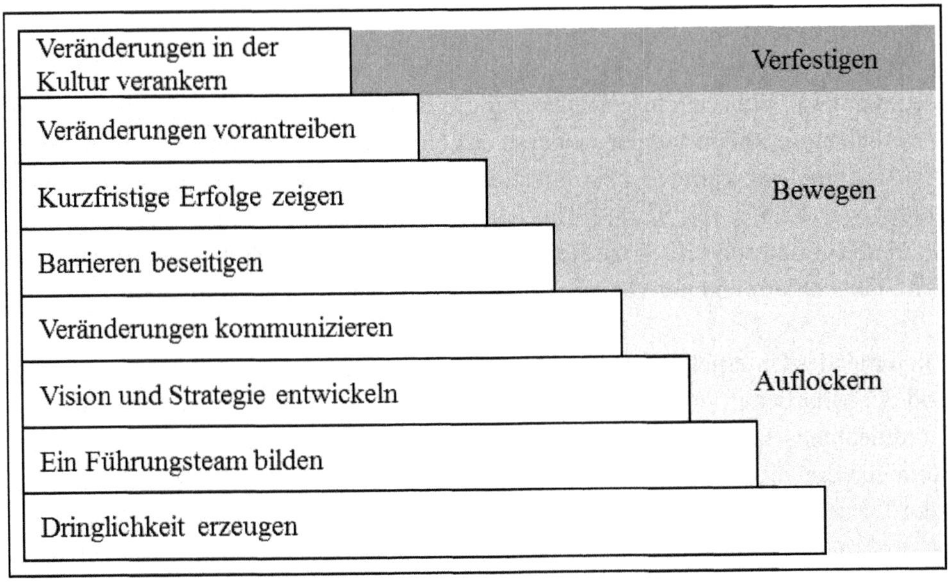

Abb. 28: Veränderungsmanagement nach Kotter und Lewin[825]

Die ersten vier Stufen von Kotter können der ersten Phase in Lewins Modell (Auflockern) zugeordnet werden.

1. Gefühl der Dringlichkeit erzeugen

[823] Vgl. Staiger (2008), S. 95 f.
[824] Vgl. Senge (2001), S. 16 ff.
[825] Eigene Darstellung in Anlehnung an Kotter (2014), S. 27 ff und Lewin (1947), S. 34 f.

Die Geschäftsführung und die Führungskräfte des Unternehmens müssen die Notwendigkeit für einen Wandel deutlich machen. Dabei kann es bspw. hilfreich sein, Szenarien aufzuzeigen, wie sich das Unternehmen (negativ) entwickeln wird, wenn keine Veränderungen vorgenommen werden.[826]

2. Ein Führungsteam bilden
   In der nächsten Stufe muss eine Koalition aus Führungskräften unterschiedlicher Abteilungen gefunden werden, die den Wandel aktiv vertreten und gestalten.[827]

3. Vision entwickeln
   Im Folgenden muss eine Vision und eine Strategie entwickelt werden, die für das gesamte Unternehmen gelten. Diese dienen für die Orientierung und Leitung weiterer Maßnahmen. Sie gelten als Zugkräfte im Unternehmen.[828]

4. Die Veränderungen kommunizieren
   In der vierten Stufe wird die zuvor entwickelte Vision auf breiter Ebene kommuniziert. Ziel ist es, die Mitarbeiter zu überzeugen und mit auf den Weg zu nehmen.

Die Stufen fünf bis sieben entsprechen der zweiten Phase von Lewin:

5. Barrieren beseitigen
   Alle Prozesse und Arbeitsabläufe, die den Wandel beeinträchtigen können, müssen aus dem Weg geschafft werden. In der fünften Stufe werden daher Abläufe und Prozesse nochmals genau analysiert um Strukturen, die dem Wandel entgegenwirken, zu beseitigen.[829]

6. Kurzfristige Erfolge zeigen
   Auf der sechsten Stufe sollen kurzfristige Erfolge sichtbar gemacht werden. Dies dient der Motivation, die Veränderung weiter zu tragen. Mitarbeiter, die zu den Erfolgen einen maßgeblichen Beitrag geleistet haben, werden belohnt.[830]

7. Die Veränderung weiter voran treiben

[826] Vgl. Kotter (2014), S. 27 f.
[827] Vgl. Kotter (2014), S. 29 f.
[828] Vgl. Kotter (2014), S. 30 f.
[829] Vgl. Kotter (2014), S. 31 f.
[830] Vgl. Kotter (2014), S. 32 f.

Nachdem kurzfristige Erfolge bereits nachweisbar sind, werden die Veränderungen weiter vorangetrieben. Zwischenerfolge werden analysiert und ggf. neue Ideen mit aufgenommen.

Die letzte Stufe von Kotter entspricht auch der letzten Phase von Lewin, der Festigung der Veränderungen im Unternehmen.

8. Verankerung der Veränderungen in der Unternehmenskultur
   Wenn die erfolgten Änderungen fester Bestandteil der Unternehmenskultur sind, kann der Veränderungsprozess als abgeschlossen angesehen werden.[831]

Die Umsetzung des Veränderungsmanagements für die Philosophie der Risk Governance mit der integrierten Finanzkommunikation in mittelständischen Unternehmen beginnt damit, dass die Geschäftsführung des mittelständischen Unternehmens den Handlungsbedarf in Richtung einer Veränderung erkennen muss.

Dies kann aus einer Vielzahl von Gründen geschehen. Unternehmensintern führt gerade in KMU ein Generationenwechsel häufig zu einem Veränderungsmanagement. Der Anstoß zu Veränderungen kann auch aus den gestiegenen Anforderungen der Stakeholder resultieren. Hier sind insbesondere die Unternehmensfinanzierung nach der Finanzkrise (vgl. Kap 3.2.4) und die zunehmenden Anforderungen bezüglich CSR (vgl. Kap 3.2.2) erwähnenswert.

In dem dann folgenden Veränderungsprozess werden vor allem die Mitarbeiter einbezogen, aber auch weitere Stakeholder, die von dem Veränderungsprozess betroffen sind und diesen mitgestalten können.[832] Das heißt, dass alle in Kap. 2.3.1 erarbeiteten Anspruchsgruppen, insbesondere die definitiven und dominanten Stakeholder, berücksichtigt werden müssen und später die Wirkungen der Finanzkommunikation auf diese Stakeholder überprüft wird.

Im Anschluss erfolgt die Bildung einer Führungskoalition. Hier gilt es, die verschiedenen Kombinationen aus Eigentum und Leitung zu beachten (vgl. Kap. 4.1.1, S. 169 ff.). Besonders bei Unternehmen, wo die Geschäftsführung zum Teil aus Eigentümern und zum Teil aus externen Managern besteht, gilt es, die Interessen zu vereinheitlichen und den Veränderungsprozess gemeinsam anzustoßen. Ebenfalls gemeinsam sollte die Formulierung der Vision und Strategie auf der dritten Stufe

---

[831] Vgl. Kotter (2014), S. 33 f.
[832] Vgl. Deutinger (2017), S. 67.

erfolgen. Diese entsprechen den Aufgaben der Risk Governance und den Zielen der Finanzkommunikation und bringen vor allem ein verstärktes Denken in Netzwerken und eine Dynamisierung mit sich. Anschließend werden die gewünschte Transparenz, die Sensibilität für die Umwelt und die Bedeutung finanzieller Themen und Risiken im gesamten Unternehmen kommuniziert. Dabei muss in der fünften Stufe vor allem der weit verbreiteten Verschwiegenheit in KMU (vgl. Kap. 3.1.3, S. 109) entgegen gewirkt und Chancen erkannt werden.

Erste Erfolge der Veränderungen können durch gestärkte Geschäftsbeziehungen signalisiert werden. Lieferanten und Kunden verhalten sich dem Unternehmen gegenüber offener und loyaler. Dies motiviert dann, die Veränderungen voran zu treiben und letztendlich in der Unternehmens- wie auch Risikokultur zu etablieren.

KMU und insbesondere kleine Unternehmen können Änderungen und Anpassungen im Unternehmen effizienter umsetzen als Großunternehmen, da die Geschäftsführung enger mit ihren Mitarbeitern zusammen arbeitet und oftmals sogar die gesamte Belegschaft kennt.[833]

4.2.2 Integrierte Finanzkommunikation auf operativer Ebene in KMU

Der durch das Veränderungsmanagement angestoßene Wandel muss im Unternehmen gefestigt und verankert werden, um stetig verfolgt und weiterentwickelt werden zu können. Daher ist es wichtig, die Organisationsstruktur mittelständischer Unternehmen zu berücksichtigen. Die Philosophie der Risk Governance und die Finanzkommunikation müssen angemessen an die Unternehmensgröße und -struktur angepasst werden. Der Fit muss bei der Wahl der Modelle aufgrund der sehr heterogenen mittelständischen Unternehmen Anwendung finden. Risk Governance wird im Unternehmen analog dem dualen Führungskonzept, bekannt aus dem Marketing (vgl. Kap. 2.2.2.6, S. 56), integriert. Diese besteht zum einen gleichberechtigt neben anderen Disziplinen und somit Abteilungen im Unternehmen und durchdringt, ausgehend von der Geschäftsführung, dass Denken und Handeln der Mitarbeiter.

Nachdem die Notwendigkeit und Dringlichkeit der Risk Governance und integrierten Finanzkommunikation erkannt wurde, folgt in der zweiten Phase im Veränderungsmanagement das Bilden einer Führungskoalition. In dieses Team aus Führungskräften sollten Vertreter aus allen Abteilungen des Unternehmens integriert werden, bestenfalls in Person der Abteilungsleiter. Dies minimiert ein wesentliches

---

833 Vgl. Manager Magazin Online (2012).

Modellrisiko für KMU, das Risiko in persona, wenn nur ein Geschäftsführer, der Eigentum und Leitung inne hat (vgl. Kap. 4.1.3, S. 191), den Prozess steuert. Dieses Führungsteam soll im Weiteren die Aufgaben der Risk Governance und Finanzkommunikation leiten, steuern und überwachen.

Zu diesem Zweck ist eine Stabsstelle oder ein Zentralbereich für Risk Governance im Unternehmen dienlich.[834] Diese beiden Organisationseinheiten unterscheiden sich durch ihre Weisungsbefugnis. Während eine Stabsstelle lediglich beratend und unterstützend agiert und damit die Geschäftsführung entlastet, kann ein Zentralbereich Entscheidungen über die ihm übertragenen Aufgabenbereiche treffen.[835] Da in KMU nur selten Stabsstellen oder Zentralbereiche vorzufinden sind (vgl. Kap. 3.1.3, S. 107) und aufgrund der knappen Ressourcen keine zusätzlichen Führungskräfte eingestellt werden sollen, bietet es sich an, ein **Risk Governance Committee** einzurichten.[836] Dazu bleibt das bereits gebildete Führungsteam (vgl. Abb. 28) auch nach erfolgreichem Abschluss des Veränderungsmanagements bestehen und stellt das Committee. Das aus Führungskräften zusammengesetzte Risk Governance Committee bleibt permanent im Unternehmen bestehen und hat die gleichen Weisungsbefugnisse wie ein Zentralbereich. Um Entscheidungen richtig treffen zu können und die gesamtheitliche Dynamik des Unternehmens abzubilden, ist es wichtig, dass Vertreter aus allen Bereichen und Abteilungen (z. B. zu jeder Wertaktivität, vgl. Kap. 2.3.1, S. 66) im Committee vertreten sind. Das Risk Governance Committee steht unter der Moderation der Geschäftsführung und arbeitet eng mit dieser zusammen.

Damit das Committee immer arbeitsfähig bleibt, werden geeignete Vertretungen aus den verschiedenen Abteilungen benannt. Für kleine Unternehmen eignet sich auch eine *job rotation*, die von Zeit zu Zeit andere Mitarbeiter an der Arbeit des Risk Governance Committees beteiligt, sodass diese eine adäquate Vertretung darstellen.[837]

Um das Unternehmensnetzwerk stärker als Akteur der Risk Governance mit einzubeziehen ist es auch denkbar, Personen außerhalb des Unternehmens in das Com-

[834] Vgl. Stein/Wiedemann (2016a), S. 18.
[835] Vgl. Göbel (2009), S. 22.
[836] In Anlehnung an das Konzept der Risk Committees, vgl. Paul et al. (2017), S. 715 f.
[837] Vgl. Stroeder (2008), S. 366.

mittee zu integrieren. Die bereits integrierten Stakeholder für die Beratung der Geschäftsführung und für Forschung und Entwicklung bieten sich hierzu an (vgl. Kap. 4.1.3, S. 191 und Kap. 4.1.4, S. 193).

Auch bezüglich der wirkenden Akteure sollte ein auf das Unternehmen und dessen Geschäftsmodell angepasster Fit genutzt werden. Gerade kleine Unternehmen profitieren davon, wenn Personen aus dem Unternehmensnetzwerk integriert werden. Bei größeren Unternehmen kann schon das Committee aus sehr vielen Personen bestehen, weshalb weitere Personen nur zu einer zunehmenden Komplexität führen würden.

Gibt es im Unternehmen bereits eine Abteilung oder Stabsstelle für ein **Internes Kontrollsystem** (IKS), ist es denkbar, diese als Ausgangsbasis zu nutzen. Ein IKS stellt ein internes Steuerungs- und Kontrollsystem dar, welches die Sicherung der Wirtschaftlichkeit des Unternehmens und den Schutz des Unternehmensvermögens umfasst. Außerdem gewährleistet ein IKS die ordnungsgemäße Buchführung, also ein umfassendes Rechnungswesen sowie gesetzeskonformes Handeln im Unternehmen (Compliance).[838] Das IKS umfasst damit Teilgebiete der Risk Governance, weshalb sich dieses als Ausgangsbasis eignet.

Den wichtigsten Ausgangspunkt für die Risk Governance und Finanzkommunikation bildet die Stakeholder-Analyse (vgl. Kap. 4.1.3, S. 189). Hierzu wird die Organisationsstruktur im Unternehmen genutzt. Diese unterscheidet sich stark nach der Unternehmensgröße. Mittelständische Unternehmen weisen eine einfache, funktionale Struktur auf und unterscheiden meist nicht zwischen vielen verschiedenen Fachabteilungen. Die Abteilungen sind wenig spezialisiert, da Mitarbeiter in KMU häufig als Generalisten arbeiten.[839] Durchschnittlich weisen mittelständische Unternehmen fünf Abteilungen auf.[840] [841] Diese sind eng verknüpft mit der Wertkette des Unternehmens (vgl. Kap. 2.3.1, S. 66).

Zumeist vorhanden sind die Abteilungen Einkauf und Beschaffung (erste primäre Aktivität der Wertkette: Eingangslogistik), Fertigung und Produktion (zweite primäre Aktivität der Wertkette: Operationen), Vertrieb und Marketing (dritte primäre

838 Vgl. Henschel/Heinze (2016), S. 64 und Teil des Prüfungsstandards IDW PS 261.
839 Vgl. Staiger (2008), S. 80 f.
840 Vgl. Wittlage (1996), S. 61.
841 Becker et al. (2011) identifizieren 5,5 unterschiedliche Abteilungen in mittelständischen Unternehmen, vgl. S. 2 und S. 47. Allerdings betrachteten die Autoren nur die Organisation des CFO-Bereichs mittelständischer Unternehmen mindestens mittlerer Größe (> 50 Mitarbeiter), vgl. Becker et al. (2011), S. 20.

Aktivität der Wertkette: Marketing und Vertrieb), Rechnungswesen und Controlling (unterstützende Aktivität in der Wertkette) und Organisation (unterstützende Aktivität in der Wertkette). Ebenfalls zu nennen, aber nicht in jedem Unternehmen vorhanden sind das Personalwesen (unterstützende Aktivität in der Wertkette) und eine Finanzierungsabteilung (unterstützende Aktivität in der Wertkette).[842]

Insgesamt liegt der Schwerpunkt der Organisationsgestaltung in KMU auf dem Kerngeschäft, also der Fertigung und Produktion. Unterstützende Bereiche wie Controlling und Personal sind nur schwach ausgeprägt[843] und Stabsstellen aufgrund ihrer lediglich beratenden Funktion selten in KMU vorzufinden (vgl. Kap. 3.1.3, S. 107). Somit ist auch meistens keine Abteilung oder Stabsstelle für ein IKS und keine Interne Revision vorhanden, die als Grundgerüst für die Risk Governance dienen könnte.

Die Bildung eines Risk Governance Committees ist damit umso wichtiger und berücksichtigt gleichzeitig die geringen personellen und finanziellen Ressourcen in KMU, da keine neuen Mitarbeiter eingestellt werden müssen. Ist das Committee aus der Geschäftsführung und den Führungskräften gebildet, führt jede Abteilung unter Leitung des Committees eine Stakeholder-Analyse durch. Diese werden durch die Organisationsstruktur automatisch an der Wertkette des Unternehmens abgeleitet. Zunächst werden alle Anspruchsgruppen und potenziellen Anspruchsgruppen ermittelt. Anhand des Modells von Mitchell/Agle/Wood kann anschließend unternehmensspezifisch die Bedeutung in Bezug auf die Finanzkommunikation abgeleitet werden (vgl. Kap. 2.3.1, S. 70). Neben der Bestimmung von Macht, Legitimität und Dringlichkeit unter dem Aspekt der Finanzkommunikation wird auch der aktuelle Stand der Beziehung zu den Stakeholdern mittels des Beziehungszyklus (vgl. Kap. 2.1.4, S. 31) analysiert. Befinden sich Anspruchsgruppen bspw. in der Lösungsphase, müssen diese bevorzugt und anders behandelt werden als andere Stakeholder-Gruppen, um die Beziehung nicht zu verlieren.

Für Kleinst- und Kleinunternehmen eignet sich eine Stakeholder-Analyse nach Freeman, die bereits standardisiert primäre und sekundäre Stakeholder des Unternehmens vorgibt. Auch bei dieser Analyse sollte jedoch beachtet werden, ob das Unternehmen spezielle Stakeholder aufweist, die Freeman nicht berücksichtigt, die aber für die Finanzkommunikation relevant sind. Da die Basis in Form der Risk

842 Vgl. Wittlage (1996), S. 62.
843 Vgl. Staiger (2008), S. 82.

Governance ein dynamisches Konstrukt darstellt, erfolgt die Validierung der Stakeholder regelmäßig,[844] z. B. jährlich, um angemessen auf Veränderungen reagieren zu können.

Dabei steht die Stakeholder-Analyse unter der Vision, eine grundlegende Transparenz im und um das Unternehmen zu schaffen. Diese Transparenz wird im Unternehmen deutlich durch das Risk Governance Committee kommuniziert und auch die Abteilungen unter sich tauschen sich regelmäßig aus. Dies ist in der Unternehmenskultur als grundlegende Annahme verankert (vgl. Kap. 2.3.2, S. 80). Zu dieser Transparenz gehört auch eine ausführliche *Dokumentation.* In KMU ist die schriftliche Fixierung von Prozess- oder Arbeitsabläufen innerhalb der Unternehmensorganisation nur gering ausgeprägt.[845] Die interne Verschriftlichung erleichtert jedoch auch die externe Berichterstattung und Kommunikation.

In einem weiteren Schritt werden die Anforderungen der Stakeholder abgeleitet. Daraus ergeben sich zum einen die Informationsansprüche der verschiedenen Stakeholder und zum anderen mögliche Risiken für das Unternehmen aus seinem Umfeld. Beide Aspekte werden wiederum im Unternehmen kommuniziert. Dies erfolgt am effizientesten mittels der Online-Kommunikation in einem eigens dafür geschaffenen Bereich im Intranet durch das Committee. Ergänzt wird dies durch die Dialogkommunikation (vgl. Kap. 2.2.2.1, S. 41) auf persönlicher Ebene, um größtmögliches Vertrauen aufzubauen.

Die intern kommunizierten Informationen müssen als nächstes verarbeitet werden. Zum einen werden die Stakeholder-spezifischen Risiken in der Gestaltung der Risikomodelle (erste Aufgabe der Risk Governance) umgesetzt. In diesem Schritt können dann insbesondere sehr unternehmensspezifische Risiken, wie die Abhängigkeit von einem Lieferanten, abgebildet werden. Ergänzt wird dies durch eine Analyse der Umwelt und des Umfelds, sodass das Risikomanagement als Frühwarnsystem agieren kann.

Dies geschieht durch die Geschäftsführung und das Risk Governance Committee. Die Abteilungen Rechnungswesen und Controlling oder Finanzierung können moderierend dazu beitragen und übernehmen Monitoring-Funktionen, da diese Abteilungen für die Aufbereitung, Planung und Steuerung finanzieller Angelegenheiten im Unternehmen verantwortlich sind. Ergänzt wird dies durch die Interaktion mit dem Unternehmensnetzwerk. Auch gehört zu deren Aufgaben die Überwachung

[844] Vgl. Deutinger (2017), S. 71.
[845] Vgl. Staiger (2008), S. 83.

und Steuerung der Bonität und damit des Ratings des Unternehmens. Um intern optimal organisiert zu sein, nutzen diese Abteilungen das Selbstrating (vgl. Kap. 3.3.1, S. 143) und die daraus gezogenen Erkenntnisse zur Gestaltung der Abteilungen und deren Zusammenwirken.

Unter dem Aspekt der Informationsansprüche werden die Ergebnisse, ebenfalls begleitet resp. initiiert durch das Risk Governance Committee und die Abteilungen Rechnungswesen und Controlling und Finanzierung, für die Anspruchsgruppen aufbereitet. Dabei unterstützt die Abteilung für Vertrieb und Marketing, die ihr Know-How im Bereich der Gestaltung des Marketing-Mixes einbringt. Danach werden im Rahmen der 7Ps vor allem die Kultur und Prozesse im Unternehmen entsprechend veröffentlicht. Informationen bezüglich des Finanzstatus, der Risikosituation, der angewandten CSR usw. werden proaktiv via Online-Kommunikation auf der Unternehmenshomepage sowie im eBAnz von dem Risk Governance Committee kommuniziert. Gerade mittelständische Unternehmen können die Instrumente der Investor Relations erweitern und um sehr spezifische Informationen in der Finanzkommunikation erweitern. Zureck konnte bspw. feststellen, dass die Veröffentlichung von Patenten in der Finanzkommunikation einen positiven Einfluss auf das Unternehmen hat.[846] Gerade für Hidden Champions (vgl. Kap. 3.1.3, S. 106) kann dies ein relevanter Aspekt sein. Dabei wird mit der Finanzkommunikation grundsätzlich die Pflichtveröffentlichung, ausgerichtet an Rechtsform und Unternehmensgröße, erfüllt, sowie darüber hinaus Informationen bereitgestellt, die durch soft facts kommentiert werden.

Ergänzt wird dies durch die Zweiwegkommunikation mit den Stakeholdern, denen somit die Möglichkeit eines Feedbacks gegeben wird. Dies kann durch verschiedene Aktivitäten ermöglicht werden. Für KMU bieten sich zahlreiche Möglichkeiten in ihrem regionalen Netzwerk an. Dazu gehören Unternehmenspräsentationen, Kooperationen mit Universitäten und die Präsenz auf regionalen Messen.

Speziell die Stakeholder Kreditinstitute in Form der Hausbank und potenzielle Kreditinstitute, Wirtschaftsauskunfteien sowie weitere Fremd- und Eigenkapitalgeber bekommen ausführliche Informationen und Berichte bspw. per Post und in einem passwortgesicherten Online-Bereich zur Verfügung gestellt. Möglich ist auch der Zugang für diese Stakeholder zum Intranet des Unternehmens, sodass die definitiven Stakeholder auf dem gleichen Stand wie die Mitarbeiter selbst sind.[847] Dies dient der Erreichung des obersten Ziels der Finanzkommunikation. Ergänzt werden

[846] Vgl. Zureck (2015), S. 81.
[847] Vgl. Paul/Prystav/Stein (2011), S. 760.

die Informationen durch weiteres Material, welches auf Nachfrage heraus gegeben werden kann. Die Informationsverbreitung erfüllt dabei die kommunikationspolitischen Anforderungen, wie Stetigkeit und Aktualität (vgl. Kap. 2.2.2.1, S. 38). Alle Mitarbeiter sind zu diesem Zeitpunkt selbst gut informiert über ihr Unternehmen und ihre Umwelt, Finanz- und Wirtschaftslage, mögliche Risiken und CSR-Grundsätze. Außerdem helfen unternehmensintern Gespräche und Schulungen um Zweifel zu überwinden und den Zweck der Veröffentlichung von Informationen zu begründen.

Die Offenheit und Informationsverbreitung über verschiedene Kanäle und besonders via Online-Kommunikation kann ein positives Signal bei den Stakeholdern bewirken und es lassen sich kurzfristige Erfolge verzeichnen. Dazu gehören z. B. mehr Bewerber auf freie Stellen im Unternehmen und bessere Angebote von Lieferanten. Die Einführung der Risk Governance führt zur Erfüllung der beiden Ziele der Finanzkommunikation, die Reputation und Geschäftsbeziehungen zu stärken, und motiviert die Mitarbeiter an der Philosophie festzuhalten. Besonders die Dynamisierung und Reaktionsfähigkeit wird angepasst und die Geschäftsführung verfolgt zunehmend flexible Strukturen.

Ebenfalls kann in diesem Zuge eine Stabsstelle für Forschung und Entwicklung in Risikothemen etabliert werden, falls diese nicht bereits im Unternehmen vorhanden ist. Experten dieser Stabsstelle setzen ihr Know-How ein, um die Geschäftsführung und das Risk Governance Committee zu unterstützen. Gerade in kleinen Unternehmen werden jedoch keine Stabsstellen aus Mangel an personellen und finanziellen Ressourcen eingerichtet.[848] Diese sollten das Netzwerk zur Unterstützung in Forschung und Entwicklung nutzen. In Risikothemen kann bspw. das Feedback der Hausbank und die Kooperation zu einer Hochschule genutzt werden.

Ist das Risk Governance Committee arbeitsfähig und die Beziehungen akquiriert und gefestigt, lebt das Unternehmen die angestrebte Transparenz und nimmt diese als grundlegende Annahme in ihre Unternehmenskultur auf. Die Risikokultur wird entsprechend von den Stakeholdern beeinflusst. In das Unternehmen eintretende Mitarbeiter bekommen die Offenheit direkt vermittelt. Sobald der Prozess des Veränderungsmanagements erfolgreich abgeschlossen wurde, beginnt ein neues Veränderungsmanagement zur Optimierung der Strukturen. Dies entspricht der Gestaltung eines lernenden Unternehmens. Die Stakeholder-Beziehungen werden analy-

[848] Vgl. Staiger (2008), S. 84 und Wittlage (1996), S. 57.

siert und die Kommunikation mit den Mitarbeitern gewährt laufend, dass die angepasste Unternehmenskultur gelebt wird. Dies treibt die Selbstentwicklung der Mitarbeiter und deren mentale Modelle, also ein fortlaufendes Reflektieren der eigenen Handlungen und Bewusstwerden der eigenen Vision und Strategie, voran. Dies hat wiederum Einfluss auf die Arbeit und das Verhalten im Team.

Ein wichtiger Punkt für die Umsetzung im Unternehmen für die Finanzkommunikation ist Know-How in IT-Themen und eine funktionierende IT-Infrastruktur im Unternehmen. Da mit der Online-Kommunikation zahlreiche Cyberrisiken eingegangen werden, muss das Risk Governance Committee über ein solches Know-How verfügen, erwerben oder einen entsprechenden Spezialisten im Netzwerk haben. Zu den Cyberrisiken gehören der Verlust des geistigen Eigentums, Hackerangriffe und drastische Reaktionen der Stakeholder, z. B. in Form eines Shitstorms. Wird für die Kommunikation mit den Stakeholdern bspw. ein *Stakeholder-Informationssystem*[849] eingerichtet, welches eine ganzheitliche, integrierte Kommunikation mit den Stakeholdern ermöglicht, das auch online agiert, ist entsprechendes IT-Know-How nötig. Sinnvoll ist es ebenfalls, zunächst einen Prototyp für die Online-Kommunikation zu implementieren, bevor z. B. Finanzinformationen online platziert werden.[850]

Abschließend überprüft das Risk Governance Committee laufend die Reaktionen der Stakeholder und damit die Wirkungen der Finanzkommunikation und dokumentiert diese. Im Unternehmen lässt sich dabei mittels KPIs der Fluss der Informationen messen. Außerdem werden die Gestaltung und die Kosten der Unternehmensfinanzierung analysiert. Gegebenenfalls nimmt das Committee entsprechende Anpassungen vor. Dies entspricht der Monitoring-Funktion der Risk Governance (vgl. Kap. 4.1.3, S. 184).

---

[849] Weitere Ausführungen hierzu in Stößlein (2002).
[850] Vgl. Ruf (2014), S. 143.

4.3 Wirkungen einer integrierten Finanzkommunikation

4.3.1 Erfolgsmessung von Finanzkommunikation

Risk Governance dient als Basis zur Implementierung der Finanzkommunikation im Unternehmen. Welche (betriebswirtschaftlichen) Auswirkungen die integrierte Finanzkommunikation mit sich bringt, wird im Folgenden diskutiert.

Für börsennotierte Unternehmen lassen sich die Wirkungen von Investor Relations quantitativ mittels des Aktienkurses, der Aktienkursvolatilität und der Aktionärsstruktur einfacher als bei nicht börsennotierten Unternehmen messen. Investor Relations haben nachweislich einen hohen Effekt auf die Unternehmensbewertung, also auf den Aktienkurs.[851] Außerdem weisen zahlreiche Studien Finanzierungsvorteile durch gute Investor Relations nach.[852]

Für KMU eignen sich qualitative Maßnahmen zur Erfolgsmessung besser als quantitative Messmethoden. Ist die Philosophie der Risk Governance und eine Kommunikation mit den Anspruchsgruppen via Finanzkommunikation im Unternehmen etabliert, kann an mehreren Stellen eine wertschöpfende, positive Wirkung festgestellt werden.

In der bereits zitierten Studie der Euler Hermes Kreditversicherungs-AG können sowohl unternehmensintern wie auch extern in Bezug auf die Ziele der Finanzkommunikation Auswirkungen beobachtet werden. 87 % der Verfechter der Finanzkommunikation sehen gute Finanzkommunikation als die Basis von gegenseitigem Vertrauen. Weiter nutzen 73 % der Verfechter die geschaffene Informationsbasis für Stakeholder für die interne Unternehmenssteuerung.[853] Auch das oberste Ziel der Finanzkommunikation kann laut den Verfechtern der Finanzkommunikation gut erreicht werden. Die Kapitalgeber verstehen die Unternehmen besser (74 % Zustimmung) und das Vertrauensverhältnis hat sich verbessert (78 % Zustimmung der Verfechter). 69 % der Verfechter geben außerdem an, ihr Rating verbessert zu haben und die Finanzierungskosten gesenkt zu haben (32 %). Ebenfalls können sie auf eine höhere Auswahl an Finanzierungsalternativen zurückgreifen (48 %).[854]

---

[851] Vgl. Weber-Henschel (2002), S. 90.
[852] Vgl. Zülch et al. (2016), S. 2065.
[853] Vgl. Euler Hermes Kreditversicherungs-AG (2013), S. 10.
[854] Vgl. Euler Hermes Kreditversicherungs-AG (2013), S. 8.

Auch Paul/Prystav/Stein sehen positive Wirkungen einer guten Finanzkommunikation.[855] Insbesondere Ziele im Bereich des Beziehungsmanagements, wie dem Vertrauensaufbau werden mittels Finanzkommunikation erreicht (90 % Zustimmung der befragten Unternehmen). Ebenfalls werden die Finanzierungskosten bei einer guten Finanzkommunikation günstiger eingeschätzt (80 % Zustimmung). Diese Effekte sind bei einem Vergleich auch nach der Krise noch deutlich erkennbar, wenn auch schwächer ausgeprägt.[856]

Die Wertschöpfung durch Finanzkommunikation erfolgt zum einen unternehmensintern und bringt Vorteile für die Unternehmenssteuerung, wie auch Unternehmensextern im Beziehungsmanagement mit den Stakeholdern. Ebenfalls lassen sich betriebswirtschaftliche Vorteile durch Finanzkommunikation generieren.

Um die Wirkungsebenen der Finanzkommunikation zu beschreiben, kann im Unternehmen die Qualität der internen und externen Kommunikation beurteilt werden. Dafür eigenen sich das Kommunikations-Controlling und Key Performance Indicators (vgl. Kap. 2.2.2.1, S. 42).[857] Das Kommunikations-Controlling dient der Unterstützung und Steuerung der Unternehmenskommunikation und macht Prozesse, Strategien, Ergebnisse und Finanzen (z. B. in Form von Kosten für die Informationsaufbereitung) sichtbar.[858] In diesem Kapitel sollen besonders die durch Finanzkommunikation erreichten Ergebnisse betrachtet werden,[859] die der Geschäftsführung und dem Risk Governance Committee ein wichtiges Feedback zur Steuerung der Kommunikation geben.

Im Kommunikations-Controlling wird zwischen vier verschiedenen Ebenen differenziert. Diese Wirkungsebenen der Kommunikation sind in Abb. 29 dargestellt. Sie bilden insgesamt eine Erfolgskette (vgl. Kap. 2.2.2.6, S. 58) der Kommunikation, die in eine positive betriebswirtschaftliche Auswirkung endet.

---

855 Ergebnis einer Befragung von 30 mittelständischen, nicht börsennotierten Unternehmen, die als Best-Practice Beispiele 2007–2009 eine gute Finanzkommunikation aufwiesen.
856 Vgl. Paul/Prystav/Stein (2011), S. 762.
857 In der Literatur gibt es bisher kaum Konzepte für das strategische Controlling für Finanzkommunikation, vgl. Pfannenberg/Frank (2007), S. 4. Auch bezüglich der zu verwendenden KPIs herrscht kein Konsens, vgl. Pfannenberg/Frank (2007), S. 7.
858 Vgl. Zerfaß/Buchele (2008), S. 20.
859 Eine Betrachtung der Auswirkungen von Risk Governance wäre an dieser Stelle ebenfalls möglich, soll jedoch aufgrund der Darstellung von Finanzkommunikation als integrierte Kommunikation und der Risk Governance als Basis nicht vorgenommen werden. Lediglich an einigen Stellen wird die Basis der Finanzkommunikation in Form der Risk Governance mit abgefragt.

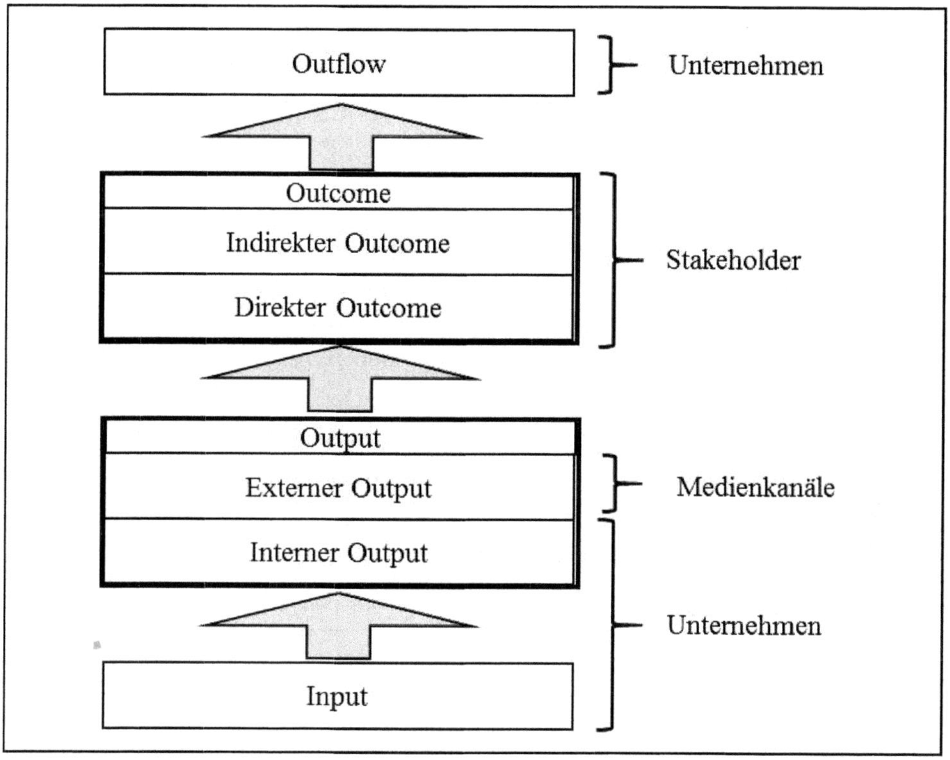

Abb. 29: Wirkungsebenen der Kommunikation[860]

Auf jeder Ebene können KPIs zur Erfolgsmessung bestimmt werden. Diese können wiederum aus unterschiedlichen Blickwinkeln beurteilt werden. KPIs lassen sich in eine Prozess-, Anspruchsgruppen-, betriebliche und finanzielle Perspektive unterscheiden.[861] In gewissem Umfang eignen sich KPIs auch zur Veröffentlichung im Rahmen der Finanzkommunikation.

Für die Umsetzung in mittelständischen Unternehmen wird das Kommunikations-Controlling durch einen qualitativen Fragenkatalog ergänzt. Die Beantwortung bildet den Status quo im Unternehmen ab und ergibt damit ein vergleichbares Bild wie der Score für Online-Finanzkommunikation (vgl. Kap. 3.3.2.2, S. 154) jedoch als Eigenbild des Unternehmens. Der Fragenkatalog unterstützt das Risk Governance Committee unternehmensintern bei der Gestaltung der Finanzkommunikation.

860 Eigene Darstellung in Anlehnung an Zerfaß/Buchele (2008), S. 22 und Jossé/Koss (2013), S. 4.
861 Vgl. Fleisher/Mahaffy (1997), S. 133.

Der vorgeschlagene, qualitative Fragenkatalog zu den vier Wirkungsebenen orientiert sich an dem Konstrukt der Euler Hermes Gruppe.[862] Der Stand der Finanzkommunikation in KMU kann mittels dieses Katalogs aus interner Sicht analysiert werden. Auch Paul/Stein nutzen einen Fragenkatalog als *Selbstcheck* zur Finanzkommunikation.[863] [864]

Damit überhaupt ein Output der Finanzkommunikation entstehen kann, werden zunächst die unter Kap. 4.2 beschriebenen Maßnahmen und Prozesse benötigt. Eine Überprüfung dieser kann im Unternehmen mittels des Fragenkatalogs in Abb. 30 bei einem Selbstcheck beurteilt werden. Dieser steht zwischen dem Input und dem Output der Wirkungsebenen der Kommunikation. Der Input in Form finanzieller und personeller Mittel, der für alle Ebenen der Kommunikation als Grundlage erforderlich ist, wird in Kap. 4.3.2 in einer Kosten-Nutzen-Abwägung betrachtet.

Finanzkommunikation im Unternehmen

In meinem Unternehmen…

…herrscht eine transparente Unternehmenskultur.	☐
…existiert ein Risk Governance Committee.	☐
…kennt jeder Mitarbeiter die Finanzkommunikation.	☐
…werden Informationen zielgerecht aufgearbeitet.	☐
…beteiligt sich die Geschäftsführung aktiv an der Risk Governance und Finanzkommunikation.	☐

Abb. 30: Qualitative Merkmale für Finanzkommunikation im Unternehmen[865]

Die Fragen in Abb. 30 lassen sich mit „ja“ oder „nein“ von der Geschäftsführung oder dem Risk Governance Committee beantworten und verdeutlichen den Status quo der innerbetrieblichen Prozesse in Bezug auf die Basis der Risk Governance

862 Vgl. Euler Hermes Kreditversicherungs-AG (2014).

863 Vgl. Paul/Stein (2013), S. 147 ff.

864 Entstanden ist dieser Selbstcheck durch die „Initiative Finanzkommunikation“ (vgl. Paul/Stein (2013), S. 147) und den Preis für die beste Finanzkommunikation, der zwischen 2007 und 2014 in Deutschland verliehen wurde. Der Preis zeichnet Best-Practice-Ansätze in der Finanzkommunikation mittelständischer Unternehmen aus. Ein ähnliches Format existiert ebenfalls für kapitalmarktorientierte Unternehmen, das seit 2014, vom Lehrstuhl Accounting and Auditing der HHL Leipzig Graduate School of Management, initiiert und durchgeführt wird, siehe www.kapitalmarkt-forschung.info/#investorsdarling. [Stand: 10.05.2017].

865 Eigene Darstellung in Anlehnung an Euler Hermes Kreditversicherungs-AG (2014), S. 11.

und die Etablierung der Finanzkommunikation. Der dritte Punkt in Abb. 30 ist besonders wichtig, da die Mitarbeiter als interne Stakeholder die wichtigsten Akteure der Finanzkommunikation zusammen mit der Geschäftsführung und dem Committee sind.

Anschließend kann der Output der Kommunikation betrachtet werden. Dieser beschreibt, ob die implementierte Finanzkommunikation effektiv und effizient ist. Die Kommunikationsmaßnahmen werden auf Qualität, Frequenz und Menge untersucht.[866] Der Output misst somit besonders die Umsetzung der kommunikationspolitischen Grundsätze (vgl. Kap. 2.2.2.1, S. 38) in der internen und externen Unternehmenskommunikation. Die Ebene des Outputs wird aufgeteilt in den internen und den externen Output (vgl. Abb. 29). Zunächst bezieht sich der interne Output auf die interne Unternehmenskommunikation und die damit zusammenhängenden Maßnahmen und Kosten. Der externe Output bildet die Qualität der Inhalte und die Reichweite[867] der Finanzkommunikation im externen Unternehmensnetzwerk ab.

Auf der Ebene des Outputs lassen sich verschiedene KPIs bestimmen. Beispielhaft können folgende KPIs für den *internen Output* bestimmt werden:

- Benötigte Zeit zur Implementierung der Informationen im Intranet (betriebliche Perspektive).[868]
- Anzahl der Zugriffe auf den für Finanzkommunikation geschaffenen Bereich im Intranet (Reichweite der Finanzkommunikation unternehmensintern).

Der *externe Output* ermittelt die Qualität und Effizienz der externen Unternehmenskommunikation. KPIs zur Messung des externen Outputs können sein:

- Benötigte Zeit zur Implementierung der Informationen auf der Unternehmenshomepage.
- Anzahl der Zugriffe auf den für Finanzkommunikation geschaffenen Bereich auf der Unternehmenshomepage (Reichweite der Finanzkommunikation unternehmensextern).[869]
- Anzahl der Kommunikationsmittel, mit denen Finanzkommunikation verbreitet wird.

866 Vgl. Pfannenberg (2009), S. 63.
867 Vgl. Jossé/Koss (2013), S. 4 ff.
868 Vgl. Jossé/Koss (2013), S. 6.
869 Vgl. Pfannenberg/Frank (2007), S. 9.

- Aktualität, Aufbereitung und Glaubwürdigkeit der Informationen.

Die Qualität und Nutzung des Intranets und der Unternehmenshomepage können mittels Zugriffsstatistiken und Usability-Tests bestimmt werden. Möglich sind aber auch Nutzerbefragungen der definitiven und dominanten Stakeholder, wie der Mitarbeiter, Kunden, Lieferanten und Kreditinstitute.[870]

Für den Output werden mittels des qualitativen Fragenkatalogs für den Selbstcheck umgesetzte Attribute der Kommunikationspolitik, die sowohl für die interne wie auch externe Unternehmenskommunikation gelten, überprüft (vgl. Abb. 31).

Kommunikationspolitik

Ich kommuniziere...

...proaktiv, zeitnah und frühzeitig.	☐
...kontinuierlich, stetig.	☐
...ausführlich auch in Krisensituationen.	☐
...wahrheitsgemäß.	☐

Abb. 31: Qualitative Checkliste zur Kommunikationspolitik[871] [872]

Die Fragen in Abb. 31 lassen sich ebenfalls mit „ja" oder „nein" beantworten. Besonders hervorzuheben ist in Abb. 31 die Kommunikation in Krisensituationen, denn nur wenn dies bejaht werden kann, wurde der Grundsatz der Transparenz hinreichend in der Unternehmenskultur verankert. Außerdem ist eine stetige Kommunikation notwendig um das Vertrauen der Stakeholder zu gewinnen.

Weiter wird die Qualität der Finanzkommunikation im Selbstcheck überprüft (vgl. Abb. 32).

[870] Vgl. Bolwin/Frank (2009), S. 185.

[871] Eigene Darstellung in Anlehnung an Euler Hermes Kreditversicherungs-AG (2014), S. 10.

[872] „Ich" bezieht sich auf die Beantwortung der Kriterien durch die Geschäftsführung oder das Risk Governance Committee.

Inhalte der Finanzkommunikation Ich vermittle…	
…die nach Offenlegungspflicht zu liefernden Informationen.	☐
…Finanzkennzahlen, CSR-Reports.	☐
…qualitative „weiche" Faktoren.	☐
…historische und benchmarkfähige Daten.	☐

Abb. 32: Inhalte der Finanzkommunikation[873]

Besonders hervorzuheben in Abb. 32 ist die Kommunikation von soft facts. Dazu gehört ein Einblick in das Unternehmen, bestehende oder angestrebte Wachstumspotenziale, die Unternehmenskultur mit bestehenden Traditionen usw.[874] Diese machen die Finanzkommunikation besonders verständlich und vertrauenswürdig für die Anspruchsgruppen.

Für den externen Output sind die Kommunikationsmittel von Bedeutung. Diese werden mittels der Art und Weise der Finanzkommunikation abgefragt (vgl. Abb. 33). In dieser Kategorie ist es besonders wichtig, dass vom Geschäftsführer resp. dem Risk Governance Committee die multimediale und dabei besonders die Online-Kommunikation sowie der persönliche Kontakt bejaht werden kann.

Art und Weise der Finanzkommunikation Ich kommuniziere…	
…auf die Stakeholder zugeschnitten.	☐
…multimedial, vor allem online.	☐
…zusätzlich durch persönlichen Kontakt.	☐
…optisch ansprechend.	☐

Abb. 33: Art und Weise der Finanzkommunikation[875]

[873] Eigene Darstellung in Anlehnung an Euler Hermes Kreditversicherungs-AG (2014), S. 11.
[874] Vgl. Kirchhoff/Piwinger (2014), S. 1091 f.
[875] Eigene Darstellung in Anlehnung an Euler Hermes Kreditversicherungs-AG (2014), S. 11.

Zusätzlicher Bestandteil des Outputs ist eine Soll-Ist-Analyse. Der geplante Input wird mit dem Output verglichen, z. B. ob innerbetrieblich geplante Arbeitsstunden für den Output ausgereicht haben.[876]

Im nächsten Schritt folgt der Outcome im Kommunikations-Controlling (vgl. Abb. 29). Dieser spiegelt die Umsetzung der Kommunikation bei den Stakeholdern wider und ist daher ein wichtiger Punkt für die Finanzkommunikation, insbesondere für den Aufbau einer positiven Reputation und die Gestaltung der Geschäftsbeziehungen. Der Outcome misst maßgeblich die Effektivität der Finanzkommunikation und implizit der Risk Governance in Bezug auf den Umgang mit den Stakeholdern.

Es wird zwischen dem direkten und indirekten Outcome unterschieden.[877] Der *direkte Outcome* bezeichnet die Wahrnehmung der zur Verfügung gestellten Informationen bei den verschiedenen Anspruchsgruppen. Während beim Output die Quantität der genutzten Informationen relevant ist, stellt sich beim Outcome die Frage, wie viel der bereit gestellten Informationen konsumiert und wahrgenommen werden.[878] Bspw. kann gemessen werden, wie viele Seiten des Geschäftsberichts von verschiedenen Anspruchsgruppen gelesen werden. KPIs des direkten Outcomes können sein:

- Wie viel der bereit gestellten Informationen werden gelesen (in %)?
- Wie viele Adressaten haben die Kernbotschaft der Finanzkommunikation erfasst?

Zunächst können diese Fragen unternehmensintern gestellt werden, um bspw. Planwerte festzulegen und daran eine Strategie auszurichten. Dazu ist es wichtig, die Stakeholder des Unternehmens zu analysieren und festzustellen, inwieweit diese Wissen aus der dargebotenen Kommunikation mitnehmen. Am besten eignen sich dafür qualitative Methoden, z. B. Umfragen, um ein umfassendes Feedback zu generieren.[879]

Während der direkte Outcome die Dimension der Wahrnehmung beschreibt, misst der *indirekte Outcome* die Auswirkungen und Bewertungen der Kommunikation seitens der Anspruchsgruppen.[880] Der indirekte Outcome misst unternehmensintern

876 Vgl. Jossé/Koss (2013), S. 6.
877 Vgl. Jossé/Koss (2013), S. 6 f.
878 Vgl. Jossé/Koss (2013), S. 6.
879 Vgl. Durst/Fuhlrott (2009), S. 176.
880 Vgl. Jossé/Koss (2013), S. 6 f.

die strategische Ausrichtung der Mitarbeiter und unternehmensextern Image sowie Reputation.

Da es unternehmensintern wichtig ist, dass sich die Finanzkommunikation und Transparenz durch Risk Governance in der Unternehmenskultur etabliert hat, sollte für den indirekten Outcome eine Befragung der Mitarbeiter zur Unternehmenskultur erfolgen. Gerade für mittelständische Unternehmen kann eine standardisierte Umfrage zu diesem Zweck genutzt werden um ressourcenschonend vorzugehen.

Die bekannteste und oft zitierte Umfrage bietet die Denison Organizational Survey.[881] Diese Umfrage erhebt, in welchem Maß die Mitarbeiter ihre tägliche Arbeit auf die Unternehmensziele ausrichten. Die Unternehmenskultur wird dafür in vier Merkmalen erfasst: Mission, Anpassungsfähigkeit, Engagement und Konsistenz. Dies passt zu der dualistischen Definition der Unternehmenskultur nach Schein/Schein, die aus externer Anpassungsfähigkeit und interner Integration besteht (vgl. Kap. 2.3.2, S. 78).[882]

Ebenfalls für diesen Zweck eignet sich die Medienresonzanalyse, die regelmäßig evaluiert, ob und wie die Finanzkommunikation gestaltet wird und wie diese von den Stakeholdern bewertet wird. Dies impliziert eine Kausalität bzw. eine positive Korrelation zwischen den kommunizierten Inhalten und dem Verhalten der Anspruchsgruppen, die mittels der Medienresonanzanalyse gemessen werden kann.[883]

Unternehmensextern kann der indirekte Outcome mittels der Reputation gemessen werden.[884] Diese ist für KMU, insbesondere Familienunternehmen, besonders wichtig (vgl. Kap. 3.2.2, S. 114) und entspricht dem zweiten Ziel der Finanzkommunikation. In diesem Teilbereich existiert oftmals bereits eine Messung und Steuerung in KMU. Abgeleitet aus Befragungen externer Stakeholder und der Medienresonanzanalyse lässt sich eine Kennzahl verdichten, die den Reputationsindex eines Unternehmens darstellt.

Die Erstellung eines Reputationsindexes mittels einer generischen Reputationsmessung via eines Reputationsmodelles, z. B. durch einen Anbieter wie dem Fortune Magazine der Hay Group[885] gestaltet sich für mittelständische Unternehmen als

[881] Vgl. Durst/Fuhlrott (2009), S. 175.
[882] Vgl. Denison/Mishra (1995), S. 216.
[883] Vgl. Mathes/Zerfaß (2009), S. 101.
[884] Vgl. Pfannenberg/Frank (2007), S. 9.
[885] www.fortune.com/worlds-most-admired-companies/list [Stand: 17.08.2017].

schwierig. Die meisten Dienstleister, die einen Reputationsindex erstellen, berücksichtigen die umsatzstärksten (DAX-) Unternehmen eines Landes.[886] Ein solches Vorgehen eignet sich daher nicht für KMU, da diese nicht über einen hohen Bekanntheitsgrad verfügen, nicht zu den umsatzstärksten Unternehmen gehören und ebenfalls meistens nicht börsennotiert sind. Zur Messung der Reputation von KMU eignen sich eher Befragungen der Stakeholder innerhalb des regionalen Netzwerkes des Unternehmens. Außerdem weisen verschiedene KPIs auf eine gute Reputation hin:

- Die Intention, die Produkte des Unternehmens zu kaufen, liegt bei den Lesern der bereitgestellten Informationen um x % höher als bei den Nichtlesern.[887]
- Wie werten die Stakeholder, dass das Unternehmen ein CSR-Modell verfolgt, welches nach Schwartz/Carroll alle Dimensionen berücksichtigt?

Da die Reputation eng mit der CSR verbunden ist (vgl. Kap. 3.2.2, S. 116), ist es sinnvoll, zu betrachten, ob diese von den Stakeholdern wahrgenommen wird und sollte daher ebenfalls mittels eines KPIs abgefragt werden.

Der Outcome in Form des Umgangs mit den Anspruchsgruppen und den Reaktionen der Stakeholder kann im Selbstcheck mittels der qualitativen Fragen in Abb. 34 unternehmensintern bewertet werden.

Stakeholdermanagement

Ich kenne…

…alle Anspruchsgruppen meines Unternehmens.	☐
…die Informationsbedürfnisse meiner Stakeholder.	☐
…die Wertung meiner Informationen seitens der Stakeholder.	☐
…weitere potenziell benötigte Anspruchsgruppen meines U.	☐

Abb. 34: Anspruchsgruppen des Unternehmens[888]

[886] Vgl. Liehr/Peters/Zerfaß (2009), S. 159 ff.
[887] Vgl. Jossé/Koss (2013), S. 7.
[888] Eigene Darstellung in Anlehnung an Euler Hermes Kreditversicherungs-AG (2014), S. 10.

Besonders wichtig ist in diesem Zusammenhang, dass die Geschäftsführung und das Risk Governance Committee auch die potenziellen Anspruchsgruppen kennt und nicht nur auf Stakeholder fixiert ist, die bereits in einer Geschäftsbeziehung mit dem Unternehmen stehen.

Die Beantwortung der Fragen (Abb. 30 bis Abb. 34) bildet den Ausgangspunkt für die Ermittlung des Status quos im Unternehmen bezogen auf die Finanzkommunikation aus interner Sichtweise. Die Geschäftsführung kann vor der Einführung eines Veränderungsmanagements (vgl. Kap. 4.2.1) anhand des Selbstchecks die Lage des Unternehmens einschätzen. Möglich ist auch der Vergleich der Ergebnisse des Selbstchecks mit dem unternehmensextern wahrgenommenen Status quo, entsprechend dem Score für Online-Finanzkommunikation (vgl. Kap. 3.3.2.2, S. 154). Die Gegenüberstellung von Eigen- und Fremdbild gibt Hinweise für die Gestaltung der Risk Governance und der Finanzkommunikation, insbesondere für die Integration der Anspruchsgruppen.

Abschließend folgt auf der obersten Stufe des Kommunikations-Controllings, dem Outflow (vgl. Abb. 29), die Messung des betriebswirtschaftlichen Beitrags der Finanzkommunikation zu den Unternehmenszielen. Dabei muss es sich nicht um einen Betrag in Euro handeln (Marktorientierung), sondern es können auch andere Messgrößen mit verschiedenen Anspruchsgruppen das Ziel sein (Ressourcenorientierung). Ein Beispiel hierfür ist die Kundenzufriedenheit.[889] Um die betriebswirtschaftlichen Auswirkungen der Finanzkommunikation zu messen, eigenen sich Finanzkennzahlen wie Umsatz, EBIT oder Rating im Vergleich zu den Zahlen bevor die Finanzkommunikation genutzt wurde. Für die ressourcenorientierten Auswirkungen können die KPIs

- Kundenzufriedenheit,[890]
- Finanzierungsalternativen und
- Lieferantenkonditionen

gemessen werden.

Ähnlich wie bei börsennotierten Unternehmen, wo es schwierig ist, eine Kausalität zwischen den Veränderungen des Aktienkurses und den Aktivitäten von Investor Relations herzustellen,[891] können ebenfalls in KMU gemessene Erfolge nur schwer

[889] Vgl. Jossé/Koss (2013), S. 7 f.
[890] Vgl. Jossé/Koss (2013), S. 7.
[891] Vgl. Porák et al. (2007), S. 277 f.

eindeutig der Finanzkommunikation zugeordnet und von anderen Einflüssen getrennt werden. Wachsender Umsatz, eine gute Reputation und ein verbessertes Rating sind nicht unbedingt ausschließlich Erfolg einer integrierten Finanzkommunikation. Diese kann jedoch positiv auf die Finanzkennzahlen wirken.

Hinsichtlich der Umsetzung des Kommunikations-Controllings in KMU sollten zwei bis fünf KPIs pro Wirkungsebene betrachtet werden. Da das Risk Governance Committee, welches das Kommunikations-Controlling durchführen sollte, auch in andere Aufgaben eingebunden ist, sollte hier ebenfalls der Fit bezogen auf das Unternehmen berücksichtigt werden. Für Kleinstunternehmen und kleine Unternehmen genügen weniger KPIs als für größere mittelständische Unternehmen.

Die Etablierung der Risk Governance im Unternehmen ist ein langfristiger Prozess, sodass sich Wirkungen der Finanzkommunikation nur langsam oder mit großer Verzögerung einstellen und Kennzahlen und KPIs über einen längeren Zeitraum beobachtet werden müssen. Da die Entscheidung für oder gegen eine (proaktive) Publizität von Unternehmen jedoch oftmals auf Basis einer Kosten-Nutzen-Abwägung basiert,[892] wird im Folgenden eine Rentabilitätsrechnung für den Input der Kommunikation vorgenommen.

4.3.2 Kosten-Nutzen Rechnung für mittelständische Unternehmen

Betrachtet man den Input des Kommunikations-Controllings, sorgt insbesondere die Prinzipal-Agent-Problematik (vgl. Kap. 2.2.1) an verschiedenen Stellen für Agenturkosten. Bei der Zusammensetzung der Geschäftsführung mittelständischer Unternehmen entstehen Agenturkosten, insbesondere dann, wenn Eigentum und Leitung voneinander getrennt sind (vgl. Kap. 4.1.1, S. 161). Fallen Eigentum und Leitung auseinander, ist dies für das Unternehmen „teurer". Die im Rahmen der Corporate Governance diskutierten Agenturkosten fallen somit je nach Unternehmenstyp mehr oder weniger ins Gewicht.

Weitere Kosten durch Informationsasymmetrien kommen in der externen Unternehmenskommunikation hinzu. Prinzipal-Agent-Problematiken bestehen dort in vielerlei Kombinationen und bringen Agenturkosten mit sich. Es lassen sich drei Arten von Agenturkosten unterscheiden:

1. Signalisierungskosten,
2. Kontroll- und Überwachungskosten,

---

[892] Vgl. Blümle/Kreipl/Panzer (2013), S. 266.

3. Residualkosten.[893]

Da Finanzkommunikation unter anderem in den Bereich des Signalings eingeordnet wird (vgl. Kap. 2.3.1, S. 64), entstehen Agenturkosten durch die transparente Darstellung der finanziellen Lage des Unternehmens und den damit verbundenen Anstrengungen, Vertrauen aufzubauen. Die für das Signaling benötigte Ausgangslage wird durch die Einführung der Risk Governance geschaffen, wodurch ebenfalls verschiedene Kosten entstehen. Hierzu gehören Kosten für Know-How und IT, und weitere Kosten z. B. für die Veröffentlichung von umfangreichen Informationen im eBAnz oder für die Erstellung eines externen Ratings.

Die Kontroll- und Überwachungskosten entstehen dadurch, dass der Prinzipal versucht, sein Informationsdefizit zu beseitigen, indem er das Verhalten des Agenten beobachtet und zu kontrollieren versucht.[894] Das bedeutet, dass durch den durchgeführten Veränderungsprozess und die anschließende Aufrechterhaltung der Risk Governance Kosten, z. B. für das Risk Governance Committee, entstehen.

Die verbleibenden Residualkosten entstehen grundsätzlich, da die Beseitigung aller Prinzipal-Agent-Problematiken nicht möglich ist.

Die Agenturkosten setzen sich insgesamt aus *Opportunitätskosten*, also Alternativkosten durch nicht genutzte, aber vorhandene Möglichkeiten und „reale" Kosten, zusammen. In den Agenturkosten sind keine Kosten enthalten, die die Annahmen bezüglich der Prinzipal-Agent-Problematiken durchsetzen. Verhalten sich die bestimmten Akteure ex post anders als erwartet, sind in den Agenturkosten nicht explizit Kosten zur „Nachbesserung" inkludiert. Daher sind die Agenturkosten insgesamt nur ein Teil der Transaktionskosten.[895]

Die für diese Arbeit geeignetste Definition für **Transaktionskosten** wird von Picot gegeben. Dieser betrachtet das Unternehmen als ein Netzwerk aus Stakeholdern. Transaktionskosten sind dabei Kosten des „Produktionsfaktors Unternehmen" und entstehen durch Aufbau, Pflege, Kontrolle und Koordination von (Geschäfts-) Be-

[893] Vgl. Paul (2015), S. 50.
[894] Vgl. Jensen/Meckling (1976), S. 308.
[895] Vgl. Butzer-Strothmann (1999), S. 45.

ziehungen, intern wie auch extern. Unterschieden werden kann in diesem Zuge zwischen Anbahnungs-, Vereinbarungs-, Kontroll- und Anpassungskosten,[896] die Schnittmengen mit den Agenturkosten aufweisen.

Es fallen für die Etablierung der Finanzkommunikation durch Risk Governance unterschiedliche Kosten, gerade zu Beginn des Veränderungsmanagements, an. Dies entspricht den Anbahnungskosten. Die Kosten des Veränderungsmanagements lassen sich im Unternehmen messen und beinhalten vor allem Kosten für Know-How, IT und Personal. In diesem Zuge fallen auch Vereinbarungskosten, z. B. mit externen Beratern, an. Im Weiteren muss die Finanzkommunikation aufrecht erhalten, weitergegeben und an Veränderungen angepasst werden (Kontroll- und Anpassungskosten), bspw. wenn das Unternehmen stark wächst oder in neue Märkte eintritt und sich das Netzwerk somit verschiebt. In solchen Fällen kann es ggf. sogar nötig sein, einen erneuten Veränderungsprozess anzustoßen. Die Kosten für den „laufenden Betrieb", z. B. durch die Pflege des Unternehmensnetzwerkes in Form von Fahrtkosten,[897] und die ständige Rekontextualisierung sind deutlich schwerer abschätz- und messbar. Es muss also gerade am Anfang viel investiert werden. Grundsätzlich wird ein Veränderungsprozess jedoch angetreten, um Kosten zu senken.

Dem Mittel der Online-Kommunikation kommt bei der Betrachtung einer Kosten-Nutzen-Rechnung eine hervorgehobene Bedeutung zu. Auch wenn für dieses Kommunikationsmittel insbesondere in Know-How investiert werden muss, ist es deutlich kostengünstiger als andere Kommunikationsmittel, bspw. via Print oder TV.[898] Ebenfalls können die Informationen online leichter aktualisiert werden und erreichen mehr aktuelle und potenzielle Anspruchsgruppen.

Insgesamt lassen sich die Kosten für die Finanzkommunikation schwer greifen[899] und hängen wiederum stark von der Unternehmensgröße und -struktur sowie der Intensität der Finanzkommunikation ab. Es kann dabei jedoch angenommen werden, dass KMU durch Finanzkommunikation, relativ gesehen, einer größeren Kostenbelastung ausgesetzt sind als Großunternehmen.[900]

---

896 Vgl. Picot (1982), S. 270.
897 Vgl. Bösl (2004), S. 184.
898 Vgl. Bösl (2004), S. 66.
899 Vgl. Bösl (2004), S. 183.
900 Vgl. Blümle/Kreipl/Panzer (2013), S. 266.

Während die Kosten für Finanzkommunikation vor allem am Anfang des Prozesses entstehen, treten die Auswirkungen und Nutzen, sowohl positiv wie auch negativ,[901] mit einer deutlichen Zeitverzögerung ein, da der Vertrauensaufbau bei den Stakeholdern wie der Aufbau einer guten Reputation Zeit benötigt.[902] Wird zwischenzeitlich deutlich, dass die gewählten Prozesse nicht den angestrebten Outcome erzielen, sind weitere Anpassungen notwendig, die wiederum Zeitverzögerungen der Wirkungen mit sich bringen. Weiter lässt sich der Nutzen der ersten Ziele (Transparenz und verbesserte Geschäftsbeziehungen) der Finanzkommunikation nur schwer beziffern. Erst eine verbesserte Reputation, ein besseres Rating und mehr Finanzierungsalternativen machen sich im Umsatz bemerkbar. Dennoch weisen einige Studien einen signifikanten Einfluss des Beziehungsmanagements mit Stakeholdern auf die finanzielle Performance eines Unternehmens nach.[903]

Ein weiterer Nutzen ist ebenfalls schwer messbar, wird aber von Unternehmen und seinen Stakeholdern wahrgenommen. Durch Finanzkommunikation werden Unternehmen *krisenfester*. Die Risk Governance als Basis ermöglicht es, dass frühzeitig auf Veränderungen in der Umwelt des Unternehmens reagiert werden kann und das Unternehmen agiler wird. Dies wird unterstützt durch die Finanzkommunikation, die eine hohe interne Transparenz schafft, sodass alle Mitarbeiter verstärkt an der Erfüllung der Unternehmensziele arbeiten und „an einem Strang ziehen".

Unter der Annahme, dass Unternehmenskrisen durch Krisen mit Stakeholdern entstehen, bspw. durch mangelnde und ungleich verteilte Kommunikation mit Stakeholdern, die zu unüberwindbaren Interessenkonflikten auf der Machtebene (vgl. Kap. 2.1.4, S. 30) führen,[904] hilft Finanzkommunikation mit externen Stakeholdern ein starkes Vertrauensverhältnis aufzubauen, sodass Geschäftsbeziehungen in Form einer Allianz entstehen. Diese werden auch in wirtschaftlich schwierigen Situationen beibehalten.

Ein Anhaltspunkt dafür, dass Finanzkommunikation Unternehmen krisenfester macht, ist, dass Finanzkommunikation während der Finanz- und Wirtschaftskrise beginnend im Jahr 2007 verstärkt von Unternehmen wahrgenommen wurde. Dies

---

901 Kurzfristig kann es zu negativen Auswirkungen kommen, die weitere Kosten verursachen. Die Transparenz des Unternehmens kann dazu führen, dass Wettbewerbsvorteile kurzfristig verringert werden und Marktanteile gegenüber Mitbewerbern verloren gehen. Ebenfalls kann das Jahresabschlussergebnis durch die Veränderung in den ersten Perioden nach Einführung des Veränderungsmanagements schwanken, vgl. Blümle/Kreipl/Panzer (2013), S. 266.

902 Vgl. Schwalbach (2000), S. 285.

903 Vgl. Berman et al. (1999), S. 501.

904 Vgl. Lintemeier (2014), S. 60 f.

ist erkennbar durch die bei Google getätigten Suchanfragen unter dem Begriff „Finanzkommunikation“. In den Jahren 2007 bis 2009 lag die Beliebtheit des Suchbegriffs monatlich bei 51 im Durchschnitt. Im Gegensatz dazu war die Beliebtheit in den Jahren 2013 bis 2015 bei 25. [905] [906] Weiter wurden die meisten Suchanfragen in Hamburg (Beliebtheit von 100) und Nordrhein-Westfalen (Beliebtheit bei 38) im Zeitraum von Mai 2007 bis Mai 2017 getätigt.[907] In diesen beiden Bundesländern können neben Berlin auch die meisten Unternehmensinsolvenzen verzeichnet werden.[908]

Weiter konnte auch in Umfragen und Studien bestätigt werden, dass Unternehmen mit einer etablierten, umfangreichen Finanzkommunikation die Krise besser überstanden haben. Solche Unternehmen hatten nachweislich auch in Krisenzeiten Zugang zu Krediten[909] und konnten mit mehr Sicherheit bezüglich der Finanzierungssituation des Unternehmens rechnen[910] sowie ihr Rating beibehalten.

4.3.3 Wertung und Perspektiven einer etablierten Finanzkommunikation in KMU

Für börsennotierte Unternehmen gehören Investor Relations zur Pflicht. Bei KMU sind ähnliche Strukturen Kür und werden äußerst skeptisch gesehen. Die internen Strukturen und die Finanzierungssituation des Unternehmens werden nur ungern veröffentlicht, da diese Informationen auch die Mitbewerber sehen (vgl. Kap 3.1.3, S. 109), die von den Informationen profitieren und Marktanteile übernehmen könnten.

Viele Bedingungen auf den internationalen Märkten haben sich jedoch in den vergangenen Jahren geändert, denen sich die Geschäftsführung mittelständischer Unternehmen und deren Nachfolger widmen müssen. Märkte sind offener und flexibler, Krisen verbreiten sich schneller und globaler als noch vor 30 Jahren. Gerade die letzte Finanzkrise hat umfangreiche Reformen für Kreditinstitute nach sich gezogen, die die Strukturen im Bereich der Finanzierung verschoben haben. Kredit-

[905] Vgl. Google Trends (2017).
[906] Gemessen an der höchsten Beliebtheit des Suchbegriffs (dies entspricht einem Wert von 100) für den Zeitraum vom 01.01.2007–14.05.2015. 0-Werte wurden linear interpoliert.
[907] Vgl. Google Trends (2017).
[908] Vgl. Creditreform Wirtschaftsforschung (2017a), S. 9.
[909] Vgl. Paul/Prystav/Stein (2011), S. 762.
[910] Vgl. Euler Hermes Kreditversicherungs-AG (2013), S. 9.

anfragen, auch bei der eigenen Hausbank, werden umfangreicher geprüft und Kreditlinien verknappt. Auch Eigenkapitalgeber verlangen mehr Sicherheiten und eine umfassendere Transparenz als vor der Krise.

Auch der Wettbewerb erreicht eine nie dagewesene Dynamik, durch den Online-Handel über Ländergrenzen hinweg. Dies führt dazu, dass Stakeholder informierter sind und höhere Ansprüche an das Netzwerk, in welchem sie agieren, stellen. Weiter treten verstärkt Ansprüche an Nachhaltigkeit und ethisch-moralisch korrektes Verhalten in den Vordergrund, sodass Geschäftsbeziehungen auf eine andere Ebene rücken. Z. B. basieren Kaufentscheidungen nicht mehr nur allein auf dem Preis.

Diese Umweltveränderungen wurden in vielerlei Form in standardisierte Normen und Gesetze übernommen, die jedoch nur für (börsennotierte) Großunternehmen verpflichtend sind. Mittelständische Unternehmen sind größtenteils, auch im Bereich der CSR, zu keinerlei Umsetzung von Maßnahmen verpflichtet. Die Orientierung an den Großen, um dem Wettbewerb standzuhalten und an der Globalisierung und Dynamik der Märkte teilzuhaben, schreitet jedoch voran.

Die Etablierung der Risk Governance bietet eine effektive Möglichkeit für KMU, sich den Herausforderungen zu stellen. Die Unternehmenskultur transparent zu machen und mittels der Vereinigung von Geschäftsführung und Führungskräften verschiedener Bereiche ein Kontroll- und Überwachungsgremium zu gestalten, erhöht die Flexibilität und Reagibilität von KMU weiter. Mittels einer Stakeholder-Analyse kann auf die sich ändernden Erwartungen und Ansprüche der Akteure im Unternehmensnetzwerk gezielt eingegangen werden. Mittels der Finanzkommunikation werden die Anspruchsgruppen angesprochen und Ziele verwirklicht, die das Unternehmen stabil und krisenfest machen. Dieses Mittel der Finanzkommunikation haben erste KMU bereits erkannt und treten als „Best-Practice-Beispiele“ eine Vorreiter-Rolle an. Sie treten als Befürworter der Finanzkommunikation auf und können als Multiplikatoren Einfluss auf ihre Stakeholder, bspw. Kunden und Lieferanten, nehmen.[911]

Die Vorteile der Implementierung eines solchen Prozesses sind naheliegend und konnten mittels zahlreicher Studien belegt werden. Der Gewinn liegt vor allem in der Verankerung der Transparenz in der Unternehmenskultur und der Entwicklung zu einem lernenden Unternehmen (vgl. Kap. 4.2.1, S. 199).

---

911 Vgl. Paul/Prystav/Stein (2011), S. 762.

Die zwei Hürden, die von der Geschäftsführung in KMU überwunden werden müssen um die Finanzkommunikation zu leben, sind die Skepsis gegenüber Transparenz und Dynamik sowie genügend Zeit. Der Vertrauensaufbau zu Anspruchsgruppen erfolgt nicht in kurzer Zeit, weshalb auch die Wirkungen und der Nutzen der Finanzkommunikation mit einer deutlichen Zeitverzögerung zu erwarten sind. Einmal angestoßen, wirkt Finanzkommunikation jedoch wie ein Schwungrad.[912] Nach einer anfänglichen Anlaufphase wirkt diese sehr stark auf das Unternehmen, sein Netzwerk und seine Umwelt.

[912] Vgl. Euler Hermes Kreditversicherungs-AG (2013), S. 5.

5 Schlussbetrachtung

5.1 Zusammenfassung

Globalisierung und Digitalisierung[913] sind die wirtschaftlichen Trends des Jahrzehnts und bringen eine nationale und internationale Vernetzung mit sich, die ihresgleichen sucht. Durch das World Wide Web und das Social Web verbreiten sich Informationen rasant und sorgen für interessierte und informierte Anspruchsgruppen. Dies macht die Notwendigkeit eines Beziehungsmanagements von Unternehmen deutlich. Abgeleitet aus der Ressourcentheorie, nach der Unternehmen Kooperationen eingehen müssen um benötigte Ressourcen wie Kapital, Personal und Know-How zu erlangen,[914] werden Beziehungen gestaltet. Angestrebt werden dabei besonders langfristige, gegenseitig stark verpflichtende Geschäftsbeziehungen.

Die Analyse der Anspruchsgruppen und deren Anforderungen ist für Unternehmen von zunehmender Bedeutung. Primäre bzw. dominante und definitive Stakeholder, wie Mitarbeiter, Kunden, Lieferanten und Kapitalgeber stehen für alle Unternehmen im Vordergrund. Bei der Gestaltung der Verbindungen im unternehmerischen Netzwerk, treten Informationsasymmetrien auf, die minimiert werden müssen. Dafür kann die Unternehmenskommunikation genutzt werden, deren verschiedene Varianten jeweils unterschiedliche Stakeholder ansprechen. Für börsennotierte (Groß)-Unternehmen haben sich in Theorie und Praxis etliche Maßnahmen und Instrumente in der Unternehmenskommunikation etabliert. Besonders die Kommunikation mit der financial community im Rahmen von Investor Relations weist ein großes Fachgebiet auf. Auch gesetzlich sind börsennotierte Unternehmen zu einer umfangreichen Offenlegung und Kommunikation verpflichtet.

Im Schatten und vor allem im Netzwerk dieser Unternehmen stehen mittelständische Unternehmen, für die zwar nicht die Gesetzgebung gilt, die aber dennoch von den gestiegenen Anforderungen erreicht werden. Für sie stellen die Ansprüche der Stakeholder und die schnelle Verbreitung von Informationen eine große Herausforderung dar. In Deutschland sind 99,6 % aller Unternehmen KMU, in denen fast 60 % der sozialversicherungsbeschäftigten Arbeitnehmer tätig sind.[915]

Hinsichtlich der gesetzlichen Publizitäts- und Offenlegungspflichten nutzen KMU aufgrund ihrer Unternehmensgröße und fehlenden Kapitalmarktorientierung die

913 Vgl. Wegmann (2006), S. 3.
914 Vgl. Schreyögg/Geiger (2016), S. 243.
915 Vgl. IfM Bonn (2015).

Ausnahmen und Erleichterungen der Gesetzgebung, sodass nur wenige Informationen verfügbar sind. Auch wenn der mittelständische Unternehmenssektor sehr heterogen ist,[916] treffen jedoch einige Charakteristika auf viele KMU zu. Dazu gehören geringe personelle und finanzielle Ressourcen, eine verschwiegene Unternehmenskultur[917] und eine hohe Abhängigkeit von dem Geschäftsführer und oft auch Eigentümer des Unternehmens sowie vom regionalen Netzwerk, in dem sich das Unternehmen befindet. Möchten sich KMU den Herausforderungen stellen, müssen sie ihre verschwiegene Unternehmenskultur ändern und langfristig Beziehungen in ihrem Netzwerk stärken.

Dies geschieht mittels Finanzkommunikation, die ihre Wurzeln im Beziehungsmanagement findet und im Unternehmen als integrierte Kommunikation einen Teil der Unternehmenskommunikation darstellt. Entstanden aus der Ressourcentheorie kann mit Finanzkommunikation der Kooperationsansatz verfolgt und Prinzipal-Agent-Problematiken zwischen verschiedenen Anspruchsgruppen reduziert werden. Die mit der Finanzkommunikation angesprochenen Anspruchsgruppen umfassen alle zentralen Stakeholder des Unternehmens, die von der individuellen Wertkette des Unternehmens abgeleitet werden können. Da sowohl Mitarbeiter wie auch Kunden und Lieferanten Interesse an langfristigen Geschäftsbeziehungen haben, erwarten sie nachhaltiges Wirtschaften und ein finanziell stabil aufgestelltes Unternehmen.

Finanzkommunikation ist gerade nach der Finanz- und Wirtschaftskrise notwendig, um den gestiegenen Anforderungen an Kreditfinanzierungen nachzukommen und Reputationsverlusten vorzubeugen. Durch eine verstärkte Regulierung der Kreditinstitute nach der Krise, die umfassende Bonitätsprüfungen vor Kreditvergaben und mehr Sicherheiten verlangt, müssen vor allem KMU mehr Informationen herausgeben, um Kreditfinanzierungen durchführen zu können. Hierzu gehört auch das Rating des Unternehmens. Besonders interne Ratings, die im Kreditvergabeprozess eine große Rolle spielen,[918] aber auch externe Ratings sind für KMU relevant. Ist ein externes Rating vorhanden, verfügt das Unternehmen meist über eine gute Bonität. Rating und weitere Finanzkennzahlen als hard facts[919] eigenen sich somit im Besonderen für die Finanzkommunikation und werden durch soft facts zu Strategie und Zukunftsperspektiven des Unternehmens ergänzt.

---

[916] Vgl. Wegmann (2006), S. 5.
[917] Vgl. Mey/Schnier (2013), S. 237.
[918] Vgl. Langen (2015), S. 180.
[919] Vgl. Hofmann/Schmolz (2014), S. 52 f.

Als ein weiteres Mittel für die Finanzkommunikation, kann auch ein Bonitätszertifikat dienen. Dies wurde als Ausgangspunkt gewählt, um den aktuellen Stand von Finanzkommunikation in KMU zu verdeutlichen. Aus bisherigen Studien wird ersichtlich, dass KMU nur wenig freiwillig und proaktiv veröffentlichen.[920] Ebenfalls wird eine umfangreiche Finanzkommunikation nur von wenigen Unternehmen vorgenommen, die als Best-Practice-Beispiele in der Unternehmenslandschaft fungieren. Die empirische Auswertung ergab, dass auch Unternehmen, die die Wichtigkeit von Finanzkommunikation scheinbar erkannt und ein Bonitätszertifikat erlangt haben, dies anschließend kaum für die Kommunikation mit externen Stakeholdern nutzen und auch online nur mäßig präsent sind. Die Hauptgründe dafür sind die mittelstandspezifischen Eigenschaften begrenzter personeller und finanzieller Ressourcen und die verschwiegene Unternehmenskultur.

Um eine zeitgemäße Unternehmensführung zu gestalten und den gestiegenen Anforderungen, insbesondere durch die Stakeholder, nachzukommen, müssen Unternehmen transparenter, dynamischer und agiler gestaltet werden. Dies gelingt mittels der Risk Governance, die mit Hilfe eines Veränderungsmanagements im Unternehmen etabliert werden kann. Die Philosophie der Risk Governance durchdringt das gesamte Unternehmen und berücksichtigt dabei die Interessen aller Stakeholder.[921] Sie harmonisiert die Unternehmensführung, bei der im Mittelstand neben dem geschäftlichen oft auch familiäre Anreize eine Rolle spielen und wirkt wie ein Radar für Risiken.[922] Auf dieser Basis aufbauend, wird das Unternehmen lernend gestaltet und als Grundkonstrukt für Finanzkommunikation genutzt.

Operativ umgesetzt werden kann dies durch ein Risk Governance Committee, welches aus Führungskräften unterschiedlicher Abteilungen des Unternehmens zusammengesetzt ist. Je nach Unternehmensgröße und Geschäftsmodell können auch externe Personen aus dem Unternehmensnetzwerk das Committee ergänzen. Die Finanzkommunikation liegt in der Verantwortung der Geschäftsführung und des Comittees und wird von allen Mitarbeitern zusammen mit den Stakeholdern gestaltet.

Die Umsetzung von Finanzkommunikation erfolgt vor allem online, da die Online-Kommunikation viele Stakeholder erreicht und zugleich kostengünstiger als z. B.

---

920 Vgl. Blümle/Kreipl/Panzer (2013), S. 271.
921 Vgl. RiskNET Online (2017b).
922 Vgl. Stein/Wiedemann (2017b), S. 64 f.

der Postversand von Geschäftsberichten ist. Die Online-Kommunikation muss jedoch strategisch geplant und Know-How aus dem Netzwerk genutzt werden, um Cyberrisiken zu minimieren.

Die positiven Wirkungen einer guten Finanzkommunikation wurden anhand der Best-Practice-Beispiele aus den vergangenen Jahren dokumentiert. Eine quantitative Maßzahl, z. B. in Form des Aktienkurses wie bei börsennotierten Unternehmen, konnte nicht festgestellt werden, stattdessen fanden Befragungen mittelständischer Unternehmen und z. T. deren Kapitalgeber statt. Positive Effekte einer etablierten Finanzkommunikation sind eine verbesserte interne Steuerung und ein krisenfestes Unternehmen, das auch in schwierigen Marktsituationen sein Rating beibehält und auf Kredite[923] sowie Finanzierungsalternativen zugreifen kann. Die Kosten demgegenüber sind überschaubar, wenn auch Finanzkommunikation in der Umsetzung Zeit braucht, da der Vertrauensaufbau bei Mitarbeitern und externen Stakeholdern nicht direkt erfolgt und die Wirkungen verzögert eintreten. Mittels eines qualitativen Fragenkatalogs lässt sich der aktuelle Stand und die Wirkungen der Finanzkommunikation im Unternehmen[924] durch die Geschäftsführung und das Risk Governance Committee ermitteln. Ebenfalls können KPIs für die Dokumentation und den Nutzen der Finanzkommunikation genutzt werden.

---

923 Vgl. Paul/Prystav/Stein (2011), S. 762.
924 Vgl. Paul/Stein (2013), S. 147 ff.

5.2 Implikationen und Ausblick

Die Anforderungen nach Transparenz, einer proaktiven Risikosteuerung und nachhaltigem Wirtschaften treffen alle Unternehmen. Umfangreiche Schriften und Aufsätze sowie gesetzliche Vorgaben existieren jedoch fast ausschließlich für börsennotierte Unternehmen. Für KMU ist die Erfüllung der Anforderungen noch essentieller, da die Auswirkungen bei Nichtberücksichtigung existenzgefährdend sein können. Die speziellen Charakteristika und die Heterogenität des Mittelstands sorgen dafür, dass Theorien und Ergebnisse für börsennotierte Unternehmen nicht unmittelbar auf KMU übertragen werden können.[925] Eine Anpassung kann jedoch erfolgen, indem Modelle und Methoden mittels eines geeigneten Fits an die Unternehmensgröße und -struktur angepasst werden.

Mittels Finanzkommunikation, die durch die Philosophie der Risk Governance im Unternehmen etabliert wird, kann ein ganzheitlicher Ansatz gefunden werden, der den gestiegenen Anforderungen der Umwelt und der Stakeholder gerecht wird und für jede Unternehmensgröße anwendbar ist. Risk Governance mit integrierter Finanzkommunikation ermöglicht eine moderne Unternehmensführung, die dynamisch, proaktiv und flexibel agiert, und verschiedene Teildisziplinen nicht mehr als eigenständige Konstrukte sondern deren Verbindung sieht. Risk Governance bildet die Brücke zwischen Corporate Governance und Risikomanagement und berücksichtigt zudem eine Good Corporate Governance in Abstimmung mit den Stakeholdern. Finanzkommunikation wird aus den verschiedenen Teilgebieten der Unternehmenskommunikation zusammengesetzt und kann daher alle für das Unternehmen relevanten Anspruchsgruppen ansprechen und wirkt daher globaler.

Mittelständische Unternehmen, die den Wandel von einer verschwiegenen Unternehmenskultur zu einem lernenden und dynamisch proaktiv ausgerichteten Unternehmen vollziehen stärken ihre inneren Strukturen wie auch die Beziehungen im Unternehmensnetzwerk. Dies festigt ihre Wettbewerbsposition und macht sie krisenfester. Die Wirkung von Finanzkommunikation kann mit einem Schwungrad verglichen werden, welches langsam anläuft, aber dann sehr stark wirkt.[926] Dies kann bereits mittels weniger Beispiele aus der Praxis dokumentiert werden, die in der Unternehmenslandschaft bisher wie „Leuchttürme“ stehen.

---

[925] Vgl. Paul/Prystav/Stein (2011), S. 747.
[926] Vgl. Euler Hermes Kreditversicherungs-AG (2013), S. 5.

Für Theorie und Praxis folgen daher zahlreiche Implikationen, die in den Vordergrund der Betrachtung treten. Sowohl die Betrachtung des Netzwerk- und Beziehungsmanagements als auch die Gestaltung der Risk Governance und Finanzkommunikation speziell für KMU bieten großes Potenzial für umfangreiche Forschungsarbeit. Gerade mittelständische Unternehmen benötigen je nach Unternehmenscharakteristika spezifische Modelle und Methoden. In Zusammenarbeit mit Unternehmen können außerdem Langzeitstudien zur Wirkungsweise von Risk Governance und Finanzkommunikation aufschlussreiche Impulse für die weitere Forschung geben.

Diese Dissertation bietet zusammen mit den wenigen Aufsätzen und Büchern zur Finanzkommunikation erst den Anfang zur Gestaltung transparenter und dynamischer Unternehmen, und besonders nicht börsennotierter Unternehmen. Besonders die für mittelständische Unternehmen zutreffenden Charakteristika und deren Zusammenwirken mit den Anforderungen der Stakeholder müssen ausführlich beobachtet werden, um den richtigen Fit für Modelle und Methoden zu finden. Dies stellt die qualitative Abgrenzung und Selektion mittelständischer Unternehmen für zukünftige Ansätze in den Vordergrund.

Ein noch komplexeres Konstrukt ergibt sich außerdem durch internationale Kooperationen und Ausweitung des Netzwerkes in andere Länder. Besonders erwähnenswert für KMU sind China und weitere Entwicklungsländer, zu denen bereits zahlreiche Verbindungen bestehen und die im Zuge der Globalisierung eine große Rolle spielen.[927] Dies bietet weitere Ansätze für die Forschung im Bereich des Beziehungsmanagements und Herausforderungen für die Praxis,[928] da Rahmenbedingungen komplexer und globaler und die Transparenz somit noch schwieriger wird.

Die bisher nur vereinzelt zu findenden Best-Practice-Beispiele, die eine umfangreiche Finanzkommunikation implementiert haben, wirken wie Multiplikatoren auf andere Teilnehmer im Unternehmensnetzwerk. Um jedoch den Netzwerkansatz vollständig nutzen zu können, müssen mehr mittelständische Unternehmen die Philosophie der Risk Governance nutzen und eine Finanzkommunikation integrieren. Dies wird unterstützt durch eine enge Zusammenarbeit zwischen Wissenschaft und Praxis. Im Zuge der immer mehr verschwimmenden Grenzen in der Theorie, wie z.

---

927 Vgl. Waidelich (2015), S. 318.

928 Z. B. gibt kein Portal zur Einsicht von Finanzinformationen ähnlich dem eBAnz in Deutschland. Über das European Business Register (https://ebr.bundesanzeiger-datenservice.de/index.php?id=184 [12.10.2017]) können zwar Daten abgerufen werden, sind aber kostenpflichtig.

B. der Varianten der Unternehmenskommunikation,[929] und dem verstärkten Denken in Netzwerken, werden Ansätze wie die Philosophie der Risk Governance jedoch selbstverständlicher.

Unterstützt werden diese Ansätze durch das Auftreten ökonomischer, politischer und weiterer externer Ereignisse, wie z. B. dem Brexit[930] im Jahr 2016. Die Gestaltung eines dynamischen und flexiblen, sowie lernenden Unternehmens wird daher auch in Zukunft ein wichtiger Themenbereich in der Unternehmensgestaltung und -führung sein, in dem Risk Governance und Finanzkommunikation unverzichtbar sind.

---

929 Vgl. Gonser/Rußmann (2017b), S. 5 f.

930 Austritt von Großbritannien aus der Europäischen Union und damit verbundene ökonomische Implikationen, wie der Einfluss auf Wechselkurse zum britischen Pfund.

Literaturverzeichnis

ACAR, EMRAH/GÖÇ, YASEMIN (2011): Prediction of Risk Perception by Owners' Psychological Traits in Small Building Contractors, in: *Construction Management and Economics*, Jg. 29, Nr. 8, S. 841-852.

AERNI, MARKUS/BRUHN, MANFRED (2012): Integrierte Kommunikation, 2. Auflage, Zürich.

ALPARSLAN, ADEM (2006): Strukturalistische Prinzipal-Agent-Theorie. Eine Reformulierung der Hidden-Action-Modelle aus der Perspektive des Strukturalismus, Wiesbaden.

BAETGE, JÖRG/JERSCHENSKY, ANDREAS (1999): Frühwarnsysteme als Instrumente eines effizienten Risikomanagement und -Controlling, in: *Controlling*, Jg. 11, Nr. 4/5, S. 171-176.

BAETGE, JÖRG/SCHEWE, GERHARD/SCHULZ, ROLAND/SOLMECKE, HENRIK (2007): Unternehmenskultur und Unternehmenserfolg. Stand der empirischen Forschung und Konsequenzen für die Entwicklung eines Messkonzeptes, in: *Journal für Betriebswirtschaft*, Jg. 57, Nr. 3-4, S. 183-219.

BAFIN (2012): MaRisk. Rundschreiben 10/2012 (BA), URL: https://www.bafin.de/SharedDocs/Veroeffentlichungen/DE/Rundschreiben/rs_1210_marisk_ba.html [Stand: 11.08.2017].

BAFIN (2017): Übersicht der deutschen IRB-Ansatz-Institute, URL: https://www.bafin.de/SharedDocs/Downloads/DE/Eigenmittel_BA/dl_irba_institute_ba.pdf?__blob=publicationFile&v=4 [Stand: 11.07.2017].

BAMBERGER, INGOLF/WRONA, THOMAS (1996): Der Ressourcenansatz und seine Bedeutung für die strategische Unternehmensführung, in: *Schmalenbachs Zeitschrift für betriebswirtschaftliche Forschung*, Jg. 48, Nr. 2, S. 130-153.

BASEL COMMITTEE ON BANKING SUPERVISION (2003): Consultative Document. Overview of the New Basel Capital Accord, Basel.

BASEL COMMITTEE ON BANKING SUPERVISION (2004): International Convergence of Capital Measurement and Capital Standards. A Revised Framework, Basel.

BASEL COMMITTEE ON BANKING SUPERVISION (2006): International Convergence of Capital Measurement and Capital Standards. A Revised Framework – Comprehensive Version, Basel.

BASEL COMMITTEE ON BANKING SUPERVISION (Hrsg.) (2015): Second Consultative Document. Revisions to the Standardised Approach for Credit Risk, Basel.

BASLER AUSSCHUSS FÜR BANKENAUFSICHT (2010a): Basel III: Ein globaler Regulierungsrahmen für widerstandsfähigere Banken und Bankensysteme, Basel.

BASLER AUSSCHUSS FÜR BANKENAUFSICHT (2010b): Basel III: Internationale Rahmenvereinbarung über Messung, Standards und Überwachung in Bezug auf das Liquiditätsrisiko, Basel.

BASLER AUSSCHUSS FÜR BANKENAUFSICHT (2014): Basel III: Rahmenregelung für die Höchstverschuldungsquote und Offenlegungsanforderungen, Basel.

BASSEN, ALEXANDER/JASTRAM, SARAH/MEYER, KATRIN (2005): Corporate Social Responsibility: eine Begriffserläuterung, in: *Zeitschrift für Wirtschafts- und Unternehmensethik*, Jg. 6, Nr. 2, S. 231-236.

BAYRISCHE LANDESBANK (2013): Finanzkommunikation lohnt sich, URL: http://mittelpunkt.bayernlb.de/ausgaben/archiv/2013/0413_finanzkommunikation/schwerpunkt_finanzkommunikation/finanzkommunikation_lohnt_sich/ [Stand: 25.10.2016].

BECKER, WOLFGANG/FISCHER, STEFAN/STAFFEL, MICHAELA/ULRICH, PATRICK (2007): Erwartungen von Hochschulabsolventen an potentielle Arbeitgeber. Ergebnisbericht einer empirischen Untersuchung, Bamberg.

BECKER, WOLFGANG/FISCHER, STEFAN/STAFFEL, MICHAELA/ULRICH, PATRICK (2008): Implementierungsstand von Unternehmensführung und Controlling in mittelständischen Unternehmen. Ergebnisbericht einer empirischen Untersuchung, Bamberg.

BECKER, WOLFGANG/KRÄMER, JOHANNES/STAFFEL, MICHAELA/ULRICH, PATRICK (2011): Organisation des CFO-Bereichs im Mittelstand, Bamberg.

BECKER, WOLFGANG/ULRICH, PATRICK (2008): Corporate Governance in mittelständischen Unternehmen. Ein Bezugsrahmen, in: *Zeitschrift für Corporate Governance*, Jg. 3, Nr. 6, S. 261-267.

BECKER, WOLFGANG/ULRICH, PATRICK (2009): Mittelstand, KMU und Familienunternehmen in der Betriebswirtschaftslehre, in: *Wirtschaftswissenschaftliches Studium*, Jg. 38, Nr. 1, S. 2-7.

BECKER, WOLFGANG/ULRICH, PATRICK (2010): Corporate Governance und Controlling – Begriffe und Wechselwirkungen, in: KEUPER, FRANK; NEUMANN, FRITZ (Hrsg.), Corporate Governance, Risk Management und Compliance, Wiesbaden, S. 3-28.

BECKER, WOLFGANG/ULRICH, PATRICK/BALTZER, BJÖRN (2009): Wie stehen mittelständische Unternehmen zur Corporate Governance? Aktuelle empirische Erkenntnisse, in: *Zeitschrift für Corporate Governance*, Jg. 4, Nr. 1, S. 5-12.

BECKER, WOLFGANG/ULRICH, PATRICK/BOTZKOWSKI, TIM (2015): Finanzierung im Mittelstand, Wiesbaden.

BEHAM, FRANK (2015): Corporate Shitstorm Management. Konfrontationen im Social Web professionell managen, Wiesbaden.

BEHRINGER, STEFAN/MEYER, KATRIN (2015): Compliance im Mittelstand Whistleblowing als Instrument zur Prävention und Detektion, in: *Zeitschrift für Risk, Fraud & Compliance*, Nr. 3, S. 113-118.

BERG, TOBIAS/UZIK, MARTIN (2011): Auswirkungsstudie Basel III. Die Folgen für den deutschen Mittelstand, URL: https://www.bvmw.de/fileadmin/download/Bund/basel_III_studie.pdf [Stand: 30.08.2017].

BERGER, ALLEN N./UDELL, GREGORY F. (1995): Relationship Lending and Lines of Credit in Small Firm Finance, in: *The Journal of Business*, Jg. 68, Nr. 3, S. 351-381.

BERMAN, SHAWN L./WICKS, ANDREW C./KOTHA, SURESH/JONES, THOMAS M. (1999): Does Stakeholder Orientation Matter? The Relationship between Stakeholder Management Models and Firm Financial Performance, in: *The Academy of Management Journal*, Jg. 42, Nr. 5, S. 488-506.

BISCHL, KATRIN (2000): Die Mitarbeiterzeitung. Kommunikative Strategien der positiven Selbstdarstellung von Unternehmen, Wiesbaden.

BLANC ALQUIER, ANNE-MARIE/LAGASSE TIGNOL, MARIE-HÉLÈNE (2006): Risk Management in Small- and Medium-Sized Enterprises, in: *Production Planning & Control*, Jg. 17, Nr. 3, S. 273-282.

BLANK, STEVE/DORF, BOB (2012): The Startup Owner's Manual. The Step-by-Step Guide for Building a Great Company, Pescadero.

BLOCK, JÖRN H./MORITZ, ALEXANDRA (2015): Corporate Social Responsibility im Mittelstand: theoretische Überlegungen und empirische Evidenz, in: FAHRENSCHON, GEORG; KIRCHHOFF, ARNDT GÜNTER; SIMMERT, DIETHARD B. (Hrsg.), Mittelstand-Motor und Zukunft der deutschen Wirtschaft, Wiesbaden, S. 145-159.

BLÜMLE, CHRISTIAN/KREIPL, MARKUS/PANZER, LENA (2013): Kommunikationsverhalten kleiner und mittlerer Unternehmen nach der Revision des Handelsrechts, in: MEYER, JÖRN-AXEL (Hrsg.), Kommunikation kleiner und mittlerer Unternehmen, Lohmar, S. 263-283.

BOLWIN, BORIS/FRANK, RALF (2009): Erfolgsmessung der Finanzkommunikation: Inhalte und Perzeption, in: PFANNENBERG, JÖRG; ZERFAß, ANSGAR (Hrsg.), Wertschöpfung durch Kommunikation, Frankfurt am Main, S. 181-193.

BORNHEIM, STEFAN P./HERBECK, THOMAS H. (1998): A Research Note on the Theory of SME – Bank Relationships, in: *Small Business Economics*, Jg. 10, Nr. 4, S. 327-331.

BÖSCH, MARTIN (2016): Finanzwirtschaft: Investition, Finanzierung, Finanzmärkte und Steuerung, 3. Auflage, München.

BÖSL, KONRAD (2004): Praxis des Börsengangs. Ein Leitfaden für mittelständische Unternehmen, Wiesbaden.

BOWEN, HOWARD R./JOHNSON, F. ERNEST (1953): Social Responsibilities of the Businessman, New York.

BRAUWEILER, HANS CHRISTIAN (2015): Risikomanagement in Unternehmen. Ein grundlegender Überblick für die Management-Praxis, Wiesbaden.

BROICHER, PETER (2008): Geleitwort, in: KEUPER, FRANK; VOCELKA, ALEXANDER; HÄFNER, MICHAEL (Hrsg.), Die moderne Finanzfunktion, Wiesbaden, S. V.

BRUHN, MANFRED (2014): Unternehmens- und Marketingkommunikation: Handbuch für ein integriertes Kommunikationsmanagement, 3. Auflage, München.

BRUHN, MANFRED (2015): Kommunikationspolitik. Systematischer Einsatz der Kommunikation für Unternehmen, 8. Auflage, München.

BRUHN, MANFRED (2016a): Marketing. Grundlagen für Studium und Praxis, 13. Auflage, Wiesbaden.

BRUHN, MANFRED (2016b): Relationship Marketing. Das Management von Kundenbeziehungen, 5. Auflage, München.

BUNDESANZEIGER (2016): Allgemeine Geschäftsbedingungen und Preise, URL: https://publikations-plattform.de/sp/wexsservlet?session.sessionid=30574fe0225ee86b423764ffa42434a4_84fd&page.navid=to_agb&global_data.designmode=pp [Stand: 14.03.2017].

BUNDESVERBAND DEUTSCHER BANKEN E.V. (2013): Basel III – die Folgen für den Mittelstand, 2. Auflage, Berlin.

BUß, EUGEN (2012): Managementsoziologie. Grundlagen, Praxiskonzepte, Fallstudien, 3. Auflage, München.

BUTZER-STROTHMANN, KRISTIN (1999): Krisen in Geschäftsbeziehungen, Wiesbaden.

CAERS, RALF/DU BOIS, CINDY/JEGERS, MARC/GIETER, SARA DE/SCHEPERS, CATHERINE/PEPERMANS, ROLAND (2006): Principal-Agent Relationships on the Stewardship-Agency Axis, in: *Nonprofit Management and Leadership*, Jg. 17, Nr. 1, S. 25-47.

CALDER, ALAN (2008): Corporate Governance. A Practical Guide to the Legal Frameworks and International Codes of Practice, London, Philadelphia.

CHEN, SHUPING/CHEN, XIA/CHENG, QIANG/SHEVLIN, TERRY (2010): Are Family Firms More Tax Aggressive Than Non-Family Firms?, in: *Journal of financial economics*, Jg. 95, Nr. 1, S. 41-61.

CLARKSON, MAX B. E. (1994): A Risk Based Model of Stakeholder Theory, in: *Proceedings of the Second Toronto Conference on Stakeholder Theory.*

COSO (o. J.): About Us, URL: https://www.coso.org/Pages/aboutus.aspx [Stand: 11.09.2017].

COSO (2016): Enterprise Risk Management. Aligning Risk with Strategy and Performance (Executive Summary), URL: https://www.coso.org/Documents/COSO-ERM-Exec-Summary-draft-Post-Exposure-Version.pdf [Stand: 17.08.2017].

CREDITREFORM WIRTSCHAFTSFORSCHUNG (2017a): Insolvenzen in Deutschland. 1. Halbjahr 2017, Neuss.

CREDITREFORM WIRTSCHAFTSFORSCHUNG (2017b): Wirtschaftslage und Finanzierung im Mittelstand. Frühjahr 2017, Neuss.

CROMME, GERHARD (2005): Corporate Governance in Germany and the German Corporate Governance Code, in: *Corporate Governance: An International Review*, Jg. 13, Nr. 3, S. 362-367.

CYERT, RICHARD M./MARCH, JAMES G. (1963): A Behavioral Theory of the Firm, Englewood Cliffs.

CYERT, RICHARD M./MARCH, JAMES G. (2006): A Behavioral Theory of the Firm, Nachdruck von 1992, Malden.

DAVIS, JAMES H./SCHOORMAN, DAVID F./DONALDSON, LEX (1997): Toward a Stewardship Theory of Management, in: *The Academy of Management Review*, Jg. 22, Nr. 1, S. 20-47.

DEMMER, KURT/KANN, GÜNTER (2014): IKB-UnternehmerThemen, Düsseldorf.

DEMSETZ, HAROLD (1967): Toward a Theory of Property Rights, in: *The American economic review*, Jg. 57, Nr. 2, S. 347-359.

DENISON, DANIEL R./MISHRA, ANEIL K. (1995): Toward a Theory of Organizational Culture and Effectiveness, in: *Organization Science*, Jg. 6, Nr. 2, S. 204-223.

DERNEDDE, KLAUS (2014): Rechtsformen von Unternehmen in Deutschland, ausgewählten Staaten der EU und der Schweiz, Hamburg.

DESTATIS (2016a): Unternehmensregister. Unternehmen nach zusammengefassten Rechtsformen 2015, URL: https://www.destatis.de/DE/ZahlenFakten/GesamtwirtschaftUmwelt/UnternehmenHandwerk/Unternehmensregister/Tabellen/UnternehmenRechtsformenWZ2008.html [Stand: 05.07.2017].

DESTATIS (2016b): Unternehmensregister. Unternehmen, Beschäftigte und Umsatz 2015, URL: https://www.destatis.de/DE/ZahlenFakten/GesamtwirtschaftUmwelt/UnternehmenHandwerk/Unternehmensregister/Tabellen/UnternehmenBeschaeftigteUmsatzWZ08.html [Stand: 05.07.2017].

DETER, HENRYK/DIEGELMANN, MICHAEL (2003): Creditor Relations, in: DETER, HENRYK; DIEGELMANN, MICHAEL (Hrsg.), Creditor Relations. Instrument zur langfristigen Finanzierungssicherung, Frankfurt am Main, S. 1-19.

DEUTINGER, GERHILD (2017): Die Stakeholder des Wandels, in: DEUTINGER, GERHILD (Hrsg.), Kommunikation im Change, Berlin, Heidelberg, S. 67-79.

DEUTSCHE BUNDESBANK (o. J.): Kreditrisiko Standardansatz: Externes Rating, URL: https://www.bundesbank.de/Navigation/DE/Aufgaben/Bankenaufsicht/Basel2/Kreditrisiko_Standardansatz/kreditrisiko_standardansatz.html [Stand: 21.04. 2017].

DEUTSCHE BUNDESBANK (2011): Basel III. Leitfaden zu den neuen Eigenkapital- und Liquiditätsregeln für Banken, URL: https://www.bundesbank.de/Redaktion/DE/Downloads/Veroeffentlichungen/Bundesbank/basel3_leitfaden.pdf?__blob=publicationFile [Stand: 30.08.2017].

DEUTSCHE BUNDESBANK (2012): Tabellen und Formeln zur Solvabilitätsverordnung, URL: https://www.bundesbank.de/Redaktion/DE/Downloads/Aufgaben/Bankenaufsicht/Gesetze_Verordnungen_Richtlinien/Solvabilitaet/solvabilitaetsverordnung_2012_12_tabellen_formeln.pdf?__blob=publicationFile [Stand: 21.03.2017].

DEUTSCHE BUNDESBANK (2016): Bankstellenstatistik 2016. Anlage 1, URL: https://www.bundesbank.de/Redaktion/DE/Downloads/Aufgaben/Bankenaufsicht/Dokumentationen/bankstellenstatistik_2016.pdf?__blob=publicationFile [Stand: 11.07.2017].

DEUTSCHER BUNDESTAG (2016): Entwurf eines Gesetzes zur Stärkung der nichtfinanziellen Berichterstattung der Unternehmen in ihren Lage- und Konzernlageberichten (CSR-Richtlinie-Umsetzungsgesetz).

DICKERHOF, MARKUS/GENGENBACH, ULRICH (2006): Kooperationen flexibel und einfach gestalten, München.

DIGITALER MITTELSTAND ONLINE (2015): Change Management: Kurt Lewins 3-Phasen-Modell, URL: https://digitaler-mittelstand.de/business/ratgeber/kurt-lewins-change-management-3-phasen-modell-6720 [Stand: 05.08.2017].

DILLER, HERMANN (1995): Beziehungs-Marketing, in: *Wirtschaftswissenschaftliches Studium*, Jg. 24, Nr. 9, S. 442-447.

DILLER, HERMANN/KUSTERER, MARION (1988): Beziehungsmanagement: Theoretische Grundlagen und explorative Befunde, in: *Marketing ZFP-Zeitschrift für Forschung und Praxis*, Jg. 10, Nr. 3, S. 211-220.

DOHMS, HEINZ-ROGER (2015): Mittelstandsanleihen: Junkfood für Anleger, URL: http://www.zeit.de/2015/23/mittelstandsanleihen-geldanlage [Stand: 12.07.2017].

DUMITRU, AURELIA/MOTOI, ALINA G./BUDICĂ, ANDREI B. (2016): The Financial Communication and Financial Communication Strategy, in: BOLDEA, IULIAN (Hrsg.), Globalization and National Identity, Tîrgu Mureş, S. 445-458.

DÜRR, MICHAEL (1995): Investor Relations. Handbuch für Finanzmarketing und Unternehmenskommunikation, 2. Auflage, München, Wien.

DURST, JESSICA/FUHLROTT, EVA (2009): Die Messung von Mitarbeitereinstellungen und -verhalten, in: PFANNENBERG, JÖRG; ZERFAß, ANSGAR (Hrsg.), Wertschöpfung durch Kommunikation, Frankfurt am Main, S. 168-180.

DWYER, F. ROBERT/SCHURR, PAUL H./OH, SEJO (1987): Developing Buyer-Seller Relationships, in: *Journal of marketing*, Jg. 51, Nr. 2, S. 11-27.

EASTON, GEOFFREY (2016): Industrial Networks: A Review, in: AXELSSON, BJÖRN; EASTON, GEOFFREY (Hrsg.), Industrial Networks, New York, S. 1-27.

ECK, KLAUS (2009): Mit der radikalen Transparenz des Webs leben lernen, in: KLENK, VOLKER; HANKE, DANIEL J. (Hrsg.), Corporate Transparency, Frankfurt am Main, S. 189-204.

EGOAVIL, MARCO (2003): The Intersection of Corporate Governance and Operational Risk, in: *Bank Accounting & Finance*, Jg. 16, Nr. 5, S. 43-48.

EINWILLER, SABINE (2014): Reputation und Image: Grundlagen, Einflussmöglichkeiten, Management, in: ZERFAß, ANSGAR; PIWINGER, MANFRED (Hrsg.), Handbuch Unternehmenskommunikation, Wiesbaden, S. 370-391.

EINWILLER, SABINE/KLÖFER, FRANZ/NIES, ULRICH (2007): Mitarbeiterkommunikation, in: SCHMID, BEAT F.; LYCZEK, BORIS (Hrsg.), Unternehmenskommunikation, Wiesbaden, S. 217-256.

EISENEGGER, MARK/IMHOF, KURT (2009): Funktionale, soziale und expressive Reputation – Grundzüge einer Reputationstheorie, in: RÖTTGER, ULRIKE (Hrsg.), Theorien der Public Relations, Wiesbaden, S. 243-265.

EMERSON, RICHARD M. (1962): Power-Dependence Relations, in: *American Sociological Review*, Jg. 27, Nr. 1, S. 31-41.

EULER HERMES KREDITVERSICHERUNGS-AG (2013): FiKomm 2012. Klimawandel in der Finanzkommunikation. Neue repräsentative Studie für den Mittelstand, in: *Wirtschaft Konkret Nr. 429*.

EULER HERMES KREDITVERSICHERUNGS-AG (2014): Der Wirtschaftspreis Beste Finanzkommunikation im Mittelstand. Ausschreibungsunterlagen für den Award 2014, Hamburg.

EUROPÄISCHE KOMMISSION (2011): Eine neue EU-Strategie (2011-14) für die soziale Verantwortung der Unternehmen (CSR), URL: http://eur-lex.europa.eu/legal-content/DE/TXT/PDF/?uri=CELEX:52011DC0681&from=DE [Stand: 17.08. 2017].

EUROSTAT (2015): Eurostat Pressemitteilung: Europäische KMU-Woche 2015. Neun von zehn Unternehmen in der EU hatten weniger als zehn Beschäftigte, URL: http://ec.europa.eu/eurostat/documents/2995521/7076798/4-17112015-AP-DE.pdf/a0679e70-6ab9-49d1-8e94-9d835dd8e08e [Stand: 17.11.2016].

EUROSTAT (2016): Kleine und mittlere Unternehmen, URL: http://ec.europa.eu/eurostat/de/web/structural-business-statistics/structural-business-statistics/sme [Stand: 17.11.2016].

FALKNER, EVA MARIA/HIEBL, MARTIN R.W. (2015): Risk Management in SMEs: a Systematic Review of Available Evidence, in: *The Journal of Risk Finance*, Jg. 16, Nr. 2, S. 122-144.

FELDEN, BIRGIT/HACK, ANDREAS (2014): Management von Familienunternehmen. Besonderheiten – Handlungsfelder – Instrumente, Wiesbaden.

FINANCIAL STABILITY BOARD (2013): Thematic Review on Risk Governance. Peer Review Report, URL: http://www.fsb.org/2013/02/r_130212/ [Stand: 17.08.2017].

FLEISCHER, HOLGER (2015): § 91 Organisation, in: SPINDLER, GERALD; STILZ, EBERHARD (Hrsg.), Kommentar zum Aktiengesetz, München.

FLEISHER, CRAIG S./MAHAFFY, DARREN (1997): A Balanced Scorecard Approach to Public Relations Management Assessment, in: *Public Relations Review*, Jg. 23, Nr. 2, S. 117-142.

FOMBRUN, CHARLES J. (2001): Funktionale, soziale und expressive Reputation. Grundzüge einer Reputationstheorie, in: *Thexis*, Jg. 18, Nr. 4, S. 23-26.

FOMBRUN, CHARLES J. (2008): Reputation. Realizing Value From the Corporate Image, Nachdruck von 1996, Boston.

FREEMAN, R. EDWARD (2010): Strategic Management. A Stakeholder Approach, Nachdruck von 1984, Boston.

FREEMAN, R. EDWARD/HARRISON, JEFFREY S./WICKS, ANDREW C. (2007): Managing for Stakeholders. Survival, Reputation, and Success, New Haven, London.

FREEMAN, R. EDWARD/HARRISON, JEFFREY S./WICKS, ANDREW C./PARMAR, BIDHAN L./COLLE, SIMONE de (2010): Stakeholder Theory. The State of the Art, Cambridge et al.

FREEMAN, R. EDWARD/REED, DAVID L. (1983): Stockholders and Stakeholders: A New Perspective on Corporate Governance, in: *California Management Review*, Jg. 25, Nr. 3, S. 88-106.

FREILING, JÖRG (2001): Resource-based View und ökonomische Theorie. Grundlagen und Positionierung des Ressourcenansatzes, Wiesbaden.

FREILING, JÖRG/RECKENFELDERBÄUMER, MARTIN (2010): Markt und Unternehmung. Eine marktorientierte Einführung in die Betriebswirtschaftslehre, 3. Auflage, Wiesbaden.

FRIEDHELM LOH GROUP (2016): Entwicklung von Umsatz und Mitarbeiterzahl in der Friedhelm Loh Group, URL: http://www.friedhelm-loh-group.de/de/unternehmensgruppe/zahlen-daten-fakten.asp [Stand: 04.11.2016].

FÜSER, KARSTEN/HEIDUSCH, MIRJAM (2002): Rating. Einfach und schnell zur erstklassigen Positionierung ihres Unternehmens, Freiburg et al.

GANTZEL, KLAUS JÜRGEN (1962): Wesen und Begriff der mittelständischen Unternehmung, Wiesbaden.

GENDERS, SASCHA (2017): CSR-Gesetz: Wolf im Schafspelz, in: *PT-Magazin für Wirtschaft und Gesellschaft*, Jg. 13, Nr. 4, S. 50-53.

GEORGI, DOMINIK/MINK, MORITZ (2011): Konzeption von Kundenbeziehungsstrategien, in: HIPPNER, HAJO; HUBRICH, BEATE; WILDE, KLAUS D. (Hrsg.), Grundlagen des CRM, Wiesbaden, S. 57-89.

GERSICK, KELIN E./HAMPTON, MARION M./LANSBERG, IVAN/DAVIS, JOHN A. (1997): Generation to Generation. Life Cycles of the Family Business, Boston.

GILMORE, AUDREY/CARSON, DAVID/O'DONNELL, AODHEEN (2004): Small Business Owner-Managers and Their Attitude to Risk, in: *Marketing Intelligence & Planning*, Jg. 22, Nr. 3, S. 349-360.

GLEIẞNER, WERNER/ROMEIKE, FRANK (2014): Grundlagen des Risikomanagements, in: GLEIẞNER, WERNER; ROMEIKE, FRANK (Hrsg.), Praxishandbuch Risikomanagement, Berlin, S. 19-44.

GNÄNDIGER, JAN-HENDRIK (2013): Risikomanagementsystem, Internes Kontrollsystem & Compliance-Managementsystem. Grundlagen und Ausgestaltungsformen, in: *Steuer & Studium*, Nr. 5, S. 182-187.

GNECCHI, FLAVIO (2006): Corporate Governance Communications, in: *Symphonya. Emerging Issues in Management*, Nr. 1, S. 47-61.

GÖBEL, MARKUS (2009): Interaktive Unternehmenssteuerung. Organisation, Wissen und Reziprozität auf Kapitalmärkten, Wiesbaden.

GONSER, NICOLE; RUẞMANN, UTA (Hrsg.) (2017a): Verschwimmende Grenzen zwischen Journalismus, Public Relations, Werbung und Marketing. Aktuelle Befunde aus Theorie und Praxis, Wiesbaden.

GONSER, NICOLE/RUẞMANN, UTA (2017b): Verschwimmende Grenzen-Abgrenzung zwischen Journalismus, Public Relations, Werbung und Marketing, in: GONSER, NICOLE; RUẞMANN, UTA (Hrsg.), Verschwimmende Grenzen zwischen Journalismus, Public Relations, Werbung und Marketing, Wiesbaden, S. 3-11.

GOOGLE TRENDS (2017): Finanzkommunikation, URL: https://trends.google.de/trends/explore?q=finanzkommunikation [Stand: 14.05.2017].

GOSSLER, GOBERT & WOLTERS GRUPPE (2016): GGW Risikomanagement-Studie 2016. Mittelstand zögert bei der Einführung von Risikomanagement, URL: http://www.smr-gmbh.de/pdf/Risikomanagement-Studie_2016.pdf [Stand: 07.06. 2017].

GRANT, ROBERT M./NIPPA, MICHAEL (2006): Strategisches Management. Analyse, Entwicklung und Implementierung von Unternehmensstrategien, 5. Auflage, München.

GRÄWE, DANIEL (2013): Die historische Entwicklung der Corporate Governance. Noch immer aktuelle Grundlagen für neue Fortentwicklungsperspektiven, in: *Zeitschrift für Corporate Governance*, Jg. 8, Nr. 1, S. 24-29.

GRETZINGER, SUSANNE (2008): Discussion Paper Nr. 18: Strategisches Ressourcen-Management. Die Perspektive des Resource-Dependence-Ansatzes.

GROTTKE, MARKUS/LÖFFELMANN, JOHANN/SPÄTH, THOMAS/HAENDEL, FELIX (2012): Offenlegung im elektronischen Bundesanzeiger – konzeptionelle Überlegungen und empirische Wirkungen, in: *Deutsches Steuerrecht*, Nr. 2, S. 94-100.

GRUNERT, JENS/NORDEN, LARS (2012): Bargaining Power and Information in SME Lending, in: *Small Business Economics*, Jg. 39, Nr. 2, S. 401-417.

GUBITTA, PAOLO/GIANECCHINI, MARTINA (2002): Governance and Flexibility in Family-Owned SMEs, in: *Family Business Review*, Jg. 15, Nr. 4, S. 277-297.

GÜNTERBERG, BRIGITTE (2012): Unternehmensgrößenstatistik – Unternehmen, Umsatz und sozialversicherungspflichtig Beschäftigte 2004 bis 2009 in Deutschland, Ergebnisse des Unternehmensregisters (URS 95). IfM Bonn Daten und Fakten Nr. 2, Bonn.

GÜNTERBERG, BRIGITTE/WOLTER, HANS-JÜRGEN (2002): Unternehmensgrößenstatistik 2001/2002. IfM-Materialen Nr. 157, Bonn.

GUTENBERG, ERICH (1983): Die Produktion, 24. Auflage, Berlin, Heidelberg.

HANSLIK, ARTUS (2013): Internationaler Markteintritt von kleinen und mittleren Unternehmen in China. Eine transaktionskostentheoretische Modellierung, Wiesbaden.

HAUSCH, KERSTIN T. (2004): Corporate Governance im deutschen Mittelstand. Veränderungen externer Rahmenbedingungen und interner Elemente, Wiesbaden.

HEHN, SVEA VON/CORNELISSEN, NILS I./BRAUN, CLAUDIA (2016): Kulturwandel in Organisationen. Ein Baukasten für angewandte Psychologie im Change-Management, Berlin, Heidelberg.

HENSCHEL, THOMAS (2010): Erfolgreiches Risikomanagement im Mittelstand. Strategien zur Unternehmenssicherung, Berlin.

HENSCHEL, THOMAS/HEINZE, ILKA (2016): Governance, Risk und Compliance im Mittelstand. Praxisleitfaden für gute Unternehmensführung, Berlin.

HEYD, REINHARD/BEYER, MICHAEL (2011): Die Prinzipal-Agenten-Theorie, in: HEYD, REINHARD; BEYER, MICHAEL (Hrsg.), Die Prinzipal-Agenten-Theorie in der Finanzwirtschaft. Eine Einführung mit Anknüpfungspunkten an die finanzwirtschaftliche Praxis, Berlin, S. 15-42.

HEYKEN, ANDREA (2001): Informationsstand und erwartete Auswirkungen von Basel II im Mittelstand, in: EVERLING, OLIVER (Hrsg.), Rating – Chance für den Mittelstand nach Basel II, Wiesbaden, S. 19-28.

HILB, MARTIN (2016): Integrierte Corporate Governance. Ein neues Konzept zur wirksamen Führung und Aufsicht von Unternehmen, 6. Auflage, Berlin, Heidelberg.

HILDEBRANDT, ALEXANDRA (2015): Wertschöpfung und Kulturwandel im Mittelstand, in: SCHNEIDER, ANDREAS; SCHMIDPETER, RENÉ (Hrsg.), Corporate Social Responsibility, Berlin, Heidelberg, S. 441-453.

HILLMANN, MIRCO (2017): Das 1x1 der Unternehmenskommunikation. Ein Wegweiser für die Praxis, 2. Auflage, Wiesbaden.

HOFBAUER, GÜNTER/BERGMANN, SABINE (2008): Optimales Rating für KMU. So überzeugen Sie Ihre Bank, Erlangen.

HOFFJANN, OLAF/PLEIL, THOMAS (2015): Strategische Onlinekommunikation - ein Forschungsfeld wird erwachsener, in: HOFFJANN, OLAF; PLEIL, THOMAS (Hrsg.), Strategische Onlinekommunikation, Wiesbaden, S. 1-12.

HOFMANN, JONATHAN/SCHMOLZ, SANDRA (2014): Controlling und Basel III in der Unternehmenspraxis. Strategien zur Bewältigung erhöhter Bonitätsanforderungen, Wiesbaden.

HÖLL, ARMIN (2011): Property-Rights-Theorie, in: SCHWAIGER, MANFRED; MEYER, ANTON (Hrsg.), Theorien und Methoden der Betriebswirtschaft, München, S. 147-160.

HOMMA, NORBERT/BAUSCHKE, RAFAEL (2015): Unternehmenskultur und Führung. Den Wandel gestalten-Methoden, Prozesse, Tools, 2. Auflage, Wiesbaden.

HOMMA, NORBERT/BAUSCHKE, RAFAEL/HOFMANN, LAILA MAIJA (2014): Einführung Unternehmenskultur. Grundlagen, Perspektiven, Konsequenzen, Wiesbaden.

HOMMEL, ULRICH/SCHNEIDER, HILMAR (2004): Die Bedeutung der Hausbankbeziehung für die Finanzierung des Mittelstands. Empirische Ergebnisse und Implikationen, in: *Finanz-Betrieb*, Jg. 6, Nr. 9, S. 577-584.

HUBIG, CHRISTOPH (2014): Vertrauen und Glaubwürdigkeit als konstituierende Elemente der Unternehmenskommunikation, in: ZERFAß, ANSGAR; PIWINGER, MANFRED (Hrsg.), Handbuch Unternehmenskommunikation, Wiesbaden, S. 351-369.

HUBIG, CHRISTOPH/SIEMONEIT, OLIVER (2009): Vertrauen und Glaubwürdigkeit als kommunikationspolitische Ziele erfolgreicher IR, in: KIRCHHOFF, KLAUS RAINER; PIWINGER, MANFRED (Hrsg.), Praxishandbuch Investor Relations, Wiesbaden, S. 63-72.

HUMMEL, DETLEV/EFFENBERG, MANUEL/KARCHER, BORIS/RICHTER, ARNO (2011): Mittelstands- und Innovationsfinanzierung in Deutschland. Ergebnisse und Hintergründe einer bundesweiten Unternehmensbefragung, Potsdam.

IFM BONN (2014): Rechtsformstruktur der Unternehmen. KMU nach Definition des IfM Bonn, URL: http://www.ifm-bonn.org/fileadmin/data/redaktion/statistik/mittelstand_im_einzelnen/dokumente/Untreg_KMU_und_GU_2014_RF-STR.pdf [Stand: 06.11.2016].

IFM BONN (2015): Mittelstand im Überblick, URL: http://www.ifm-bonn.org/statistiken/mittelstand-im-ueberblick/#accordion=0&tab=1 [Stand: 15.12.2016].

IFM BONN (2016a): KMU-Definition des IfM Bonn, URL: http://www.ifm-bonn.org/definitionen/kmu-definition-des-ifm-bonn/ [Stand: 03.11.2016].

IFM BONN (2016b): Mittelstandsdefinition des IfM Bonn, URL: http://www.ifm-bonn.org/definitionen/mittelstandsdefinition-des-ifm-bonn/ [Stand: 03.11.2016].

IRGC ONLINE (o. J.): What is Risk Governance?, URL: https://www.irgc.org/risk-governance/what-is-risk-governance/ [Stand: 29.05.2017].

JAMMERNEGG, WERNER/KISCHKA, PETER (2001): Regelkreis zur Bestimmung kundenorientierter Innovationen, in: JAMMERNEGG, WERNER; KISCHKA, PETER (Hrsg.), Kundenorientierte Prozessverbesserungen, Berlin, Heidelberg, S. 7-31.

JENSEN, MICHAEL C./MECKLING, WILLIAM H. (1976): Theory of the Firm. Managerial Behavior, Agency Costs and Ownership Structure, in: *Journal of financial economics*, Jg. 3, Nr. 4, S. 305-360.

JODELEIT, BERNHARD (2013): Social Media Relations. Leitfaden für erfolgreiche PR-Strategien und Öffentlichkeitsarbeit im Web 2.0, 2. Auflage, Heidelberg.

JONEN, ANDREAS/LINGNAU, VOLKER (2004): Basel II und die Folgen für das Controlling von kreditnehmenden Unternehmen, 2. Auflage, Kaiserslautern.

JONES, GARETH R./BOUNCKEN, RICARDA B. (2008): Organisation. Theorie, Design und Wandel, 5. Auflage, München.

JONES, THOMAS M. (1991): Ethical Decision Making by Individuals in Organizations: An Issue-Contingent Model, in: *Academy of Management Review*, Jg. 16, Nr. 2, S. 366-395.

JOSSÉ, HARALD/KOSS, FLORIAN (2013): Kommunikations-Controlling für kleine und mittlere Unternehmen. Dossier Nr. 7, URL: http://www.communicationcontrolling.de/fileadmin/communicationcontrolling/pdf-dossiers/communicationcontrollingde_Dossier7_KomCon_KMU_Mar2013.pdf [Stand: 17.08.2017].

JOST, PETER-JÜRGEN (2001a): Die Prinzipal-Agenten-Theorie im Unternehmenskontext, in: JOST, PETER-JÜRGEN (Hrsg.), Die Prinzipal-Agenten-Theorie in der Betriebswirtschaftslehre, Stuttgart, S. 11-43.

JOST, PETER-JÜRGEN (2001b): Vorwort, in: JOST, PETER-JÜRGEN (Hrsg.), Die Prinzipal-Agenten-Theorie in der Betriebswirtschaftslehre, Stuttgart, S. 1-6.

JUNGINGER, MARKUS (2005): Wertorientierte Steuerung von Risiken im Informationsmanagement, Wiesbaden.

KASERER, CHRISTOPH/LENZ, ULRICH (2009): Wachstum und Unabhängigkeit durch Eigenkapitalfinanzierung. Studie: Strukturwandel und Lösungsansätze für den deutschen Mittelstand in der aktuellen Finanz- und Wirtschaftskrise, Frankfurt am Main.

KEMPERT, WOLF (2008): Praxishandbuch für die Nachfolge im Familienunternehmen. Leitfaden für Unternehmer und Nachfolger, Wiesbaden.

KERSTING, SILKE (2011): Kreditvergabe: Basel III lähmt den deutschen Mittelstand, URL: http://www.handelsblatt.com/unternehmen/mittelstand/kreditvergabe-basel-iii-laehmt-den-deutschen-mittelstand/4413244.html [Stand: 23.03.2017].

KETTE, SVEN (2012): Das Unternehmen als Organisation, in: APELT, MAJA; TACKE, VERONIKA (Hrsg.), Handbuch Organisationstypen, Wiesbaden, S. 21-42.

KFW BANKENGRUPPE (2017): KfW erweitert Innovationsförderung um den Schwerpunkt Digitalisierung. Pressemitteilung vom 05.05.2017, URL: https://www.kfw.de/KfW-Konzern/Newsroom/Aktuelles/Pressemitteilungen/Pressemitteilungen-Details_412225.html [Stand: 11.08.2017].

KFW RESEARCH (2016): KfW-Mittelstandspanel 2016. Mittelstand nutzt sein finanzielles Polster-Investitionsaufschwung bleibt trotzdem aus, Frankfurt am Main.

KIRCHGEORG, MANFRED/SPRINGER, CHRISTIANE (2009): Zielgruppenorientierte Steuerung der Unternehmenskommunikation, in: GRÖPPEL-KLEIN, ANDREA; GERMELMANN, CLAAS CHRISTIAN (Hrsg.), Medien im Marketing, Wiesbaden, S. 205-225.

KIRCHHOFF, KLAUS RAINER (2009): Grundlagen der IR, in: KIRCHHOFF, KLAUS RAINER; PIWINGER, MANFRED (Hrsg.), Praxishandbuch Investor Relations, Wiesbaden, S. 35-61.

KIRCHHOFF, KLAUS RAINER; PIWINGER, MANFRED (Hrsg.) (2009): Praxishandbuch Investor Relations. Das Standardwerk der Finanzkommunikation, 2. Auflage, Wiesbaden.

KIRCHHOFF, KLAUS RAINER/PIWINGER, MANFRED (2014): Kommunikation mit Kapitalgebern: Grundlagen der Investor Relations, in: ZERFAß, ANSGAR; PIWINGER, MANFRED (Hrsg.), Handbuch Unternehmenskommunikation, Wiesbaden, S. 1079-1098.

KIRCHHOFF CONSULT AG (2016): Rückblick Börsengänge/Mittelstandsanleihen 2016 und Ausblick 2017, URL: https://www.kirchhoff.de/fileadmin/20_Download/2016-Studien/161219_IPO_STUDIE_2016.pdf [Stand: 12.07.2017].

KLEINALTENKAMP, MICHAEL/KÜHNE, BETTINA (2003): Asymmetrische Bindungen in Geschäftsbeziehungen des Business-to-Business-Bereichs, in: RESE, MARIO;

SÖLLNER, ALBRECHT; UTZIG, B. PETER (Hrsg.), Relationship Marketing, Berlin, Heidelberg, S. 11-44.

KLEY, CHRISTOPH R. (2003): Mittelstands-Rating. Externe Credit Ratings und die Finanzierung mittelständischer Unternehmen, Wiesbaden.

KÖHLER, KRISTIN (2015): Investor Relations in Deutschland. Institutionalisierung-Professionalisierung-Kapitalmarktentwicklung-Perspektiven, Wiesbaden.

KOLLMANN, TOBIAS (2016): E-Entrepreneurship. Grundlagen der Unternehmensgründung in der Digitalen Wirtschaft, 6. Auflage, Wiesbaden.

KOMMISSION GOVERNANCE KODEX FÜR FAMILIENUNTERNEHMEN (2015): Governance Kodex für Familienunternehmen. Leitlinien für die verantwortungsvolle Führung von Familienunternehmen und Unternehmerfamilien, URL: http://www.kodex-familienunternehmen.de/images/Downloads/Kodex_2015.pdf [Stand: 21.05.2017].

KORDOWICH, PHILIPP (2010): Betriebliche Kommunikationsprozesse bei Dienstleistern. Herausforderungen für Organisation und IT durch Kundenorientierung, Wiesbaden.

KÖSTER, ANDREAS (2012): Social Media in den Investor Relations. Funktionen, Zielgruppen, Kosten-Nutzen-Betrachtungen, Berlin.

KOTTER, JOHN P. (2014): Accelerate: Building Strategic Agility for a Faster-Moving World, Boston.

KPMG DEUTSCHLAND (2014): Deutscher Startup Monitor 2014, URL: http://deutscherstartupmonitor.de/fileadmin/dsm/dsm-14/DSM_2014.pdf [Stand: 09.11.2016].

KPMG DEUTSCHLAND (2016): Deutscher Startup Monitor 2016, URL: http://deutscherstartupmonitor.de/fileadmin/dsm/dsm-16/studie_dsm_2016.pdf [Stand: 09. 11.2016].

KRÜGER, WILFRIED (2014): Strategische Erneuerung: Probleme und Prozesse, in: KRÜGER, WILFRIED; BACH, NORBERT (Hrsg.), Excellence in Change, S. 33-62.

KRYSTEK, ULRICH/MÜLLER, MICHAEL (1999): Frühaufklärungssysteme. Spezielle Informationssysteme zur Erfüllung der Risikokontrollpflicht nach KonTraG, in: *Controlling*, Jg. 11, Nr. 4/5, S. 177-183.

KUHN, NORBERT (2010): Innovative Instrumente der Finanzkommunikation. Eine Umfrage unter börsennotierten Unternehmen, Frankfurt am Main.

KÜTING, KARLHEINZ/REUTER, MICHAEL (2004): Bilanzierung im Spannungsfeld unterschiedlicher Adressaten. Können internationale Rechnungslegungsnormen zum Abbau von adressatenbedingten Spannungsfeldern führen?, in: *Datenverarbeitung - Steuer - Wirtschaft - Recht*, Jg. 33, Nr. 9, S. 230-233.

LANGEN, RAINER (2015): Die Sprache der Banken. Erfolgsrezepte für eine überzeugende Kommunikation mit Kapitalgebern, Nachdruck von 2007, Wiesbaden.

LANGER, CORNELIA/ESCHENBURG, KLAUS/ESCHBACH, RAINER (2013): Rating und Finanzierung im Mittelstand. Leitfaden für erfolgreiche Bankgespräche, Wiesbaden.

LASKIN, ALEXANDER V. (2014): Strategic Financial Communication, in: *International Journal of Strategic Communication*, Jg. 8, Nr. 3, S. 127-129.

LAUTENSCHLÄGER, SABINE (2012): Basel III und der Mittelstand. Rede bei Banken- und Unternehmensabend der Hauptverwaltung in Bayern der Deutschen Bundesbank, URL: http://www.bundesbank.de/Redaktion/DE/Reden/2012/2012_03_29_lautenschlaeger_basel3_mittelstand.html [Stand: 20.03.2017].

LEHNER, ULRICH (2003): Finanzkommunikation und Corporate Governance, in: *Führung und Organisation*, Jg. 72, Nr. 4, S. 210-219.

LEIS, JOSEF (2009): Die neue Ad-hoc-Publizität, in: KIRCHHOFF, KLAUS RAINER; PIWINGER, MANFRED (Hrsg.), Praxishandbuch Investor Relations, Wiesbaden, S. 415-431.

LEWIN, KURT (1947): Frontiers in Group Dynamics. Concept, Method and Reality in Social Science; Social Equilibria and Social Change, in: *Human Relations*, Jg. 1, Nr. 1, S. 5-41.

LIEHR, KERSTIN/PETERS, PAUL/ZERFAß, ANSGAR (2009): Reputation messen und bewerten, in: PFANNENBERG, JÖRG; ZERFAß, ANSGAR (Hrsg.), Wertschöpfung durch Kommunikation. Grundlagen und Methoden, Frankfurt am Main, S. 153-167.

LINTEMEIER, KLAUS (2014): Unternehmenskrisen und Stakeholder-Beziehungen, in: THIEßEN, ANSGAR (Hrsg.), Handbuch Krisenmanagement, Wiesbaden, S. 55-69.

LÖFFLER, HENDRIK F./BÖMELBURG, PETER/AUGSTEN, TOBIAS (2011): Risikomanagement im Mittelstand. Exklusive Benchmarkstudie zu Stand und Perspektiven des Risikomanagements in deutschen (Familien-)Unternehmen, Hamburg, Nürnberg.

LUNDQVIST, SARA A. (2015): Why Firms Implement Risk Governance. Stepping Beyond Traditional Risk Management to Enterprise Risk Management, in: *Journal of Accounting and Public Policy*, Jg. 34, Nr. 5, S. 441-466.

MACHO-STADLER, INÉS/PÉREZ-CASTRILLO, J. DAVID (2001): An Introduction to the Economics of Information. Incentives and Contracts, 2. Auflage, Oxford et al.

MANAGER MAGAZIN ONLINE (2012): Change Management: Mittelständler tun sich meist leichter, URL: http://www.manager-magazin.de/unternehmen/artikel/a-851490.html [Stand: 07.06.2017].

MARKT UND MITTELSTAND ONLINE (2016): Offenlegung im Bundesanzeiger: verweigert, URL: http://www.marktundmittelstand.de/themen/strategie/offenlegung-im-bundesanzeiger-verweigert-1250171/ [Stand: 27.04.2017].

MAST, HANS-JÖRG (2009): Creditor Relations als Erfolgsfaktor für die Fremdkapitalfinanzierung, in: KIRCHHOFF, KLAUS RAINER; PIWINGER, MANFRED (Hrsg.), Praxishandbuch Investor Relations, Wiesbaden, S. 475-490.

MATHES, RAINER/ZERFAß, ANSGAR (2009): Medienanalysen als Steuerungs- und Evaluationsinstrument für die Unternehmenskommunikation, in: PFANNENBERG, JÖRG; ZERFAß, ANSGAR (Hrsg.), Wertschöpfung durch Kommunikation, Frankfurt am Main, S. 98-111.

MEFFERT, HERIBERT/BURMANN, CHRISTOPH/KIRCHGEORG, MANFRED (2015): Marketing. Grundlagen marktorientierter Unternehmensführung, 12. Auflage, Wiesbaden.

MEY, HENDRYK/SCHNIER, OLAF (2013): Creditor Relations bei Mittelstandsanleihen, in: MEYER, JÖRN-AXEL (Hrsg.), Kommunikation kleiner und mittlerer Unternehmen. Finanzmarktkommunikation von KMU, Lohmar, S. 237-261.

MIELE & CIE. KG (2016): Pressemitteilungen, URL: https://www.miele.de/de/m/miele-steigert-umsatz-um-6-4-prozent-3741.htm? [Stand: 04.11.2016].

MINDERMANN, HANS-HERMANN (2012): Investor Relations – eine Definition, in: Deutscher Investor Relations Kreis e.V. (Hrsg.), Investor Relations, Wiesbaden, S. 25-28.

MITCHELL, RONALD K./AGLE, BRADLEY R./WOOD, DONNA J. (1997): Toward a Theory of Stakeholder Identification and Salience: Defining the Principle of Who and What Really Counts, in: *Academy of Management Review*, Jg. 22, Nr. 4, S. 853-886.

MITROFF, IAN I. (1983): Stakeholders of the Organizational Mind, London, San Francisco.

MONTAG, PIA (2015): Risikomanagement und Compliance im Mittelstand. Status quo und Erfolgsfaktoren der Implementierung, Berlin.

MUGLER, JOSEF (2008): Grundlagen der BWL der Klein- und Mittelbetriebe, 2. Auflage, Wien.

MÜLLER, STEFAN/BRACKSCHULZE, KAI/MAYER-FIEDRICH, MATIJA DENISE/ORDEMANN, TAMMO (2006): Finanzierung mittelständischer Unternehmen. Selbstrating, Risikocontrolling, Finanzierungsalternativen, München.

MUZZU, ANDREAS/PRYSTAV, FABIAN/STEIN, STEFAN (2013): Rechtliche Anforderungen an die Publizität von Finanzinformationen-Versetzt die normierte Informationsqualität überhaupt zu externer Kontrolle in die Lage?, in: *Deutsches Steuerrecht*, Jg. 51, Nr. 25, S. 1300-1307.

NÖTZLI BREINLINGER, URSULA G. (2006): Situative Corporate Governance: Ein Modell für kleine und mittelgrosse Familienunternehmen in der Schweiz, Schaan.

OECD (2014): Risk Management and Corporate Governance, Paris.

OLSON, DAVID L./WU, DESHENG DASH (2015): Enterprise Risk Management, 2. Auflage, New Jersey et al.

PAUL, JOACHIM (2015): Praxisorientierte Einführung in die Allgemeine Betriebswirtschaftslehre, 3. Auflage, Wiesbaden.

PAUL, STEPHAN (2017): Kredit 4.0 und Finanzkommunikation des Mittelstands, in: *Zeitschrift für KMU und Entrepreneurship*, Jg. 65, Nr. 1-2, S. 85-91.

PAUL, STEPHAN/HORSCH, ANDREAS/KALTOFEN, DANIEL/UHDE, ANDRÉ/WEIß, GREGOR (2017): Unternehmerische Finanzierungspolitik. Eine wertorientierte Einführung, Stuttgart.

PAUL, STEPHAN/PRYSTAV, FABIAN/STEIN, STEFAN (2011): Eine Analyse zentraler Aspekte der Finanzkommunikation nicht börsennotierter Unternehmen mit Hilfe der Critical Incident Technique, in: *Schmalenbachs Zeitschrift für betriebswirtschaftliche Forschung, Sonderheft*, Jg. 63, Nr. 7, S. 745-771.

PAUL, STEPHAN/STEIN, STEFAN (2013): Finanzkommunikation, Basel III und die Unternehmensfinanzierung, Köln.

PFANNENBERG, JÖRG (2009): Strategisches Kommunikations-Controlling mit der Balanced Scorecard, in: PFANNENBERG, JÖRG; ZERFAß, ANSGAR (Hrsg.), Wertschöpfung durch Kommunikation, Frankfurt am Main, S. 61-83.

PFANNENBERG, JÖRG/FRANK, RALF (2007): Werttreiber, Value Links und Key Performance Indicators der Finanzkommunikation, URL: http://www.communication-controlling.de/fileadmin/communicationcontrolling/pdf_thesenpapiere/DPRG-Thesenpapier-Finanzkommunikation-05-04-2007.pdf [Stand: 15.09.2017].

PFANNENBERG, JÖRG/SASS, JAN (2007): Werttreiber, Value Links und Key Performance Indicators der Kommunikation: Theoretische Grundlagen, URL: http://www.communicationcontrolling.de/fileadmin/communicationcontrolling/pdf_thesenpapiere/DPRG-Thesenpapier-Theoretische-Grundlage-22-02-2007.pdf [Stand: 15.09.2017].

PFEFFER, JEFFREY (1982): Organizations and Organization Theory, Boston.

PFEFFER, JEFFREY/SALANCIK, GERALD R. (2003): The External Control of Organizations. A Resource Dependence Perspective, Nachdruck von 1978, Stanford.

PICARD, NADJA (2009): Unternehmensberichterstattung von morgen: Transparenz als Voraussetzung für das Vertrauen des Kapitalmarktes, in: KLENK, VOLKER; HANKE, DANIEL J. (Hrsg.), Corporate Transparency, Frankfurt am Main, S. 104-129.

PICOT, ARNOLD (1982): Transaktionskostenansatz in der Organisationstheorie. Stand der Diskussion und Aussagewert, in: *Die Betriebswirtschaft*, Jg. 42, Nr. 2, S. 267-284.

PICOT, ARNOLD/DIETL, HELMUT/FRANCK, EGON/FIEDLER, MARINA/ROYER, SUSANNE (2015): Organisation. Theorie und Praxis aus ökonomischer Sicht, 7. Auflage, Stuttgart.

PIWINGER, MANFRED (2009): IR als Kommunikationsdisziplin, in: KIRCHHOFF, KLAUS RAINER; PIWINGER, MANFRED (Hrsg.), Praxishandbuch Investor Relations, Wiesbaden, S. 13-33.

PIWINGER, MANFRED (2014): Geschäftsberichte als Mittel der Information und Beziehungspflege, in: ZERFAß, ANSGAR; PIWINGER, MANFRED (Hrsg.), Handbuch Unternehmenskommunikation, Wiesbaden, S. 787-802.

PLEIL, THOMAS/ZERFAß, ANSGAR (2014): Internet und Social Media in der Unternehmenskommunikation, in: ZERFAß, ANSGAR; PIWINGER, MANFRED (Hrsg.), Handbuch Unternehmenskommunikation, Wiesbaden, S. 731-753.

POLLHAMMER, ELISABETH/MEIXNER, OLIVER (2017): Kommunikation der Corporate Social Responsibility in kleineren und mittleren Unternehmen, Wiesbaden.

PORÁK, VICTOR/ACHLEITNER, ANN-KRISTIN/FIESELER, CHRISTIAN/GROTH, THORSTEN (2007): Finanzkommunikation: Die Grundlagen der Investor Relations, in: SCHMID, BEAT F.; LYCZEK, BORIS (Hrsg.), Unternehmenskommunikation, Wiesbaden, S. 257-283.

PORTER, MICHAEL E. (2014): Wettbewerbsvorteile. Spitzenleistungen erreichen und behaupten, 8. Auflage, Frankfurt am Main, New York.

POSCH, ARTHUR/SPECKBACHER, GERHARD (2012): Führung in Familienunternehmen. Besonderheiten der Entscheidungsfindung und Verhaltenssteuerung und deren Auswirkung auf den Unternehmenserfolg, in: *Zeitschrift für Betriebswirtschaft*, Jg. 82, Nr. 3, S. 5-23.

PRICE WATERHOUSE (1995): Better Change. Best Practices for Transforming Your Organization, Burr Ridge.

QUANTE, MICHAEL (2013): Einführung in die allgemeine Ethik, 5. Auflage, Darmstadt.

REGIERUNGSKOMMISSION DEUTSCHER CORPORATE GOVERNANCE KODEX (2017): Deutscher Corporate Governance Kodex, URL: http://www.dcgk.de//files/dcgk/usercontent/de/download/kodex/170424_Kodex.pdf [Stand: 16.05.2017].

REICHLING, PETER/BIETKE, DANIELA/HENNE, ANTJE (2007): Praxishandbuch Risikomanagement und Rating, Wiesbaden.

RENN, ORTWIN (2008a): Risk Governance. Coping with Uncertainty in a Complex World, London.

RENN, ORTWIN (2008b): White Paper on Risk Governance, in: RENN, ORTWIN; WALKER, KATHERINE D. (Hrsg.), Global Risk Governance. Toward an Integrative Framework, Dordrecht, S. 3-73.

RIEDIGER, MONIKA/LERCH, FRANK (2011): Der Europäische Bankenstresstest, in: HEYD, REINHARD; BEYER, MICHAEL (Hrsg.), Die Prinzipal-Agenten-Theorie in der Finanzwirtschaft. Transparenz als Mittel zur Überwindung von Unsicherheit in der Krise?, Berlin, S. 43-68.

RIEMER, KAI (2005): Sozialkapital und Kooperation. Zur Rolle von Sozialkapital im Management zwischenbetrieblicher Kooperationsbeziehungen, Tübingen.

RIEMER, KAI (2008): Konzepte des Beziehungsmanagements am Beispiel von Supplier und Customer Relationships, in: *HMD Praxis der Wirtschaftsinformatik*, Jg. 45, Nr. 1, S. 7-20.

RISKNET ONLINE (2017a): Globale Risikolandkarte. Was sind die Unternehmensrisiken 2017?, URL: https://www.risknet.de/themen/risknews/was-sind-die-unternehmensrisiken-2017/03358cda1995f00a2d7ca42f70fd0a81/ [Stand: 24.05.2017].

RISKNET ONLINE (2017b): Risk Governance. Stakeholderorientiertes Risk Management aus strategischer Sicht, URL: https://www.risknet.de/themen/risknews/stakeholderorientiertes-risk-management-aus-strategischer-sicht/b912a2030ea24bb35e93a3bdc8cc713d/ [Stand: 29.05.2017].

ROLKE, LOTHAR (2000): Kurspflege durch Meinungspflege, in: ROLKE, LOTHAR; WOLFF, VOLKER (Hrsg.), Finanzkommunikation. Auf dem Weg zur Value Communication, Frankfurt am Main, S. 19-49.

ROSENKRANZ, FRIEDRICH/MISSLER-BEHR, MAGDALENA (2005): Unternehmensrisiken erkennen und managen. Einführung in die quantitative Planung, Berlin, Heidelberg.

RÖßL, DIETMAR (2012): Relationship-Management für KMU. Mit Beiträgen aus Wissenschaft und Praxis, 2. Auflage, Wien.

RÖTTGER, ULRIKE/KOBUSCH, JANA/PREUSSE, JOACHIM (2017): Grundlagen der Public Relations. Eine kommunikationswissenschaftliche Einführung, 3. Auflage, Wiesbaden.

RUF, MICHAEL (2014): Systematische Finanzinformation und Kapitalmarktkommunikation. Modellarchitektur und Implementierungsansatz, Wiesbaden.

SACKMANN, SONJA A. (2004): Erfolgsfaktor Unternehmenskultur. Mit kulturbewusstem Management Unternehmensziele erreichen und Identifikation schaffen, Wiesbaden.

SALVIONI, DANIELA M. (2002): Transparency Culture and Financial communication, in: *SYMPHONYA Emerging Issues in Management*, Nr. 2, S. 22-33.

SAVAGE, GRANT T./NIX, TIMOTHY W./WHITEHEAD, CARLTON J./BLAIR, JOHN D. (1991): Strategies for Assessing and Managing Organizational Stakeholders, in: *Academy of Management Executive*, Jg. 5, Nr. 2, S. 61-75.

SCHEIN, EDGAR H. (1985): Organizational Culture and Leadership, San Francisco.

SCHEIN, EDGAR H. (2015): Corporate Culture, in: WRIGHT, JAMES D. (Hrsg.), International Encyclopedia of the Social & Behavioral Sciences, Amsterdam et al., S. 923-926.

SCHEIN, EDGAR H./SCHEIN, PETER (2017): Organizational Culture and Leadership, 5. Auflage, Hoboken, New Jersey.

SCHIERENBECK, HENNER/WÖHLE, CLAUDIA B. (2016): Grundzüge der Betriebswirtschaftslehre, 19. Auflage, Berlin, Boston.

SCHMIDPETER, RENÉ (2015): Unternehmerische Verantwortung-Hinführung und Überblick, in: SCHNEIDER, ANDREAS; SCHMIDPETER, RENÉ (Hrsg.), Corporate Social Responsibility, Berlin, Heidelberg, S. 1-18.

SCHMITZ, GERTRUD (2001): Die Dynamik dauerhafter Geschäftsbeziehungen in Dienstleistungsmärkten: Ein prozessorientierter Erklärungs- und Gestaltungsansatz, in: BRUHN, MANFRED; STAUSS, BERND (Hrsg.), Dienstleistungsmanagement Jahrbuch 2001, Wiesbaden, S. 3-34.

SCHNEIDER, ANDREAS (2015): Implementierung von CSR in Klein- und Mittelunternehmen – Ein Erfahrungsbericht, in: SCHNEIDER, ANDREAS; SCHMIDPETER, RENÉ (Hrsg.), Corporate Social Responsibility, Berlin, Heidelberg, S. 485-498.

SCHNEIDER, FRANK M./RETZBACH, ANDREA (2012): Gegenstand und Bedeutung der internen Organisationskommunikation, in: MAIER, MICHAELA (Hrsg.), Psychologie der internen Organisationskommunikation. Vom Nebenschauplatz zum Wettbewerbsfaktor, Göttingen, S. 3-16.

SCHNEIDER, FRANK M./RETZBACH, ANDREA/BARKELA, BEREND/MAIER, MICHAELA (2014): Psychologie der internen Organisationskommunikation, in: ZERFAß, ANSGAR; PIWINGER, MANFRED (Hrsg.), Handbuch Unternehmenskommunikation, Wiesbaden, S. 449-469.

SCHOMAKER, MARTIN/GÜNTHER, THOMAS (2006): Wertorientiertes Management für den Mittelstand, in: SCHWEICKART, NIKOLAUS; TÖPFER, ARMIN (Hrsg.), Wertorientiertes Management, Berlin, Heidelberg, S. 215-237.

SCHREYÖGG, GEORG/GEIGER, DANIEL (2016): Organisation. Grundlagen moderner Organisationsgestaltung, 6. Auflage, Wiesbaden.

SCHROETER, ULRICH G. (2014): Ratings-Bonitätsbeurteilungen durch Dritte im System des Finanzmarkt-, Gesellschafts- und Vertragsrechts. Eine rechtsvergleichende Untersuchung, Tübingen.

SCHULZE, WILLIAM S./LUBATKIN, MICHAEL H./DINO, RICHARD N./BUCHHOLTZ, ANN K. (2001): Agency Relationships in Family Firms: Theory and Evidence, in: *Organization Science*, Jg. 12, Nr. 2, S. 99-116.

SCHUPPISSER, STEFAN W. (2002): Stakeholder Management. Beziehungen zwischen Unternehmungen und nicht-marktlichen Stakeholder-Organisationen, Bern et al.

SCHWALBACH, JOACHIM (2000): Image, Reputation und Unternehmenswert, in: BAERNS, BARBARA (Hrsg.), Information und Kommunikation in Europa, Berlin, S. 285-295.

SCHWARTZ, MARK S./CARROLL, ARCHIE B. (2003): Corporate Social Responsibility: A Three-Domain Approach, in: *Business Ethics Quarterly*, Jg. 13, Nr. 4, S. 503-530.

SENGE, PETER M. (2001): Die fünfte Disziplin. Kunst und Praxis der lernenden Organisation, 11. Auflage, Stuttgart.

SHAW, JOHN CALMAN (2003): Corporate Governance and Risk. A Systems Approach, Hoboken.

SIMON, HERMANN (1992): Lessons from Germany's Midsize Giants, in: *Harvard Business Review*, Jg. 70, Nr. 2, S. 115-123.

SIMON, HERMANN/HUBER, FRANK (2007): Hidden Champions, in: HAASIS, HEINRICH; FISCHER, THOMAS R.; SIMMERT, DIETHARD B. (Hrsg.), Mittelstand hat Zukunft. Lernen von mittelständischen Marktführern, Wiesbaden, S. 41-56.

SPIELMANN, NINA (2012): Internationale Corporate Governance. Best Practice Empfehlungen für Klein- und Mittelunternehmen, Bern, Wien et al.

STAIGER, MARK (2008): Wissensmanagement in kleinen und mittelständischen Unternehmen. Systematische Gestaltung einer wissensorientierten Organisationsstruktur und -kultur, Mering et al.

STANDARD & POORS GLOBAL RATINGS (2016): S&P Global Ratings Definitions, URL: https://www.standardandpoors.com/en_US/web/guest/article/-/view/sourceId/504352 [Stand: 30.03.2017].

STARIK, MARK (1994): The Toronto Conference: Reflections on Stakeholder Theory, in: *Business & Society*, Jg. 33, Nr. 1, S. 82-131.

STATISTA (2016): Anteil der Internetnutzer in Deutschland in den Jahren 1997 bis 2016, URL: https://de.statista.com/statistik/daten/studie/36009/umfrage/anteil-der-internetnutzer-in-deutschland-seit-1997/ [Stand: 18.07.2017].

STATISTISCHE ÄMTER DES BUNDES UND DER LÄNDER (2016): Unternehmen und Betriebe. Nordrhein-Westfalen, URL: http://www.statistik-portal.de/Statistik-Portal/de_zs23_nrw.asp [Stand: 05.07.2017].

STAUSS, BERND (2011): Der Kundenbeziehungs-Lebenszyklus, in: HIPPNER, HAJO; HUBRICH, BEATE; WILDE, KLAUS D. (Hrsg.), Grundlagen des CRM, Wiesbaden, S. 317-341.

STEHLE, HELENA (2015): Unternehmenskommunikation in Geschäftsbeziehungen. Business-to-Business-Kommunikation als Teil der funktionalen PR-Forschung, Wiesbaden.

STEIN, VOLKER/WIEDEMANN, ARND (2016a): Das Risiko liegt im Risikomanagement, in: *Frankfurter Allgemeine Zeitung*, Nr. 153, S. 18.

STEIN, VOLKER/WIEDEMANN, ARND (2016b): Risk Governance. Conceptualization, Tasks, and Research Agenda, in: *Journal of Business Economics*, Jg. 86, Nr. 8, S. 813-836.

STEIN, VOLKER/WIEDEMANN, ARND (2017a): Risk Governance – Lackmustest für das Geschäftsmodell, in: KIRMßE, STEFAN; SCHUELLER, STEPHAN (Hrsg.), Aktuelle Entwicklungslinien in der Finanzwirtschaft, Frankfurt am Main, S. 231-242.

STEIN, VOLKER/WIEDEMANN, ARND (2017b): Risk Governance – Vorausschauender Radar, in: *BankInformation*, Nr. 3, S. 64-69.

STEINMANN, HORST/LÖHR, ALBERT (1994): Grundlagen der Unternehmensethik, 2. Auflage, Stuttgart.

STEINMANN, HORST/SCHREYÖGG, GEORG/KOCH, JOCHEN (2013): Management. Grundlagen der Unternehmensführung, 7. Auflage, Wiesbaden.

STÖßLEIN, MARTIN (2002): Konzeption eines Stakeholder-Informationssystems für kleine und mittlere Unternehmen, in: SINZ, ELMAR J. (Hrsg.), Modellierung betrieblicher Informationssysteme, Bonn, S. 29-51.

STROEDER, DIRK H. (2008): Fundamentale Risiken im deutschen Mittelstand und Modelle zu ihrer Bewältigung. Entwicklung modularer, mittelstandsadäquater Risikobewältigungsstrategien auf Basis einer brachenübergreifenden empirischen Studie unter 421 mittelständischen Unternehmen, Stuttgart.

SULTZE, HANS-GEORG (2001): Zukunftsperspektiven des Ratingmarktes, in: EVERLING, OLIVER (Hrsg.), Rating – Chance für den Mittelstand nach Basel II, Wiesbaden, S. 29-41.

TEMPLIN, HANS-ULRICH (1998): Unternehmensrisiko und Bilanzkennzahlen, Wiesbaden.

TIETZEL, MANFRED (1981): Die Ökonomie der Property Rights. Ein Überblick, in: *Zeitschrift für Wirtschaftspolitik*, Jg. 30, Nr. 3, S. 207-243.

TONNDORF, KATRIN/WOLF, CORNELIA (2015): Facebook als Instrument der Unternehmenskommunikation: Eine empirische Analyse der Relevanz und Realisation neuer Strategien, in: HOFFJANN, OLAF; PLEIL, THOMAS (Hrsg.), Strategische Onlinekommunikation, Wiesbaden, S. 235-257.

ULRICH, PATRICK (2011): Corporate Governance in mittelständischen Familienunternehmen. Theorien, Feldstudien, Umsetzung, Wiesbaden.

UTHOFF, CARSTEN (2015): Finanzkommunikation zu Wirtschaftsauskunfteien in der Restrukturierung, in: BAUR, MICHAEL; KANTOWSKY, JAN; SCHULTE, AXEL (Hrsg.), Stakeholder Management in der Restrukturierung, Wiesbaden, S. 350-366.

VAN ASSELT, MARJOLEIN B.A./RENN, ORTWIN (2011): Risk Governance, in: *Journal of Risk Research*, Jg. 14, Nr. 4, S. 431-449.

VERBAND DER VEREINE CREDITREFORM E.V. (o. J.): Creditreform Bonitätsindex, URL: http://www.creditreform.de/info-center/qualitaetsfaktoren/creditreform-bonitaetsindex.html [Stand: 10.04.2017].

VERBAND DER VEREINE CREDITREFORM E.V. (2017a): Creditreform RatingMap, URL: https://www.creditreform.de/microsites/creditreform-ratingmap-deutschland.html [Stand: 07.04.2017].

VERBAND DER VEREINE CREDITREFORM E.V. (2017b): CrefoZert – Das Bonitätszertifikat von Creditreform, URL: https://www.creditreform.de/crefozert.html [Stand: 10.04.2017].

VERBAND DER VEREINE CREDITREFORM E.V. (2017c): CrefoZert – Das Zertifikat über Ihre gute Bonität, Neuss.

VERBAND DER VEREINE CREDITREFORM E.V. (2017d): Finanzkommunikation im Mittelstand, Neuss.

WAIDELICH, MARCUS (2015): Die Internationalisierung des Mittelstands – eine Herausforderung für die Sparkassen, in: FAHRENSCHON, GEORG; KIRCHHOFF, ARNDT GÜNTER; SIMMERT, DIETHARD B. (Hrsg.), Mittelstand-Motor und Zukunft der deutschen Wirtschaft, Wiesbaden, S. 317-328.

WALSH, JAMES P./UNGSON, GERARDO RIVERA (1991): Organizational Memory, in: *Academy of Management Review*, Jg. 16, Nr. 1, S. 57-91.

WEBER, CARINA (2009): Online-Finanzkommunikation, in: KIRCHHOFF, KLAUS RAINER; PIWINGER, MANFRED (Hrsg.), Praxishandbuch Investor Relations, Wiesbaden, S. 393-413.

WEBER-HENSCHEL, NIKOLAUS (2002): Wertvorteile durch Finanzkommunikation und ihr Einfluss auf die Unternehmenswertentwicklung, Bamberg.

WEGMANN, JÜRGEN (2006): Betriebswirtschaftslehre mittelständischer Unternehmen, München.

WELGE, MARTIN/WITT, PETER (2013): Corporate Governance in kleinen und mittleren Unternehmen, in: WELGE, MARTIN; WITT, PETER (Hrsg.), Corporate Governance in mittelständischen Unternehmen, Wiesbaden, S. 185-205.

WELGE, MARTIN K./EULERICH, MARC (2014): Corporate-Governance-Management. Theorie und Praxis der guten Unternehmensführung, 2. Auflage, Wiesbaden.

WHELEHAN, SCOTT (1995): Capturing a Moving Target: Change Management, in: *Consultants News, S.* 1-5.

WIEDEMANN, ARND (2003): Identifikation, Messung und Steuerung finanzieller Risiken in Unternehmen, in: ROMEIKE, FRANK; FINKE, ROBERT B. (Hrsg.), Erfolgsfaktor Risiko-Management, Wiesbaden, S. 199-215.

WIEDEMANN, ARND/HAGER, PETER (2003): Messung finanzieller Risiken mit Cash-Flow at Risk-/ Earnings at Risk-Verfahen, in: ROMEIKE, FRANK; FINKE, ROBERT B. (Hrsg.), Erfolgsfaktor Risiko-Management, Wiesbaden, S. 217-233.

WIEDEMANN, ARND/STEIN, VOLKER/QUAST, JULIAN (2016): Risk Governance leistet positiven Wertbeitrag, in: *die bank*, Nr. 9, S. 38-42.

WIEDMANN, KLAUS-PETER/WÜSTEFELD, THOMAS (2011): Finanzkommunikation. Wie Kommunikation das Vertrauen beim Aktienkauf beeinflusst, in: *Marketing Review St. Gallen*, Jg. 28, Nr. 3, S. 48-53.

WIEN, ANDREAS/FRANZKE, NORMEN (2014): Unternehmenskultur. Zielorientierte Unternehmensethik als entscheidender Erfolgsfaktor, Wiesbaden.

WILDEMANN, HORST (1995): Ein Ansatz zur Steigerung der Reorganisationsgeschwindigkeit von Unternehmen: Die Lernende Organisation, in: *Zeitschrift für Betriebswirtschaft: Ergänzungsheft*, Nr. 3, S. 1-24.

WIRTSCHAFTSWOCHE ONLINE (2014): Insolvenzen und Pleiten: Welche Unternehmen den Laden dicht machen, URL: http://www.wiwo.de/unternehmen/handel/insolvenzen-und-pleiten-welche-unternehmen-den-laden-dicht-machen/6809326.html [Stand: 14.03.2017].

WITT, PETER (2001): Corporate Governance, in: JOST, PETER-JÜRGEN (Hrsg.), Die Prinzipal-Agenten-Theorie in der Betriebswirtschaftslehre, Stuttgart, S. 85-115.

WITTIG, ANTJE (2005): Management von Unternehmensnetzwerken. Eine Analyse der Steuerung und Koordination von Logistiknetzwerken, Wiesbaden.

WITTLAGE, HELMUT (1996): Organisationsgestaltung mittelständischer Unternehmen, Wiesbaden.

WÖHE, GÜNTER/BILSTEIN, JÜRGEN/ERNST, DIETMAR/HÄCKER, JOACHIM (2013): Grundzüge der Unternehmensfinanzierung, 11. Auflage, München.

WÖHE, GÜNTER/DÖRING, ULRICH/BRÖSEL, GERRIT (2016): Einführung in die allgemeine Betriebswirtschaftslehre, 26. Auflage, München.

WÖLTJE, JÖRG (2012): Finanzkennzahlen und Unternehmensbewertung, München.

WÖLTJE, JÖRG (2016): Investition und Finanzierung, 2. Auflage, Freiburg, München.

WORTMANN, ANDRÉ (2013): Shareholder Value in mittelständischen Wachstumsunternehmen, Wiesbaden.

WÜST, CORNELIA (2012): Corporate Reputation Management – die kraftvolle Währung für Unternehmenserfolg, in: WÜST, CORNELIA; KREUTZER, RALF T. (Hrsg.), Corporate Reputation Management, Wiesbaden, S. 3-56.

ZERFAß, ANSGAR (2010): Unternehmensführung und Öffentlichkeitsarbeit. Grundlegung einer Theorie der Unternehmenskommunikation und Public Relations, 3. Auflage, Wiesbaden.

ZERFAß, ANSGAR/BUCHELE, MARK-STEFFEN (2008): Kommunikationscontrolling. Forschungsstand und Entwicklungen, in: *Marketing Review St. Gallen*, Jg. 25, Nr. 1, S. 20-25.

ZERFAß, ANSGAR/FINK, STEPHAN/WINKLER, LUISA (2016): Mittelstandskommunikation 2016. Studie zur Professionalisierung, Digitalisierung und Führung der Unternehmenskommunikation, URL: www.mittelstandskommunikation.com [Stand: 30.08.2017].

ZERFAß, ANSGAR; PIWINGER, MANFRED (Hrsg.) (2014a): Handbuch Unternehmenskommunikation. Strategie – Management – Wertschöpfung, 2. Auflage, Wiesbaden.

ZERFAß, ANSGAR/PIWINGER, MANFRED (2014b): Unternehmenskommunikation als Werttreiber und Erfolgsfaktor, in: ZERFAß, ANSGAR; PIWINGER, MANFRED (Hrsg.), Handbuch Unternehmenskommunikation, Wiesbaden, S. 1-18.

ZÜLCH, HENNING/KRETZMANN, CHRISTIAN W./HOTTMANN, JOHANNES/HOLZAMER, MATTHIAS/KETTELHODT, PHILIP (2016): Finanzkommunikation bleibt Chefsache: empirische Erkenntnisse zur Schlüsselrolle des CFO, in: *Der Betrieb*, Jg. 69, Nr. 36, S. 2065-2071.

ZURECK, ALEXANDER (2015): Financial Communication in Small and Medium-Sized Enterprises. Patents in Financial Communication, Wiesbaden.

Stichwortverzeichnis